# 理工系学部のための
# 微分積分学テキスト

山梨大学工学部基礎教育センター　編
編集責任者　佐藤　眞久

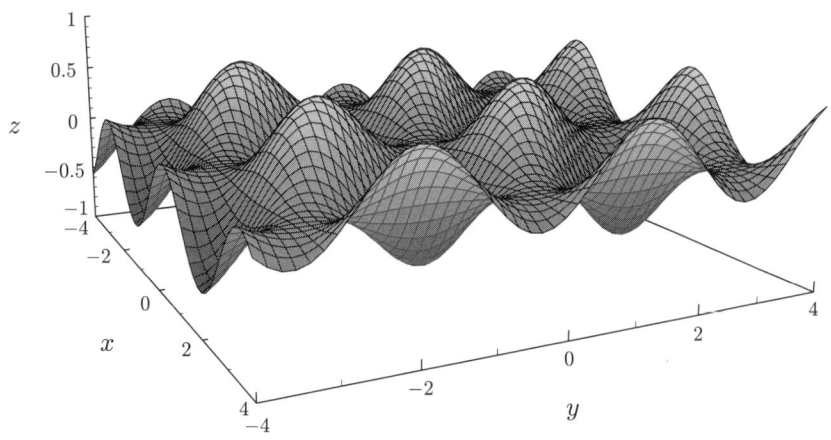

$z = \sin x \sin y \sin(x+y)$

学術図書出版社

# まえがき

　工学部や農学部および理学部等の理系の学部では，微分積分学の知識は必須のものである．1 変数関数の微分積分学は，高等学校でもかなりの内容を学習しているが，その主眼は微分や積分の計算と応用におかれている．大学ではこれを一歩進めて，微分や積分の基礎的な考え方を学習の中心に据えている．その理由は，実学の分野で微分積分学を応用しようとすると，計算ができるだけでは十分でなく，図形的な意味や微分および積分の基礎的な考え方を現象と結びつけて，微分積分学の手法が具体的に使えることを確認することが必要であり，この過程を経ることで，様々な場面で微分積分学を積極的に使えるようになるからである．また，この過程こそが数学を純粋に学問として学習することとの違いであり，理学以外の理系学部に特有の学習といえる．

　理学的に微分積分学を展開することは，論理的には明快で，数学的思考を得意とするものには満足を与えるが，論理から出発してこれを図形に対応させることは，実際の構造物から数学を考える実学者には理解が難しいといえる．実学者の方向に合わせて数学を展開するには，適用しようとする具体的な対象と数学的内容の対応を明確に図っておくことが必要で，それにより理解が容易になり，数学を高度な道具として利用することが可能になるのである．実学において重視されるものは，数学的論理による結果の導出でなく，具体的な対象に対しての解析である．これはもちろん，計算のためにのみ数学を使う，という単純な使い方を意味するのではない．高度な使い方として，数学的立場から具象にアプローチすることで，たとえば工学では工学的な論理の使用が可能になり，数学の真の価値が見いだされる．いたずらに数学的思考の論理を振りかざすことなく，実学にかなった数学的対象と現実的対象を結びつけて議論を進めることが重要である．この考えから，微分の導入も図形的対象を優先させて具体的なものとして導入している．

　一方で，大学での学習としては，微分積分学に対する見識を深めることも大切なことである．微分積分学の本質とはいったい何であろうか．本書では詳しく扱わないが，数学の大きな金字塔でもあるので，一言触れておきたい．

　微分積分学の前提となる基礎知識は，一言でいえば，実数の性質ということであろう．実数全体の集合に含まれる整数や有理数，加減乗除の演算法則，大小関係，絶対値の性質などには，深い数学的理論があるのだが，通常はこの部分は既知として扱う．特に重要な性質は本書でも取り上げる「実数の連続性の公理」として導入される公理である．高木貞治の古典的な名著『解析概論』(岩波書店) の冒頭 10 ページ程の部分に，実数の連続性の公理として，「Dedekind の切断」，「上限と下限の存在 (Wierstrass の定理)」，「有界単調数列の収束」および「区間縮小法の原理」という有名な 4 個の命題が記載されている．さらに，これら 4 個の命題は互いに同値であることも証明されている．本書では特に 3 番目の命題を公理として採用している．それを具体的に記述するために，実数列 (単に「数列」と呼ぶ) に関するいくつかの概念を定義する必

要がある．この数列に関する性質が，微分積分学の大事な概念である「連続性」「微分可能性」の本質として奥に隠れており，本来は $\varepsilon$-$\delta$ 論法という基礎理論を展開し，奥に隠れている数学的意味を明確にすることで微分積分学を展開するのが，最も数学的に完成された方法である．この方法により，実数の連続性と関数の連続性の関係が明確化され，微分積分学の数学的位置づけも明確になるのだが，本書では先に述べた目的からここには踏み入らない．極限の厳密な定義のみ冒頭に触れてあるので，向学心がある諸氏には是非この先を勉強することを薦めたい．

微分積分学で中心となる話題はもちろん「微分」である．微分に関する基本思想は，18世紀にニュートンが思い描いた理想的な曲線の姿からきており，微分可能な関数とは，関数のグラフの微小部分は「線分」になっており，よい曲線とは微小な線分より構成されている，との考えである．この微小線分を延長したものが接線であり，この微小線分の $x$ 方向と $y$ 方向の増分として「微分量」$dx, dy$ を導入する．このように考えることで，物理で使われる微分量の意味が容易に理解でき，結果として取り扱いが容易になる．そこで，古典的直感に訴える方が理系学部の物理系専門科目の学習に有益と考え，全微分の概念をこの考え方で導入している．

全微分における微小部分の線分は直接的には求められないので，その代わりに計算可能である微分係数が導入される．同様に，微小部分での面積も直接的には求められないので，面積が計算可能である図形に細分し，面積の総和の極限として微小部分での面積の総和である定積分が導入される．これが極限を考える理由であり，微分係数や定積分を計算する意味である．この対応関係を理解することで，微分や定積分を実用的に使えることになるであろう．面積や体積等を具体的に扱う工学分野では，このように微分と定積分の根本的な理解を図っておくことが，実用的な場面で学習を活かすことにつながっていく．単に微分や積分の計算に習熟するだけが大学での微分積分学の学習でないことを強く認識して微分積分学を学んでほしい．

本書は山梨大学工学部の微分積分学の授業を習熟度別クラス編成にするにあたり，理系学部での専門教育で必要とされる微分積分学の基本的な内容を，あらゆる理系学部のどのような習熟度の学生にも対応できるテキストを目指して編集を行った．そのため，演習問題には易しいものから難しいものまでを含めた．各人の習熟度に応じて解いてもらえればよいが，すべての問題に正確な解答を付けることを最終目標に取り組んでほしい．

本書の第1章は，栗原光信山梨大学名誉教授が筆を執られたが，残念ながらこれが絶筆となってしまった．執筆を引き継ぐにあたり，第1章の格調の高さを損なうことなく書き継ぐことを心掛けたつもりである．また，ベクトル解析入門の内容については，西郷達彦山梨大学医学部准教授に準備いただいた．

本書の発刊にあたり，細部にわたり原稿を丁寧に読んでいただき適切なご指摘を頂いた山梨大学の小林正樹先生，西郷達彦先生，宮原大樹先生および山梨大学非常勤講師の宿沢修先生，本書の完成を根気強く待っていただいた学術図書の高橋秀治氏に深く感謝の意を表したい．

2012年7月

佐藤眞久

# 目 次

**第 1 章 基礎概念**     1
  1.1 数列の極限 .................................................... 1
  1.2 関数の極限と連続 .......................................... 6
  1.3 逆関数 ........................................................... 13

**第 2 章 微分法**     17
  2.1 導関数と微分法の公式 ..................................... 17
  2.2 初等関数とその導関数 ..................................... 23
  2.3 高次導関数 ..................................................... 30
  2.4 平均値の定理とロピタルの定理 ....................... 32
  2.5 テイラーの定理 .............................................. 35
  2.6 増減表と関数のグラフ ..................................... 41
  2.7 発展課題: 級数 ............................................... 45

**第 3 章 積分法**     51
  3.1 原始関数と不定積分 ........................................ 51
  3.2 定積分と基本定理 ........................................... 60
  3.3 広義積分 ........................................................ 70
  3.4 面積・体積・曲線の長さ ................................. 73
  3.5 発展課題: 項別積分・項別微分 ........................ 78

**第 4 章 多変数関数の微分法**     81
  4.1 2 変数関数とその極限 ..................................... 81
  4.2 偏微分と全微分 .............................................. 87
  4.3 合成関数の微分法 ........................................... 92
  4.4 高次偏導関数とテイラーの定理 ....................... 96
  4.5 2 変数関数の極値とラグランジュの未定乗数法 ... 105

**第 5 章 重積分**     112
  5.1 2 重積分 ........................................................ 112
  5.2 累次積分 ........................................................ 115
  5.3 2 重積分の計算法 ........................................... 122

| | | |
|---|---|---|
| 5.4 | 2重積分の応用 | 128 |
| 5.5 | 3重積分 | 133 |
| 5.6 | 発展課題: グリーンの定理 | 139 |
| 5.7 | 発展課題: ベクトル解析入門 | 140 |

## 補足 146

## 問題の解答 150

# 第1章 基礎概念

この章では高等学校の復習も兼ねて微分積分学を学習するのに必要な基礎的内容を学習する．ただし，三角関数についての基礎事項は補足として本書の巻末の補足に記載してある．

## 1.1 数列の極限

数列としては原則として実数の数列 (実数列) を取り扱い，これを単に「数列」と書くことにする．最初に，数列および数列に関連した基本的な用語を定義する．

**定義 1.1.1** 数列 $\{a_n\} = \{a_1, a_2, a_3, \cdots, a_n, \cdots\}$ について，$n$ を限りなく大きくするとき，$a_n$ が一定の値 $\alpha$ に限りなく近づくならば，
$$\lim_{n \to \infty} a_n = \alpha \quad \text{または} \quad a_n \to \alpha \ (n \to \infty)$$
と書き，数列 $\{a_n\}$ の**極限値**が $\alpha$ であるという．また，数列 $\{a_n\}$ は $\alpha$ に**収束**するという．さらに，$n$ を限りなく大きくするとき，$a_n$ がどんな値にも近づかないならば，数列 $\{a_n\}$ は**発散**するという．

**定義 1.1.2** 数列 $\{a_n\}$ について，すべての自然数 $n$ に対し $a_n < a_{n+1}$ が成り立つとき，数列 $\{a_n\}$ は**単調増加**であるという．また，すべての自然数 $n$ に対し $a_n > a_{n+1}$ が成り立つとき，数列 $\{a_n\}$ は**単調減少**であるという．上記の不等号が，$a_n \leqq a_{n+1}$ および $a_n \geqq a_{n+1}$ となる場合は，おのおの**広義単調増加**および**広義単調減少**という．
さらに，すべての自然数 $n$ に対し $a_n \leqq K$ を満たす定数 $K$ が存在するとき，数列 $\{a_n\}$ は**上に有界**であるという．同様に，すべての自然数 $n$ に対し $K \leqq a_n$ を満たす定数 $K$ が存在するとき，数列 $\{a_n\}$ は**下に有界**であるという．

微分積分学では，実数のもつ性質を縦横に利用する必要がある．実数を利用するときに使う性質として，
 (i) 加減乗除ができるという，代数的性質
 (ii) 大小関係
の2つがあるが，これだけでは実数のもつ性質を使いこなしたことにはならない．実数には，**連続性**という重要な解析性質がある．この連続性を表現するのにいくつかの方法があるが，ここでは数列を用いた，次の公理を採用する．

**公理 1.1.3** (実数の連続性の公理)
 (1) 上に有界な (広義) 単調増加数列はある実数値に収束する．
 (2) 下に有界な (広義) 単調減少数列はある実数値に収束する．

これより，次の重要な「区間縮小法の原理」が導かれる．証明は，三角不等式 $|a_n - \beta| \leqq |a_n - b_n| + |b_n - \beta|$ と定義 (末尾の発展課題を参照) から簡単にわかるので読者に任せる．

**定理 1.1.4** (区間縮小法の原理) 上に有界な広義単調増加数列 $\{a_n\}$ と，下に有界な広義単調減少数列 $\{b_n\}$ があり，すべての $n$ で $b_n - a_n \geqq 0$ かつ $\lim_{n \to \infty}(b_n - a_n) = 0$ なら，数列 $\{a_n\}$ および $\{b_n\}$ はある同一の実数に収束する．

連続性の公理を利用して，次の数列の収束性を証明しよう．この数列は，微分積分学における重要な定数 $e$ を定義する．

**例 1.1.5** 数列 $a_n = \left(1 + \dfrac{1}{n}\right)^n$ は収束する．

**証明** 数列の一般項 $a_n$ を二項定理を用いて展開すると，次の展開式をえる．

$$a_n = \left(1 + \frac{1}{n}\right)^n = \sum_{k=0}^n {}_n\mathrm{C}_k \cdot 1^{n-k}\left(\frac{1}{n}\right)^k$$
$$= 1 + n\left(\frac{1}{n}\right) + \sum_{k=2}^n \frac{1}{k!}\left(1 - \frac{1}{n}\right)\cdots\left(1 - \frac{k-1}{n}\right)$$

この展開式と $a_{n+1}$ の展開式

$$a_{n+1} = 1 + (n+1)\left(\frac{1}{n+1}\right) + \sum_{k=2}^n \frac{1}{k!}\left(1 - \frac{1}{n+1}\right)\cdots\left(1 - \frac{k-1}{n+1}\right) + \frac{1}{(n+1)^{n+1}}$$

を比較すると，第 1 項と第 2 項は等しく，第 3 項から第 $n+1$ 項までは $a_{n+1}$ の各項の方が大きい．$a_{n+1}$ の最終項は正なので，$a_n < a_{n+1}$ となる．よって，数列 $\{a_n\}$ は単調増加である．さらに，等比数列の和の公式を用いると，

$$a_n \leqq 1 + \sum_{k=1}^n \frac{1}{k!} \leqq 1 + \sum_{k=1}^n \frac{1}{2^{k-1}} = 1 + \frac{1 - 2^{-n}}{1 - 2^{-1}} = 3 - \frac{1}{2^{n-1}} < 3$$

となり，$\{a_n\}$ は上に有界である．したがって，実数の連続性の公理より，数列 $\{a_n\}$ はある実数値に収束する．

**定義 1.1.6** 上記の例 1.1.5 の数列 $\{a_n\}$ の極限値を $e$ で表し，**自然対数の底**という．すなわち，

$$e = \lim_{n \to \infty}\left(1 + \frac{1}{n}\right)^n$$

と定義する．概数は $e = 2.71828182845\cdots$ である．

**注意 1.1.7** 自然対数の底 $e$ は，次の式でも与えられることが知られている．

$$e = \sum_{i=0}^\infty \frac{1}{i!} = 1 + \frac{1}{1!} + \frac{1}{2!} + \frac{1}{3!} + \cdots$$

次の定理は，極限に関する基本的なものである．

> **定理 1.1.8** (数列の極限値の基本性質)  $\lim_{n\to\infty} a_n = \alpha$, $\lim_{n\to\infty} b_n = \beta$ であるとき，次の式が成立する．
> 
> (1) $\lim_{n\to\infty} (pa_n + qb_n) = p\alpha + q\beta$
> 
> (2) $\lim_{n\to\infty} a_n b_n = \alpha\beta$
> 
> (3) $\lim_{n\to\infty} \dfrac{a_n}{b_n} = \dfrac{\alpha}{\beta}$
> 
> ただし，(1) では $p, q$ は定数，(3) では $\beta \neq 0$ とする．

**注意 1.1.9** 上記の定理で，「数列 $\{a_n\}$ と $\{b_n\}$ の極限値が存在している」という条件が重要である．収束しない数列では，定理の等式は一般には成立しないことに注意が必要である．

> **定理 1.1.10** (数列に関する「はさみうちの原理」) 数列 $\{a_n\}, \{b_n\}, \{c_n\}$ が，条件
> 
> (a) すべての $n$ で $a_n \leqq c_n \leqq b_n$
> 
> (b) $\lim_{n\to\infty} a_n = \lim_{n\to\infty} b_n = \alpha$
> 
> を満たせば $\lim_{n\to\infty} c_n = \alpha$ である．

次の極限値の計算は，極限値の計算ができるように適当な式変形を行い計算する典型的な例題である．

**例題 1.1.11** 次の極限値を求めよ．

(1) $\lim_{n\to\infty} \dfrac{2n+1}{3n-4}$ 
(2) $\lim_{n\to\infty} (\sqrt{n+2} - \sqrt{n})$ 
(3) $\lim_{n\to\infty} \dfrac{3^n}{4^n + 2^n}$ 
(4) $\lim_{n\to\infty} \left(1 + \dfrac{1}{n}\right)^{2n}$

**解** (1) $\lim_{n\to\infty} \dfrac{2n+1}{3n-4} = \lim_{n\to\infty} \dfrac{2 + \dfrac{1}{n}}{3 - \dfrac{4}{n}} = \dfrac{2+0}{3-0} = \dfrac{2}{3}$

(2) $\lim_{n\to\infty} (\sqrt{n+2} - \sqrt{n}) = \lim_{n\to\infty} \dfrac{(\sqrt{n+2} - \sqrt{n})(\sqrt{n+2} + \sqrt{n})}{\sqrt{n+2} + \sqrt{n}} = \lim_{n\to\infty} \dfrac{2}{\sqrt{n+2} + \sqrt{n}} = 0$

(3) $\lim_{n\to\infty} \dfrac{3^n}{4^n + 2^n} = \lim_{n\to\infty} \dfrac{\left(\dfrac{3}{4}\right)^n}{1 + \left(\dfrac{1}{2}\right)^n} = \dfrac{0}{1+0} = 0$

(4) $\lim_{n\to\infty} \left(1 + \dfrac{1}{n}\right)^{2n} = \left\{\lim_{n\to\infty} \left(1 + \dfrac{1}{n}\right)^n\right\}^2 = e^2$ ∎

**例題 1.1.12** 極限値 $\lim_{n\to\infty} \left(1 + \dfrac{2}{n}\right)^n$ を求めよ．

**解** $n = 2m$ とおくと，
$$\lim_{n\to\infty} \left(1 + \dfrac{2}{2m}\right)^{2m} = \lim_{m\to\infty} \left(1 + \dfrac{1}{m}\right)^{2m} = \left\{\lim_{m\to\infty} \left(1 + \dfrac{1}{m}\right)^m\right\}^2 = e^2$$
となる． ∎

**注意 1.1.13** 上記の例では，数列 $\left\{a_n = \left(1 + \dfrac{2}{n}\right)^n\right\}$ の偶数番目よりなる数列 $\{a_{2n}\}$ の極限値を求めている．これは，数列 $\{a_n\}$ が収束することを前提として可能な計算である．

実際，収束することは，自然対数 $e$ の定義で扱った数列 $\left\{\left(1+\dfrac{1}{n}\right)^n\right\}$ の場合と同様な計算でわかる．詳細は，次の発展課題 (命題 1.1.18) を参照されたい．

## 発展課題: 数列の収束と実数の連続性

定義 1.1.1 の収束性の定義は「近づく」ということを感覚的に述べているだけで，数学的に極限値の計算を可能にするものとなっていない．これを可能にするには，「極限の考え方」を根本的に変える必要がある．数列 $\{a_n\}$ の極限値が $\alpha$ であることを，$a_n$ が「次第に $\alpha$ に近づくいていく」という動的な考え方でなく，数直線上に，$\alpha$ の周囲にどんな小さな囲いを設けても，「数列のある番号から先はすべてこの囲いの中に入っている」という静的な考え方を採用する必要がある．

そのために，実は下記のような厳密な定義が存在する．この厳密な定義を用いるならば，定理 1.1.8 などの収束性に関する基本的な定理が証明できる．読者は，この定義から基本的な定理の証明をすることに是非挑戦して，極限に対する認識を深めてほしい．

> **定義 1.1.14** (極限の厳密な定義)　数列 $\{a_n\}$ および実数 $\alpha$ が与えられているとする．
> 各自然数 $m$ に応じて，ある自然数 $N(m)$ を選ぶと，$n>N(m)$ である自然数 $n$ について
> $$|a_n-\alpha|<\frac{1}{m}$$
> となるとき，数列 $\{a_n\}$ は $\alpha$ に収束するといい，$\displaystyle\lim_{n\to\infty}a_n=\alpha$ と表す．

上記の定義を適用する場合，**Archimedes**(アルキメデス) の原理あるいは**測量の原理**と呼ばれる，自然数のもつ次の基本的な性質が必要になる場合が多い．

注意 1.1.15 (**Archimedes の原理**)　正の実数 $\varepsilon$ と自然数 $N$ に対し，ある自然数 $m$ を選ぶと
$$m\varepsilon>N$$
となる．

Archimedes の原理は自明な事実に思われるが，測量でものを測ることができるのは，実はこの事実がもとになっているからであり，その意味で理論的にも実際的にも重要な自然数の性質である．

注意 1.1.16 (収束することの否定命題)　$\displaystyle\lim_{n\to\infty}a_n=\alpha$ の定義を否定すると，次のような条件 (否定命題) として述べることができる．

数列 $\{a_n\}$ が $\alpha$ に収束しない ($\displaystyle\lim_{n\to\infty}a_n\neq\alpha$) とは，自然数 $m$ および，単調増加する自然数 $n_1<n_2<\cdots$ を適当に選ぶと，すべての $n_i$ で不等式
$$|a_{n_i}-\alpha|>\frac{1}{m}$$
が成立することである．

微分積分学とは，数学的には実数のもつ「連続性」と「微分構造」を考察するものである．この性質は，実数の **位相的性質**と呼ばれる．実数の連続性は，幾何学的には，「数直線は実数で埋め尽くされている」ことを意味する．言い換えれば，「数直線のどこで切断しても必ずそ

こには実数がある」と言ってよい．これは，次の「**Dedekind (デデキント) の切断**」と呼ばれる命題として表され，公理 1.1.3 と同値な命題である．

> **定理 1.1.17**（Dedekind の切断） 実数全体の集合 $\mathbb{R}$ とその部分集合 $\mathbb{R}_1, \mathbb{R}_2$ について，$\mathbb{R} = \mathbb{R}_1 \cup \mathbb{R}_2$ であり，任意の $x_1 \in \mathbb{R}_1, x_2 \in \mathbb{R}_2$ について，$x_1 < x_2$ を満たしているとする．このとき，$\mathbb{R}_1$ に最大値があるか，$\mathbb{R}_2$ に最小値がある．

数列 $\{a_n\}$ $(n = 1, 2, \cdots)$ に対し，$\{a_n\}$ の一部よりなる数列 $\{a_{n_i}\}$ $(1 \leqq n_1 < n_2 < \cdots)$ を，数列 $\{a_n\}$ の**部分列**という．数列 $\{a_n\}$ の収束性と部分列の性質について，次の命題は基本的である．

> **命題 1.1.18** 数列 $\{a_n\}$ に関して，次のことが成立する．
> (1) $\{a_n\}$ が極限値 $\alpha$ に収束すれば，$\{a_n\}$ の任意の部分列も $\alpha$ に収束する．
> (2) $\alpha$ を定数とする．$\{a_n\}$ の任意の部分列が，$\alpha$ に収束する部分列を必ず含んでいるとすると，$\{a_n\}$ は $\alpha$ に収束する．
> (3) $\{a_n\}$ が有界とすると，$\{a_n\}$ は収束する部分列を含む．

証明は，次のような極限の定義を利用した推論を行うことでなされる．このような論理的な推論を重ねる数学的論証に慣れ，数学を楽しんでほしい．
(1) については，極限が $|a_n - \alpha| < \dfrac{1}{m}$ となることと定義されていることから，部分列についても $|a_{n_i} - \alpha| < \dfrac{1}{m}$ となることから成立する．
(2) は背理法を用いて示される．もし $\alpha$ に収束しないとすると，注意 1.1.16 より，ある自然数 $m$ をとると，不等式 $|a_{n_i} - \alpha| > \dfrac{1}{m}$ を満たす部分列 $a_{n_i}$ $(n_1 < n_2 < \cdots)$ がとれる．この部分列 $\{a_{n_i}\}$ は，上の不等式を満たすことから，$\alpha$ に収束する部分列を含んでいない．これは条件に矛盾するので，(2) が成立する．
(3) は区間縮小法の原理を用いて示される．区間 $[c, d]$ の間に数列は入っているので，この区間を等分に 2 つの区間 $\left[c, \dfrac{c+d}{2}\right]$ と $\left[\dfrac{c+d}{2}, d\right]$ に分ける．無限個の数列の元を含む一方の区間を $[c_1, d_1]$ として，この区間から 1 つ数列の元 $a_{n_1}$ を選ぶ．これを繰り返して，区間 $[c_n, d_n]$ から $a_{n_i}$ を選び，部分列 $\{a_{n_i}\}$ を作ると，選び方から $d_n - c_n = \dfrac{d-c}{2^n}$ であるので，区間縮小法の原理から，$\lim\limits_{i \to \infty} c_i = \lim\limits_{i \to \infty} d_i = \alpha$ となる実数 $\alpha$ がある．$c_i \leqq a_{n_i} \leqq d_i$ より，はさみうちの原理から，$\lim\limits_{i \to \infty} a_{n_i} = \alpha$ となる．

## 演習問題 1–1

1. 次の極限値を求めよ．

   (1) $\lim\limits_{n \to \infty} \dfrac{5n}{2n + 3}$
   (2) $\lim\limits_{n \to \infty} \dfrac{n^2 - 4}{n + 2}$
   (3) $\lim\limits_{n \to \infty} \left(\sqrt{n} - \sqrt{n-1}\right)$
   (4) $\lim\limits_{n \to \infty} \dfrac{\sqrt{3n + 2} - \sqrt{n + 4}}{\sqrt{6n + 1} - \sqrt{4n + 3}}$
   (5) $\lim\limits_{n \to \infty} \dfrac{4^n}{5^n + 2^n}$
   (6) $\lim\limits_{n \to \infty} \left(1 + \dfrac{3}{n}\right)^{2n}$
   (7) $\lim\limits_{n \to \infty} \left(1 + \dfrac{2}{n}\right)^{-3n}$

2. 数列 $\{a_n\}$ $(n=1,2,\cdots)$ について，次の問いに答えよ．

   (1) 部分和 $S_n = \displaystyle\sum_{i=1}^{n} a_i$ よりなる数列 $\{S_n\}$ $(n=1,2,\cdots)$ が収束すれば，$\displaystyle\lim_{n\to\infty} a_n = 0$ となることを示せ．また，$\displaystyle\lim_{n\to\infty} a_n = 0$ で $S_n$ が収束しない例を作れ．

   (2) $b_n = a_{n+1} - a_n$ として，階差数列 $\{b_n\}$ $(n=1,2,\cdots)$ の部分和 $S_n = \displaystyle\sum_{i=1}^{n} b_i$ よりなる数列 $\{S_n\}$ $(n=1,2,\cdots)$ の極限値を $S$ とするとき，$\displaystyle\lim_{n\to\infty} a_n$ を，$S$ を用いて表せ．

3. 数列 $\{a_n\}$ $(n=1,2,\cdots)$ について，次の問いに答えよ．

   (1) 漸化式 $3a_{n+1} + 2a_n - 1 = 0$ を満たし $a_1 = 0$ のとき，$a_n$ を $n$ を用いた式で表せ．

   (2) 漸化式 $a_{n+1} = 2a_n + 2^n$ を満たし $a_1 = 0$ のとき，$a_n$ を $n$ を用いた式で表せ．
   (ヒント：漸化式の両辺を $2^{n+1}$ で割った式を考える．)

   (3) 漸化式 $a_{n+1}a_n - a_{n+1} - 3a_n + 4 = 0$ を満たし $a_1 = 0$ のとき，$a_n$ を $n$ を用いた式で表せ．
   (ヒント：$b_n = a_n - 2$，$c_n = \dfrac{1}{b_n}$ として，$c_n$ を求める．)

## 1.2 関数の極限と連続

最初に，関数について復習しておく．集合 $U$ の元に集合 $V$ の元を対応させる規則 $f$ を，集合 $U$ から集合 $V$ への**関数**という．このとき，集合 $U$ を関数 $f$ の**定義域**，集合 $V$ を関数 $f$ の**終域**といい，関数を $f : U \to V$ と表す．$V$ の部分集合で，関数の値全体の集合 $\{f(u) \mid u \in V\}$ を**値域**という．

集合 $U$ の元 $u$ に対応する集合 $V$ の元 $v$ を $f(u)$ と書き，関数を $v = f(u)$ の記号で表すこともある．ここで，$u$ を**独立変数**，$v$ を**従属変数**と呼ぶ．慣用として，独立変数に $x$ 従属変数に $y$ を用いて，関数を $y = f(x)$ と表すことが多い．

> **定義 1.2.1** 関数 $y = f(x)$ において，$x (\neq a)$ が $a$ に限りなく近づくとき，近づき方によらず $f(x)$ の値が一定な値 $\alpha$ に限りなく近づくならば，
> $$\lim_{x \to a} f(x) = \alpha \qquad \text{または} \qquad f(x) \to \alpha \ (x \to a)$$
> と書き，$x$ が $a$ に近づくときの $f(x)$ の**極限値**が $\alpha$ であるという．また，$f(x)$ が $\alpha$ に**収束する**という．

厳密には数列の極限を用いて，$\displaystyle\lim_{n\to\infty} a_n = a$ (ただし，$a_n \neq a$ とする) となる任意の数列 $\{a_n\}$ 対して，$\displaystyle\lim_{n\to\infty} f(a_n) = \alpha$ が成立することを意味する．

$x$ が $a$ より小さい方から $a$ に近づくことを $x \to a-0$，$a$ より大きい方から $a$ に近づくことを $x \to a+0$ と表す．特に $a=0$ のとき，おのおの $x \to 0-0$ を $x \to -0$，$x \to 0+0$ を $x \to +0$ と表す．また，$\dfrac{1}{x} \to +0$ のとき $x \to +\infty$，$\dfrac{1}{x} \to -0$ のとき $x \to -\infty$ と表すことにする．

$x \to a+0$ のとき，$f(x)$ の値が一定な値 $\alpha$ に限りなく近づくならば，
$$\lim_{x \to a+0} f(x) = \alpha \qquad \text{または} \qquad f(x) \to \alpha \ (x \to a+0)$$
と書き，$x$ が $a$ に近づくときの $f(x)$ の**右極限値**が $\alpha$ であるという．

厳密には数列の極限を用いて，$\lim_{n\to\infty} a_n = a$ (ただし，$a_n > a$ とする) となる任意の数列 $\{a_n\}$ に対して，$\lim_{n\to\infty} f(a_n) = \alpha$ が成立することを意味する．

**左極限値** $\lim_{x\to a-0} f(x)$ も同様に定義される．右極限値および左極限値を**片側極限値**という．

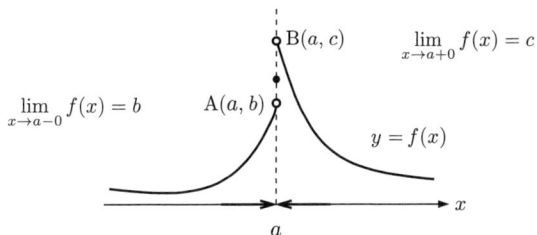

**例題 1.2.2** $\lim_{x\to+0} \dfrac{|x|}{x}$ および $\lim_{x\to-0} \dfrac{|x|}{x}$ を求めよ．

**解** $x > 0$ のとき，$|x| = x$ より，$\dfrac{|x|}{x} = \dfrac{x}{x} = 1$ である．よって，$\lim_{x\to+0} \dfrac{|x|}{x} = 1$ となる．$x < 0$ のとき，$|x| = -x$ より，$\dfrac{|x|}{x} = \dfrac{-x}{x} = -1$ である．よって，$\lim_{x\to-0} \dfrac{|x|}{x} = -1$ となる． ∎

数列の極限値の計算同様，関数の極限値の計算においても，基本は極限値の計算ができるように式変形を行うことである．次はこの典型的な例である．

**例題 1.2.3** 次の極限値を求めよ．

(1) $\lim_{x\to -1} \dfrac{x^3+1}{x+1}$ 　　(2) $\lim_{x\to -1} \dfrac{\sqrt{x^2+1}-\sqrt{2}}{x+1}$

**解** (1) $\lim_{x\to -1} \dfrac{x^3+1}{x+1} = \lim_{x\to -1} \dfrac{(x+1)(x^2-x+1)}{x+1} = \lim_{x\to -1} (x^2 - x + 1)$
$= (-1)^2 - (-1) + 1 = 3$

(2) $\lim_{x\to -1} \dfrac{\sqrt{x^2+1}-\sqrt{2}}{x+1} = \lim_{x\to -1} \dfrac{(\sqrt{x^2+1}-\sqrt{2})(\sqrt{x^2+1}+\sqrt{2})}{(x+1)(\sqrt{x^2+1}+\sqrt{2})}$
$= \lim_{x\to -1} \dfrac{x-1}{\sqrt{x^2+1}+\sqrt{2}} = \dfrac{-2}{\sqrt{1+1}+\sqrt{2}} = -\dfrac{1}{\sqrt{2}}$ ∎

極限値と右極限値および左極限値に関して次の有用な定理がある．証明は難しくないが，極限に関する厳密な推論を展開する必要があるので省略する．

**定理 1.2.4** $\lim_{x\to a+0} f(x) = \lim_{x\to a-0} f(x) = \alpha$ なら，$\lim_{x\to a} f(x) = \alpha$ である．

定理 1.1.10 の「はさみうちの原理」より，関数の極限に関しても，「はさみうちの原理」が成立する．証明は容易なので読者の演習とする．

**定理 1.2.5**（関数に関する「はさみうちの原理」）　関数 $f(x), g(x), h(x)$ が，定数 $a$ ($a = \pm\infty$ も含む) の近傍で定義されているとき，

(1) (a) $f(x) \leqq h(x) \leqq g(x) \; (x \neq a)$

(b) $\displaystyle\lim_{x \to a} f(x) = \lim_{x \to a} g(x) = \alpha$

が成立すれば，$\displaystyle\lim_{x \to a} h(x) = \alpha$ である．

(2) (a) $f(x) \leqq h(x) \leqq g(x) \; (x > a)$

(b) $\displaystyle\lim_{x \to a+0} f(x) = \lim_{x \to a+0} g(x) = \alpha$

が成立すれば，$\displaystyle\lim_{x \to a+0} h(x) = \alpha$ である．

(3) (a) $f(x) \leqq h(x) \leqq g(x) \; (x < a)$

(b) $\displaystyle\lim_{x \to a-0} f(x) = \lim_{x \to a-0} g(x) = \alpha$

が成立すれば，$\displaystyle\lim_{x \to a-0} h(x) = \alpha$ である．

上記の定理を用いて，次の関数の極限値を計算してみる．これらは，関数の極限に関する基本的な事実でもある．

**命題 1.2.6**　(1) $\displaystyle\lim_{x \to 0} \frac{\sin x}{x} = 1$　(2) $\displaystyle\lim_{x \to 0}(1+x)^{\frac{1}{x}} = e$　(3) $\displaystyle\lim_{x \to 0} \frac{a^x - 1}{x} = \log_e a$
ただし，(3) では，$a > 0, a \neq 1$ とする．

**証明**　(1) $x$ が正で十分小さいとき，次の図で，三角形 OBA，扇形 OBA および三角形 OBC の面積を比べて，$\sin x < x < \tan x = \dfrac{\sin x}{\cos x}$ となる．

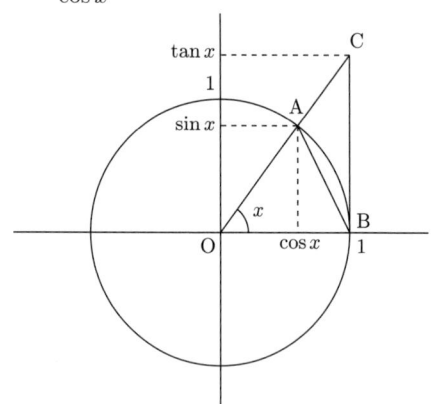

よって，$\cos x < \dfrac{\sin x}{x} < 1$ となるので，$\displaystyle\lim_{x \to +0} \dfrac{\sin x}{x} = 1$ である．
$x < 0$ で $x$ の絶対値が十分小さいときは，$h = -x$ と変換すると，$x \to -0$ のとき $h \to +0$ であるから，
$$\lim_{x \to -0} \frac{\sin x}{x} = \lim_{h \to +0} \frac{\sin(-h)}{(-h)} = \lim_{h \to +0} \frac{\sin h}{h} = 1$$
となる．

(2) $x$ が正で十分小さいとき，$(n+1)^{-1} \leqq x \leqq n^{-1}$ を満たす $n$ をとると，
$$\left(1 + \frac{1}{n+1}\right)^{n+1} \left(1 + \frac{1}{n+1}\right)^{-1} \leqq (1+x)^{\frac{1}{x}} \leqq \left(1 + \frac{1}{n}\right)^n \left(1 + \frac{1}{n}\right)$$

となる．$x \to +0$ とすると $n \to \infty$ だから，この不等式より，
$$e = e \times 1 \leqq \lim_{x \to +0}(1+x)^{\frac{1}{x}} \leqq e \times 1 = e$$
となり，$\lim_{x \to +0}(1+x)^{\frac{1}{x}} = e$ をうる．

$x$ が負で $x$ の絶対値が十分小さいときは，$h = -x(1+x)^{-1}$ と変換すると，$x \to -0$ のとき $h \to +0$ であるから，
$$\lim_{x \to -0}(1+x)^{\frac{1}{x}} = \lim_{h \to +0}(1+h)^{\frac{1}{h}}(1+h) = e \times 1 = e$$
となる．

(3) $h = a^x - 1$ とおくと，$x \to 0$ のとき $h \to 0$ であるから，$x = \log_a(1+h)$ の関係を用いて，
$$\lim_{x \to 0}\frac{a^x - 1}{x} = \lim_{h \to 0}\frac{h}{\log_a(1+h)} = \lim_{h \to 0}\frac{1}{\log_a(1+h)^{\frac{1}{h}}} = \frac{1}{\log_a e} = \log_e a$$
となる． ∎

**注意 1.2.7** 上記の計算で，$\lim_{h \to 0}\frac{1}{\log_a(1+h)^{\frac{1}{h}}} = \frac{1}{\log_a e}$ の部分は，正確には $\lim_{h \to 0}\log_a(1+h)^{\frac{1}{h}} = \log_a \lim_{h \to 0}(1+h)^{\frac{1}{h}}$ という計算を行っている．数列の極限値を計算し，その極限値での関数の値を求めた場合と数列の関数値のなす数列を作り，その極限値を求めた場合では，2つの値は一般には一致しない．この2つの値が一致するという関数の性質は，**関数の連続性**と呼ばれる性質で，多くの関数で無意識に使っているが，関数に関しての大切な性質である．詳細は次の項 (定義 1.2.11) で扱う．

定理 1.1.8 の数列の極限の性質より，関数の極限についても同様の基本的な定理が成立する．

---

**定理 1.2.8** $\lim_{x \to a(\pm 0)} f(x) = \alpha$, $\lim_{x \to a(\pm 0)} g(x) = \beta$ であるとき，次の式が成立する ($a = \pm\infty$ も含む)．

(1) $\lim_{x \to a(\pm 0)}(bf(x) + cg(x)) = b\alpha + c\beta$

(2) $\lim_{x \to a(\pm 0)} f(x)g(x) = \alpha\beta$

(3) $\lim_{x \to a(\pm 0)}\frac{f(x)}{g(x)} = \frac{\alpha}{\beta}$

ただし，各式は複号同順で，(1) では $b, c$ は定数，(3) では $\beta \neq 0$ とする．

---

**例題 1.2.9** 次の関数の極限値を求めよ．

(1) $\lim_{x \to 0}\frac{\sin 3x}{\sin 2x}$ (2) $\lim_{x \to 0}\frac{\tan x}{x}$ (3) $\lim_{x \to 0}\frac{\log(x+1)}{x}$

**解** (1) $\lim_{x \to 0}\frac{\sin 3x}{\sin 2x} = \lim_{x \to 0}\frac{3}{2}\frac{\sin 3x}{3x}\frac{2x}{\sin 2x} = \frac{3}{2}\lim_{x \to 0}\frac{\sin 3x}{3x}\lim_{x \to 0}\frac{2x}{\sin 2x} = \frac{3}{2}$ となる．

(2) $\lim_{x \to 0}\frac{\tan x}{x} = \lim_{x \to 0}\frac{\sin x}{x}\frac{1}{\cos x} = \lim_{x \to 0}\frac{\sin x}{x}\lim_{x \to 0}\frac{1}{\cos x} = 1$ となる．

(3) $t = \log(x+1)$ とおくと，$x = e^t - 1$ より，$\lim_{x \to 0}\frac{\log(x+1)}{x} = \lim_{t \to 0}\frac{t}{e^t - 1}$ となり，命題 1.2.6 から，極限値は $\frac{1}{\log e} = 1$ となる． ∎

**例題 1.2.10** 次の極限値を求めよ．

(1) $\lim_{x \to 0}\frac{e^x - e^{-x}}{x}$ (2) $\lim_{x \to +\infty}\left(1 + \frac{2}{x}\right)^x$

**解** (1) $\displaystyle\lim_{x\to 0}\frac{e^x-e^{-x}}{x}=\lim_{x\to 0}2e^{-x}\times\frac{e^{2x}-1}{2x}=2\log_e e=2$ となる.

(2) $t=\dfrac{2}{x}$ とおくことにより,$\displaystyle\lim_{x\to+\infty}\left(1+\frac{2}{x}\right)^x=\lim_{x\to+\infty}\left\{\left(1+\frac{2}{x}\right)^{\frac{x}{2}}\right\}^2=\lim_{t\to+0}\{(1+t)^{\frac{1}{t}}\}^2=e^2$
となる. ∎

> **定義 1.2.11** 関数 $y=f(x)$ が $x=a$ で**連続**であるとは,
> $$\lim_{x\to a}f(x)=f(a)$$
> が成立することである.また,関数 $f(x)$ が区間 $I$ のすべての点で連続であるとき,**区間 $I$ で連続**または単に**連続関数**であるという.ただし,閉区間の端点における連続の定義では,極限は片側極限値を考える.

**例題 1.2.12** 次の関数の連続性を調べよ.
$$f(x)=\begin{cases}|x| & (x\ne 0)\\ 1 & (x=0)\end{cases}$$

**解** $x>0$ では $f(x)=x$ だから連続,$x<0$ では $f(x)=-x$ だから連続である.そこで,$x=0$ について考える.まず,$\displaystyle\lim_{x\to -0}f(x)=\lim_{x\to -0}(-x)=0,\ \lim_{x\to +0}f(x)=\lim_{x\to +0}x=0$ となり,右極限値および左極限値が一致するので,$\displaystyle\lim_{x\to 0}f(x)=0$ となる.
しかし,$\displaystyle\lim_{x\to 0}f(x)=0\ne 1=f(0)$ であるから,関数 $f(x)$ は $x=0$ では連続でない. ∎

**注意 1.2.13** 関数 $y=f(x)$ が連続とは,関数 $f$ と極限 $\lim$ をとる順番が入れ替えられる,すなわち,記号上で
$$\lim f(*)=f(\lim *)$$
という計算ができることを意味している.次の例で,この理解を深めてほしい.

**例 1.2.14** 関数 $y=\sqrt{x}$ を考える.2 に収束する数列 $\{1,1.9,1.99,1.999,\cdots\}$ の関数値 $f(1)=\sqrt{1},f(1.9)=\sqrt{1.9},f(1.99)=\sqrt{1.99},f(1.999)=\sqrt{1.999},\cdots$ の極限値は,各項の値を個別に計算して極限値を求めるのが定義である.しかし,これは計算が大変で実質的に数値上での計算は不可能であり,直接的に極限値 $\displaystyle\lim_{n\to\infty}f(a_n)$ を求めるのは難しい.ところが,関数 $y=\sqrt{x}$ が連続であることがわかれば,各項の値を求めて極限値を計算する代わりに,$f\left(\displaystyle\lim_{n\to\infty}a_n\right)$ の式を計算すれば,これは,$x$ に数列の極限値 2 を代入することであり,極限値は $f(2)=\sqrt{2}$ となることがわかる. ∎

このように,連続性という性質は,非常に便利な性質である.高等学校では無意識に使っていた性質であるが,関数の連続性を意識して使うことで,有用な性質を導いたり,実質的な計算を行ったりすることが可能になることが多い.理工系学部では,連続関数以外の関数を扱うことは滅多にないので,連続関数の性質を使いこなすことは重要なことである.

連続関数に関して次の 4 つの基本的な定理が成立する.定理 1.2.15 は定義 1.2.11 と定理 1.2.8 より,$\alpha=f(a),\beta=g(a)$ と考えることで導かれる.定理 1.2.17 は合成関数の連続性に関する定理であり,定義より導かれる.定理 1.2.18 および定理 1.2.19 の証明は,「区間縮小法の原理」(定理 1.1.4) を用いて導かれる.

**定理 1.2.15** 関数 $f(x), g(x)$ が $x = a$ で連続であるとき，次の関数も $x = a$ で連続である．

(1) 関数の和と差 $f(x) \pm g(x)$

(2) 関数の定数倍 $kf(x)$ （$k$ は定数）

(3) 関数の積 $f(x)g(x)$

(4) 関数の商 $\dfrac{f(x)}{g(x)}$ （ただし，$g(a) \neq 0$）

注意 (1) と (2) は，次の式で1つにまとめて表すことができる．

(5) 定数倍の和 $kf(x) + \ell g(x)$ （ただし，$k, \ell$ は定数）

この定理より次のことがわかる．

**系 1.2.16** 多項式 $f(x), g(x)$ の商で表される**有理関数** $\dfrac{f(x)}{g(x)}$ は，$g(a) \neq 0$ となる点 $x = a$ で連続である．

**定理 1.2.17** (合成関数の連続性) $x$ の関数 $u = f(x)$ が $x = a$ で連続であり，$u$ の関数 $y = g(u)$ が $u = f(a)$ で連続ならば，合成関数 $y = g(f(x))$ は $x = a$ で連続である．

連続関数の代表は，**初等関数**である．初等関数とは，多項式関数，三角関数，指数関数から，加減乗除，逆関数および合成関数をとることを繰り返してえられる関数である．無理関数，対数関数や $x^x$ などの関数も初等関数である (連続関数の逆関数の連続性は，次の節で扱う)．

次の2つの定理は，連続関数のもつ重要な性質である．

**定理 1.2.18** (中間値の定理) 関数 $y = f(x)$ が閉区間 $[a, b]$ で連続であって，$f(a) \neq f(b)$ とする．このとき，$f(a)$ と $f(b)$ の間の任意の値 $k$ に対して，
$$f(c) = k \quad (a < c < b)$$
を満たす定数 $c$ が存在する．

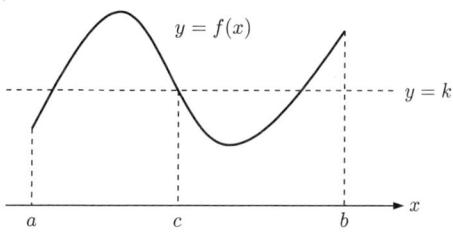

**定理 1.2.19** (最大値・最小値の存在) 関数 $y = f(x)$ が閉区間 $[a, b]$ で連続なら，$y = f(x)$ は $[a, b]$ 内の点で最大値および最小値をとる．

**注意 1.2.20** 上記の定理は「閉区間」であることが大切で，開区間などの閉区間でない区間では一般には成立しない．

**例題 1.2.21** $f(x) = x^3 - 2x^2 + 2$ は，開区間 $(-1, 1)$ に $f(x) = 0$ の解をもつ．

**解** $f(-1) = -1, f(1) = 1$ で $f(x)$ は連続関数より，中間値の定理から，$f(c) = 0$ となる実数 $c$ が $-1$ と $1$ の間にある．

## 演習問題 1–2

1. 次の関数の極限を計算せよ．

   (1) $\lim_{x\to 2}(x^2+2x+3)$  (2) $\lim_{x\to 0}\sqrt{x^2+x}$  (3) $\lim_{x\to 1}\dfrac{x-1}{x^2-1}$

   (4) $\lim_{x\to 1}\dfrac{x^3-1}{x-1}$  (5) $\lim_{x\to 1}\dfrac{x^2-1}{x^3+1}$  (6) $\lim_{x\to +\infty}\dfrac{2x^2-5x+1}{3x^2-2x+7}$

   (7) $\lim_{x\to 1}\dfrac{\sqrt{x}-1}{x-1}$  (8) $\lim_{x\to +\infty}(\sqrt{x+1}-\sqrt{x})$  (9) $\lim_{x\to +\infty}(\sqrt{x^2+x}-\sqrt{x})$

   (10) $\lim_{x\to +\infty}\dfrac{1}{\sqrt{x}-\sqrt{x+1}}$  (11) $\lim_{x\to +\infty}\dfrac{2^x-2^{-x}}{2^x+2^{-x}}$  (12) $\lim_{x\to 0}\dfrac{\sin x}{e^x}$

   (13) $\lim_{x\to +\infty}\left(1+\dfrac{2}{x}\right)^{3x}$  (14) $\lim_{x\to -\infty}\left(1+\dfrac{1}{x}\right)^{x}$  (15) $\lim_{x\to 0}\dfrac{\sin x^2}{x}$

   (16) $\lim_{x\to 0}\dfrac{1-\cos x}{x\sin x}$  (17) $\lim_{x\to +0}\dfrac{\sin x}{\log x}$  (18) $\lim_{x\to 1}\dfrac{\log x}{x-1}$

2. 次の極限値を求めよ．

   (1) $\lim_{x\to 0}\dfrac{\sin 3x}{5x}$  (2) $\lim_{x\to 0}\dfrac{\sin 5x}{\sin 2x}$  (3) $\lim_{x\to 0}\dfrac{\cos x-1}{x}$  (4) $\lim_{x\to 0}\dfrac{\tan 2x}{x}$

   (5) $\lim_{x\to 0}\dfrac{e^{-x}-1}{x}$  (6) $\lim_{x\to 0}\dfrac{\sin x}{e^x-e^{-x}}$  (7) $\lim_{x\to 0}\dfrac{\tan^3 x-\sin^3 x}{x^5}$

3. 次の関数の連続性を調べよ．

   (1) $f(x)=\begin{cases} x\sin\dfrac{1}{x^2} & (x\neq 0) \\ 0 & (x=0) \end{cases}$  (2) $f(x)=\begin{cases} \sin\dfrac{1}{x} & (x\neq 0) \\ 0 & (x=0) \end{cases}$

   (3) $f(x)=\lim_{n\to\infty}\dfrac{1}{x^n-x^{-n}}$  ($n$ は自然数)

4. 次の問いに答えよ．

   (1) 関数 $f(x)=\sin x-x\cos x$ とし，$f(x)=0$ は，閉区間 $\left[\pi,\dfrac{3}{2}\pi\right]$ で実数解をもつことを示せ．

   (2) $x\sin x=\dfrac{1}{2}$ の，開区間 $(-\pi,\pi)$ での解の個数を求めよ．

5. 関数 $f(x)$ が，すべての実数 $x,y$ で $f(x+y)=f(x)+f(y)$ を満たすとする．このとき，$f(x)$ が $x=0$ で連続ならすべての点で連続であり，$a=f(1)$ とおくと $f(x)=ax$ となることを示せ．

6. (**発展問題**) $\lim_{x\to a+0}f(x)=\lim_{x\to a-0}f(x)=\alpha$ なら，$\lim_{x\to a}f(x)=\alpha$ となることを示せ．
   (ヒント: $a$ に収束する数列 $\{a_n\}$ (ただし，$a_n\neq a$) をとると，$f(a_n)$ が $\alpha$ に収束することを示す．数列 $\{a_n\}$ を $a$ より値が大きい部分列と小さい部分列に分けて仮定を用いる．)

7. (**発展問題**) (1) 閉区間 $[a,b]$ 内に値をもつ任意の点列は $[a,b]$ 内の点に収束する部分列をもつことを示せ (この性質は，(**点列**) **コンパクト性**と呼ばれる).
   (ヒント: 命題 1.1.18 を用いる．)

   (2) コンパクト性を用いて，閉区間 $[a,b]$ で連続な関数 $f(x)$ について，自然数 $m$ が与えられると，これに応じて次の条件 $(*)$ を満たす自然数 $N$ があることを示せ．

   $(*)$ $a\leq c\leq b$ となる任意の実数 $c$ に対し，$x$ が $|x-c|<\dfrac{1}{N}$ を満たすなら，$|f(x)-f(c)|<\dfrac{1}{m}$ となる (この性質を，関数の**一様連続性**という).

注意：一様連続な関数が連続関数であることは，定義よりただちにわかる．逆に，(2) より，閉区間で連続な関数は，この区間で一様連続であることがわかる．分数関数 $y = \dfrac{1}{x}$ などを考えてみればわかるように，閉区間以外の区間で連続な関数は，一般には一様連続になるとは限らない．

## 1.3 逆関数

この節では，逆関数の幾何学的な意味や計算法について解説する．まず，単調関数および逆関数の定義を復習しておく．

> **定義 1.3.1** (単調関数) 関数 $f(x)$ が，定義域内の任意の 2 つの実数 $a, b$ で，$a < b$ なら $f(a) < f(b)$ となっているとき，$f(x)$ は**単調増加関数**という．同様に，$a < b$ なら $f(a) > f(b)$ となっているとき**単調減少関数**という．単調増加または単調減少な関数を単に**単調関数**という．また，$a < b$ なら $f(a) \leqq f(b)$ となっているとき**広義単調増加関数**という．同様に，$a < b$ なら $f(a) \geqq f(b)$ となっているとき**広義単調減少関数**という．広義単調増加または広義単調減少な関数を単に**広義単調関数**という．

> **定義 1.3.2** (逆関数) 単調関数 $f(x)$ では，値域の値 $y$ に対し，$y = f(x)$ となる $x$ がただ 1 つ決まるので，この対応を $x = f^{-1}(y)$ と書く．$x$ と $y$ を入れ替え，$x$ を独立変数，$y$ を従属変数とし，この対応によって決まる関数を $y = f^{-1}(x)$ と表し，$y = f(x)$ の**逆関数**と呼ぶ．

逆関数の定義より，次の定理は容易にわかる．

> **定理 1.3.3** 関数 $y = g(x)$ が $y = f(x)$ の逆関数である必要十分条件は，$x = f(g(x))$ および $x = g(f(x))$ が成立することである．

**例 1.3.4** 2 次関数 $y = x^2$ $(x \geqq 0)$ を $x$ の式で表すと $x = \sqrt{y}$ $(y \geqq 0)$ である．$x$ と $y$ を入れ替えると，$y = \sqrt{x}$ $(x \geqq 0)$ となるので，2 次関数 $y = x^2$ $(x \geqq 0)$ の逆関数は，無理関数 $y = \sqrt{x}$ $(x \geqq 0)$ である． ∎

上記の例でわかるように，逆関数は次のように計算を行えばよい．

■**逆関数の計算**■

関数 $y = f(x)$ の逆関数は，$x$ と $y$ を入れ替えた関数 $x = f(y)$ を，$y$ について解いた関数 $y = g(x)$ である．

**例 1.3.5** 指数関数 $y = 2^x$ の逆関数は，$y = 2^x$ の $x$ と $y$ を入れ替えた関数 $x = 2^y$ を $y$ について解いた関数 $y = \log_2 x$ で，対数関数となる． ∎

次の図でわかるように，$x$ 座標と $y$ 座標を入れ替えた 2 つの点 $\mathrm{A}(a, b)$ と $\mathrm{B}(b, a)$ は，直線 $y = x$ に関して対称な位置にある．

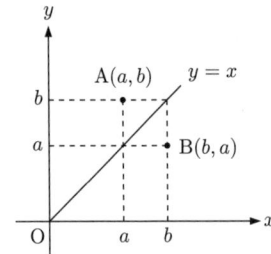

そこで，関数とその逆関数のグラフは，次のような関係にある．

▮逆関数のグラフ▮

(1) 関数とその逆関数のグラフは，直線 $y = x$ に関して対称である．
(2) 関数 $y = f(x)$ と関数 $x = f^{-1}(y)$ は，対応としては同一であり，したがって同一のグラフになる．
(3) 関数とその逆関数のグラフは，図形として同一の形状をなす．

関数とその逆関数のグラフを描くにあたって，違う形状のグラフを描かないように注意したい．下の図を参照すれば，上記の意味が視覚的に理解できよう．

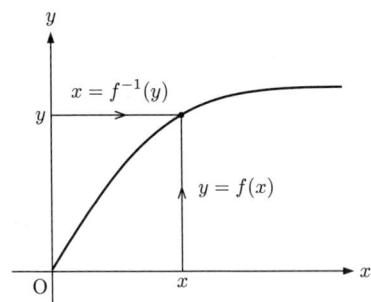

定理 **1.3.6** 連続な関数の逆関数も連続である．

上記の定理から，多項式関数が連続であることから，その逆関数である**無理関数は連続関数**であることがわかる．

**例題 1.3.7** 分数関数 $y = \dfrac{3x+2}{2x+1}$ $\left(x > -\dfrac{1}{2}\right)$ の逆関数を求めよ．

**解** $y = \dfrac{3x+2}{2x+1}$ から，$y(2x+1) = 3x+2$ となり，$x$ でまとめて，$x(2y-3) = -y+2$ となるので，$x = \dfrac{-y+2}{2y-3}$ $\left(x > -\dfrac{1}{2},\ y > \dfrac{3}{2}\right)$ をうる．したがって，逆関数は $x$ と $y$ を入れ替えて，$y = \dfrac{-x+2}{2x-3}$ $\left(y > -\dfrac{1}{2},\ x > \dfrac{3}{2}\right)$ である．∎

> **定義 1.3.8**(指数関数) 1 と異なる正の定数 $a$ をとり,実数 $\alpha$ を指数にもつ $a$ の累乗 $a^\alpha$ を定める.指数が有理数のときは,$m, n$ を自然数として,有理数 $r = \dfrac{m}{n}$ に対して $a^r = a^{\frac{m}{n}} = \sqrt[n]{a^m}$ と定義する.負の有理数 $-r$ に対しては,$a^{-r} = \dfrac{1}{a^r}$ と定義する.さらに無理数が指数のときは,次のように定義する.
> $a > 1$ とし,$\alpha$ を無理数とする.$\alpha$ に収束する単調増加有理数列 $\{r_n\}$ をとる.$k$ を $\alpha$ より大きい有理数とすれば,$a^{r_n} < a^k$ であるから,$\{a^{r_n}\}$ は上に有界な単調増加数列である.したがって,実数の連続性の公理 1.1.3 より $\{a^{r_n}\}$ は収束する.その極限値を $a^\alpha$ と定義する.

極限値 $a^\alpha$ は $\alpha$ に収束する単調増加有理数列 $\{r_n\}$ の選び方によらないことが,次のようにして示される.$\{s_n\}$ を $\alpha$ に収束する別の単調増加有理数列とする.自然数 $n$ を固定して自然数 $m$ を十分大きくとれば,$r_n < s_m$ であるから,$a^{r_n} < a^{s_m}$ となる.この不等式で $m \to \infty$ とすれば,$a^{r_n} < \lim_{m\to\infty} a^{s_m}$ となり,さらに $n \to \infty$ とすれば,$\lim_{n\to\infty} a^{r_n} \leqq \lim_{m\to\infty} a^{s_m}$ が成り立つ.同様にして,$\lim_{m\to\infty} a^{s_m} \leqq \lim_{n\to\infty} a^{r_n}$ がえられるから,両極限値は一致する.

$0 < a < 1$ のときは,$\dfrac{1}{a} > 1$ の $\alpha$ 乗を定めて,その逆数を $a^\alpha$ と定義すればよい.

**注意 1.3.9** 一般に,$\lim_{n\to\infty} r_n = \alpha$ となるどのような有理数列 $\{r_n\}$ に対しても,関数 $f(x)$ の関数値よりなる数列 $\{f(r_n)\}$ が $\lim_{n\to\infty} f(r_n) = f(\alpha)$ となるなら,$\lim_{n\to\infty} a_n = \alpha$ となるどのような数列 $\{a_n\}$ に対しても,$\lim_{n\to\infty} f(a_n) = f(\alpha)$ となる.

> **定理 1.3.10**(指数法則) $a, b$ を正の実数とするとき,次の式が成立する.
> (1) $a^\lambda a^\mu = a^{\lambda+\mu}$ (2) $(a^\lambda)^\mu = a^{\lambda\mu}$ (3) $(ab)^\lambda = a^\lambda b^\lambda$

これらの等式は,有理数の場合の指数法則と定義 1.3.8 より証明される.

> **定義 1.3.11** 1 と異なる正の定数 $a$ に対し,関数 $f(x) = a^x$ を,$a$ を底とする**指数関数**という.

注意 1.3.9 より,$\lim_{x\to\alpha} a^x = a^{\lim_{x\to\alpha} x} = a^\alpha$ であり,これは指数関数の連続性を意味するので,次の定理が成立する.

> **定理 1.3.12** 指数関数は連続関数である.

次に,指数関数の逆関数である対数関数を定義する.

> **定義 1.3.13**(対数関数) $a > 0, a \neq 1$ のとき,指数関数 $f(x) = a^x$ は単調関数であるから,逆関数 $f^{-1}(x)$ が存在する.この $f^{-1}(x)$ を,$a$ を底とする**対数関数**といい,$\log_a x$ で表す.特に,$a = e$ のとき $\log_e x$ を**自然対数**と呼び,底 $e$ を省略して $\log x$ と書く.

指数関数の指数法則に関する定理 1.3.10 より,対数関数に関する次の公式が成立する.

**定理 1.3.14**（対数関数の公式） 次の式が成立する．ただし，$a,c,b,x,y$ は正の実数で $a \neq 1, c \neq 1$ とする．

(1) $\log_a xy = \log_a x + \log_a y$ （対数法則 I）

(2) $\log_a \dfrac{x}{y} = \log_a x - \log_a y$ （対数法則 II）

(3) $\log_a x^p = p \log_a x$ （対数法則 III）

(4) $\log_a b = \dfrac{\log_c b}{\log_c a}$ （底の変換公式）

連続関数の逆関数は連続であるので，対数関数の連続性が得られ，次の定理が成立する．

**定理 1.3.15** 対数関数は連続関数である．

**例題 1.3.16** 対数関数の連続性を用いて，極限値 $\lim_{x \to 0}(1+\sin x)^{\frac{1}{x}}$ を求めよ．

**解** $\log\left(\lim_{x \to 0}(1+\sin x)^{\frac{1}{x}}\right) = \lim_{x \to 0}\log(1+\sin x)^{\frac{1}{x}} = \lim_{x \to 0}\dfrac{\log(1+\sin x)}{\sin x}\dfrac{\sin x}{x}$

より，$y = \sin x$ とおくと，上記の極限値は，$\lim_{y \to 0}\dfrac{\log(1+y)}{y}\lim_{x \to 0}\dfrac{\sin x}{x} = 1$ である．
よって，求める極限値は，この極限値の指数より $e^1 = e$ となる． ∎

## 演習問題 1–3

1. 次の関数の逆関数を求めよ．逆関数の定義域および値域も明示せよ．

    (1) $y = \dfrac{2x+3}{x+1}\ (x \neq -1)$  (2) $y = e^{x^2+1}\ (x \geqq 0)$  (3) $y = 1 + \log x^2\ (x > 0)$

2. 定理 1.3.6 を証明せよ．

3. 双曲線関数 $\sinh x = \dfrac{e^x - e^{-x}}{2}$ および $\cosh x = \dfrac{e^x + e^{-x}}{2}\ (x \geqq 0)$ の逆関数を求めよ．

4. 次の関数の極限を求めよ．

    (1) $\lim_{x \to 0}\dfrac{\log(1+x)}{e^x - 1}$  (2) $\lim_{x \to 0}(1+\sin 3x)^{\frac{1}{2x}}$

5. (**発展問題**) 注意 1.3.9 を証明せよ．

6. (**発展問題**) 閉区間 $I$ で連続な関数を $y = f(x)$ とする．$x = g(f(x))$ を満たす関数 $y = g(x)$ が存在すれば，$y = f(x)$ は逆関数をもつことを示せ．
    また，$x = f(g(x))$ を満たす関数 $y = g(x)$ が存在するとき，$y = f(x)$ が逆関数をもつか否か調べよ．
    (ヒント: $y = f(x)$ は単射であること，したがって，単調関数であることを示す．)

# 第 2 章
# 微 分 法

## 2.1　導関数と微分法の公式

　$y = f(x)$ で表される曲線が滑らかなとき，この曲線の微小部分は線分より成り立っていると考えられる．この微小な線分を延長した直線は，この曲線の接線と考えられる．そこで，この微小な線分の $y$ 方向の増分を $dy$，$x$ 方向の増分を $dx$ と書き，これらをこの曲線 $y = f(x)$ の微分 (量) と呼ぶ．

　これらの微小線分や微分量は直接には求められないので，接線を曲線上の2点を通る直線の極限としてとらえ，これらを極限の概念を用いて表していく．具体的には，曲線上の一点 $\mathrm{A}(a, f(a))$ を固定し，この点から曲線上の他の点 $\mathrm{B}(b, f(b))$ を通る直線を考え，$b$ を $a$ に近づけることで，点 B が点 A に近づき，直線 AB はこの接線に近づくと考えていく．

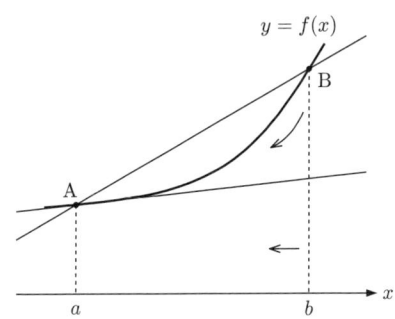

　この考えにもとづいて，接線を数式として求めてみる．点 A を通る直線は，傾きが決まれば決定するので，接線と直線 AB のおのおのの傾きの関係に注目する．直線 AB が点 A の接線に近づくとは，直線 AB の傾き $\dfrac{f(b) - f(a)}{b - a}$ が接線の傾きに近づくことであると考え，極限の計算をすることで接線を求めていく．そこで，次の微分係数の定義を導入する．

---

**定義 2.1.1**　極限値
$$\lim_{x \to a} \frac{f(x) - f(a)}{x - a} = \lim_{h \to 0} \frac{f(a+h) - f(a)}{h}$$
が存在するとき，関数 $y = f(x)$ は $x = a$ で**微分可能**であるという．
　この極限値を $f'(a)$ と書き，$x = a$ における $f(x)$ の**微分係数**という．また，$f(x)$ が開区間 $I$ のすべての点 $x$ で**微分可能**であるとき，$I$ で微分可能であるという．このとき，

> $x$ に上記の極限値を対応させると，この対応は $I$ で定義された関数となり，この関数を $f'(x)$ と書き，関数 $f(x)$ の**導関数**という．

あらためて導関数の定義を書くと次の式になる．
$$f'(x) = \lim_{h \to 0} \frac{f(x+h) - f(x)}{h}$$
導関数 $f'(x)$ は次の記号でも表される．
$$y', \quad \frac{dy}{dx}, \quad \{f(x)\}', \quad \frac{df}{dx}(x), \quad \frac{d}{dx}f(x)$$
上記のことを要約すると次のように言える．関数 $f(x)$ が $x = a$ で微分可能であることと，曲線 $y = f(x)$ 上の点 $(a, f(a))$ で $x$ 軸と垂直でない接線が引けることは同値である．微分係数 $f'(a)$ は点 $(a, f(a))$ での曲線の接線の傾きに等しい．したがって，曲線 $y = f(x)$ の点 $(a, f(a))$ における接線の方程式は $y - f(a) = f'(a)(x - a)$ である．

**例 2.1.2**
(1) $y = a$ (定数関数) の導関数は，$y' = 0$ である．
(2) $y = x$ の導関数は $y' = 1$ であり，$y = x^2$ の導関数は $y' = 2x$ である．

[証明] $y = x^2$ の場合のみ計算する．
$$y' = \lim_{h \to 0} \frac{(x+h)^2 - x^2}{h} = \lim_{h \to 0} \frac{2xh + h^2}{h} = \lim_{h \to 0}(2x + h) = 2x$$

微分可能性と連続性に関して，次の関係がある．

**定理 2.1.3** 関数 $f(x)$ が $x = a$ で微分可能ならば，$f(x)$ は $x = a$ で連続である．

[証明] 微分可能性と連続性の定義を用いて，次の式よりわかる．
$$\lim_{x \to a}\{f(x) - f(a)\} = \lim_{x \to a} \frac{f(x) - f(a)}{x - a}(x - a) = f'(a) \times 0 = 0$$

この定理の逆は成立しない．たとえば，下のグラフをもつ関数 $y = |x|$ は，$x = 0$ で連続であるが，この関数のグラフの $x = 0$ に対応する点 $(0, 0)$ で接線が引けない．図形的には曲線が滑らかでないことを意味している．ゆえに，この関数は $x = 0$ で微分可能でない．

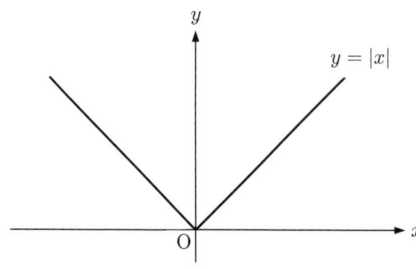

次に，微分の計算を行うのに便利な微分法に関するいくつかの定理を述べる．

**定理 2.1.4** 2つの関数 $f(x)$ と $g(x)$ がともに微分可能ならば，次の式が成立する．

(1) 関数の和と差の微分法，あるいは微分の線形性
$$\bigl(bf(x)+cg(x)\bigr)' = bf'(x)+cg'(x)$$

(2) 関数の積の微分法
$$\bigl(f(x)g(x)\bigr)' = f'(x)g(x)+f(x)g'(x)$$

(3) 関数の商の微分法
$$\left(\frac{f(x)}{g(x)}\right)' = \frac{f'(x)g(x)-f(x)g'(x)}{\{g(x)\}^2}$$

ただし，(1) では $b$, $c$ は定数，(3) では $g(x)\neq 0$ とする．

**証明** この定理は導関数の定義と定理 2.1.3 を用いて証明される．(1) の証明は読者の演習とする．(2) と (3) の証明については，関数 $f(x)$ と $g(x)$ が微分可能なので連続 (定理 2.1.3) であることから，$\lim_{h\to 0}f(x+h)=f(x)$ および $\lim_{h\to 0}g(x+h)=g(x)$ が成立することを利用して，次の計算で示される．

$$\begin{aligned}
\bigl(f(x)g(x)\bigr)' &= \lim_{h\to 0}\frac{f(x+h)g(x+h)-f(x)g(x)}{h}\\
&= \lim_{h\to 0}\frac{f(x+h)g(x+h)-f(x)g(x+h)+f(x)g(x+h)-f(x)g(x)}{h}\\
&= \lim_{h\to 0}\left(\frac{f(x+h)-f(x)}{h}g(x+h)+f(x)\frac{g(x+h)-g(x)}{h}\right)\\
&= f'(x)g(x)+f(x)g'(x)
\end{aligned}$$

$$\begin{aligned}
\left(\frac{f(x)}{g(x)}\right)' &= \lim_{h\to 0}\frac{1}{h}\left(\frac{f(x+h)}{g(x+h)}-\frac{f(x)}{g(x)}\right)\\
&= \lim_{h\to 0}\frac{1}{hg(x+h)g(x)}(f(x+h)g(x)-f(x)g(x+h))\\
&= \lim_{h\to 0}\frac{1}{hg(x+h)g(x)}(f(x+h)g(x)-f(x)g(x)+f(x)g(x)-f(x)g(x+h))\\
&= \lim_{h\to 0}\frac{1}{g(x+h)g(x)}\left(\frac{f(x+h)-f(x)}{h}g(x)-f(x)\frac{g(x+h)-g(x)}{h}\right)\\
&= \frac{f'(x)g(x)-f(x)g'(x)}{g(x)^2}
\end{aligned}$$

**例 2.1.5** 定理 2.1.4 を用いて，次のように多項式関数および有理関数の微分の計算ができる．

(1) 自然数 $n$ に対し，$y=x^n$ の導関数は，$y'=nx^{n-1}$ である．

(2) $y=3x^4-5x^3+4x^2+3x+1$ の導関数は，$y'=12x^3-15x^2+8x+3$ となる．

(3) $y=\dfrac{2x+1}{x+1}$ の導関数は，$y'=\dfrac{1}{(x+1)^2}$ となる．

**証明** (1) $n=1,2$ の場合は，例 2.1.2 ですでに計算した．$n>2$ について，帰納法により，次の計算からわかる．
$$y'=(x^{n-1}x)'=(x^{n-1})'x+x^{n-1}x'=(n-1)x^{n-2}x+x^{n-1}=nx^{n-1}$$

(2) 各単項式の微分を行い，次のようになる．
$$y'=3(x^4)'-5(x^3)'+4(x^2)'+3(x)'+(1)'=12x^4-15x^2+8x+3$$

(3) 商の関数の微分法より，次の計算からわかる．
$$\begin{aligned}
y' &= \left(\frac{2x+1}{x+1}\right)' = \frac{(2x+1)'(x+1)-(2x+1)(x+1)'}{(x+1)^2}\\
&= \frac{2(x+1)-(2x+1)}{(x+1)^2} = \frac{1}{(x+1)^2}
\end{aligned}$$

> **定理 2.1.6**（合成関数の微分法） $u = f(x)$ は区間 $I$ で微分可能，$y = g(u)$ は $u = f(x)$ の値域を含む区間で微分可能とする．このとき，合成関数 $y = g(f(x))$ は区間 $I$ で微分可能で，次の式が成立する．
> $$\frac{dy}{dx} = \frac{dy}{du}\frac{du}{dx} = g'(f(x))f'(x)$$

**証明** この定理も導関数の定義と定理 2.1.3 を用いて証明される．関数 $u = f(x)$ は定理 2.1.3 より連続であるから，$k = f(x+h) - f(x)$ とおくと，$h \to 0$ のとき $k \to 0$ である．また，$f(x+h) = f(x) + k = u + k$ である．したがって，

$$\frac{dy}{dx} = \lim_{h \to 0} \frac{g(f(x+h)) - g(f(x))}{h} = \lim_{h \to 0} \frac{g(f(x+h)) - g(f(x))}{f(x+h) - f(x)} \frac{f(x+h) - f(x)}{h}$$

$$= \lim_{k \to 0} \frac{g(u+k) - g(u)}{k} \lim_{h \to 0} \frac{f(x+h) - f(x)}{h} = \frac{dy}{du}\frac{du}{dx}$$

となる．

**例題 2.1.7** 合成関数の微分法を用いて，$y = (2x+3)^5$ の導関数を求めよ．

**解** $u = 2x + 3$ とおくと，$y = u^5$ より，合成関数の微分法から次の計算ができる．

$$\frac{dy}{dx} = \frac{dy}{du}\frac{du}{dx} = \frac{du^5}{du}\frac{d(2x+3)}{dx} = 5u^4 \cdot 2 = 10(2x+3)^4$$

**注意 2.1.8** 合成関数の微分法を用いると，複雑な関数の微分が，基本的な関数の微分の公式を用いることで計算ができる．この意味で有用な定理である．

**例題 2.1.9** 3つの微分可能な関数 $y = g(u), u = f(t), t = h(x)$ の合成関数 $y = g(f(h(x)))$ について，次の式が成立することを示せ．

$$\frac{dy}{dx} = \frac{dy}{du}\frac{du}{dt}\frac{dt}{dx} = g'(u)f'(t)h'(x) = g'(f(h(x)))f'(h(x))h'(x)$$

**解** 合成関数 $y = g(f(t))$ について，定理 2.1.6 を適用すると，$\frac{dy}{dt} = \frac{dy}{du}\frac{du}{dt}$ である．同様に，合成関数 $u = f(h(t))$ について $\frac{du}{dx} = \frac{du}{dt}\frac{dt}{dx}$ である．したがって，$\frac{dy}{dx} = \frac{dy}{du}\frac{du}{dt}\frac{dt}{dx}$ が成立する．

> **定理 2.1.10**（逆関数の微分法） $y = f(x)$ は区間 $I$ で微分可能であり，$I$ の各点 $x$ で $f'(x) \neq 0$ とする．このとき，逆関数 $y = f^{-1}(x)$ が存在しかつ微分可能であり，次の式が成立する．
> $$\frac{dy}{dx} = \frac{1}{\frac{dx}{dy}} = \frac{1}{f'(y)}$$

**証明** $f'(x) = \lim_{h \to 0} \frac{f(x+h) - f(x)}{h} \neq 0$ より $x$ の近傍で $\frac{f(x+h) - f(x)}{h}$ と $f'(x)$ は同符号なので，$y = f(x)$ は単調関数であり逆関数をもつ．そこで，$y = f(x)$ の逆関数を $y = g(x)$ とする．このとき，$y = g(x)$ を $x$ について解くと $x = f(y)$ が成立する．この等式の両辺を $x$ の関数とみてそれぞれ微分する．

$$1 = \frac{d}{dx}f(y) = \frac{d}{dy}f(y) \cdot \frac{dy}{dx} = \frac{dx}{dy}\frac{dy}{dx}$$

ゆえに，定理の式が証明された．

**注意 2.1.11** (逆関数の微分法の幾何的意味)　逆関数の微分法の公式は，1.3 節 14 ページで述べた逆関数のグラフについての解説，「関数 $y = f(x)$ とその逆関数 $y = g(x)$ のグラフは，直線 $y = x$ に関して線対称である」ことを考えると意味が明確になる．すなわち，$y = f(x)$ のグラフ上の点 $(a, b)$ での接線上に点 $(c, d)$ をとると，この接線の傾きは $f'(a) = \dfrac{d-b}{c-a}$ である．これを直線 $y = x$ に関して線対称のグラフをとると，逆関数 $y = g(x)$ とそのグラフ上の点 $(b, a)$ での接線上の点 $(d, c)$ がえられる．したがって接線の傾きは $g'(b) = \dfrac{c-a}{d-b} = \dfrac{1}{f'(a)}$ であり，互いに逆数の関係になっている．これが，$g'(x) = \dfrac{1}{f'(y)}$ の幾何的な意味である．

「関数 $y = f(x)$ とその逆関数 $x = f^{-1}(y)$」ととらえた考え方では，「グラフは同一であり」同じ接線を，$x$ 軸方向から見たときの傾き $\dfrac{y-b}{x-a}$ と $y$ 軸方向から見たときの傾き $\dfrac{x-a}{y-b}$ が互いに逆数になっている．これが，$\dfrac{dy}{dx} = \dfrac{1}{\dfrac{dx}{dy}}$ の幾何的な意味を表しているのである．

**例題 2.1.12**　無理関数 $y = \sqrt[n]{x} = x^{\frac{1}{n}}$ が，$y = x^n$ の逆関数であることを用いて，
$$y' = \frac{1}{n} x^{\frac{1}{n}-1}$$
を示せ．

**解**　$\dfrac{d(\sqrt[n]{x})}{dx} = \dfrac{1}{\dfrac{dx}{d(\sqrt[n]{x})}} = \dfrac{1}{\dfrac{dy^n}{dy}} = \dfrac{1}{ny^{n-1}} = \dfrac{1}{n} \dfrac{y}{y^n} = \dfrac{1}{n} \dfrac{x^{\frac{1}{n}}}{x} = \dfrac{1}{n} x^{\frac{1}{n}-1}$

$x, y$ が，関数 $x = f(t), y = g(t)$ で表されているとき，この $t$ を**パラメータ**と呼び，この表示を**パラメータ表示**または，**媒介変数表示**と呼ぶ．$x = f(t)$ がある範囲で逆関数 $t = f^{-1}(x)$ をもつとき，合成関数 $y = g(f^{-1}(x))$ を**パラメータ表示の関数**という．

**定理 2.1.13** (パラメータ表示の関数の微分法)　パラメータ表示 $x = f(t), y = g(t)$ において，$f(t), g(t)$ は微分可能であり，$f'(t)$ が連続かつ $f'(t) \neq 0$ とする．このとき，$y$ は $x$ のパラメータ表示の関数として微分可能であり，次の式が成立する．
$$\frac{dy}{dx} = \frac{\dfrac{dy}{dt}}{\dfrac{dx}{dt}} = \frac{g'(t)}{f'(t)}$$

**証明**　この定理は合成関数の微分法に関する定理 2.1.6 と，逆関数の微分法に関する定理 2.1.10 を用いて証明される．パラメータ表示 $x = f(t), y = g(t)$ において，$x = f(t)$ の逆関数 $t = f^{-1}(x)$ を考え，$y = g(t)$ に $t = f^{-1}(x)$ を代入すると $y = g(f^{-1}(x))$ となり，$y$ は $x$ の関数となる．$y$ を $x$ で微分すると，合成関数と逆関数の微分法によって，$\dfrac{dy}{dx} = \dfrac{dy}{dt} \cdot \dfrac{dt}{dx} = \dfrac{dy}{dt} \cdot \dfrac{1}{\dfrac{dx}{dt}}$ が成立する．ゆえに，定理が証明された．

**例題 2.1.14**　$y = t^2 + 1, x = t^2 + 2t$ のとき，$\dfrac{dy}{dx}$ を $t$ の関数で表せ．

**解**　パラメータ表示の関数の微分法より，$\dfrac{dy}{dx} = \dfrac{\dfrac{dy}{dt}}{\dfrac{dx}{dt}} = \dfrac{2t}{2t+2} = \dfrac{t}{t+1}$ となる．

**注意 2.1.15** (パラメータ表示の関数の微分法の幾何的意味) $x = \cos t, y = \sin t$ の例のように，パラメータ表示された関数は，$t$ の関数として逆関数をもつとは限らないので，一般には $y$ は $x$ の関数とはならない (次のグラフを参照).

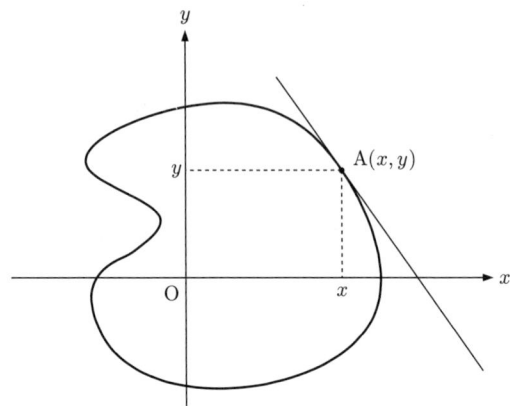

したがって，微分係数の定義から $\dfrac{dy}{dx}$ を計算することはできないので，微分係数としての意味はもたない．この場合は，$\dfrac{dy}{dx}$ は，パラメータ表示されたグラフ上の点 $(x, y)$ での「接線の傾き」と解釈しておくと，定理 2.1.13 の式が意味をもつ．これは，パラメータ表示の関数が大局的には微分係数は存在しないが，局所的には微分係数が計算できることを意味している．局所的な存在を証明することは一般には難しいが，実は，後半で学習する 2 変数関数の微分法を考えることが自然かつ有効であり，この複雑さは解消されるのである．

**例題 2.1.16** パラメータ表示 $y = \dfrac{t}{t^2+1}$, $x = \dfrac{1}{t^2+1}$ で表示された曲線上の点 $(x, y)$ での接線の傾きを $x, y$ を用いて表せ．

**解** $\dfrac{dy}{dt} = \dfrac{1-t^2}{(t^2+1)^2} = \dfrac{1}{(t^2+1)^2} - \dfrac{t^2}{(t^2+1)^2} = x^2 - y^2$, $\dfrac{dx}{dt} = \dfrac{-2t}{(t^2+1)^2} = -2xy$ であるので，パラメータ表示の微分法より次の計算で求まる．

$$\frac{dy}{dx} = \frac{\dfrac{dy}{dt}}{\dfrac{dx}{dt}} = \frac{x^2 - y^2}{-2xy} = \frac{y^2 - x^2}{2xy}$$

---

**定義 2.1.17** (全微分) 冒頭で記したように，微分可能な関数のグラフの微小部分は線分より成り立っていると考える．この微小線分の $x$ 方向，$y$ 方向の増分を，おのおの $dx, dy$ とし，これを**全微分**という．したがって，全微分と微分係数の間に

$$dy = f'(x)\, dx$$

と，積の式で表させる関係式が成立する．

---

これを用いると，合成関数の微分法やパラメータ表示の微分法の公式が，単純な分数の計算でただちにえられる．全微分の考え方は非常に重要で，微分積分学の理解を容易にしてくれるばかりでなく，物理で微小部分の解析を行うにあたり，物理量を表すのに不可欠なものである．

## 演習問題 2–1

1. 次の関数の導関数を求めよ.

   (1) $y = 2x^2 - 2x + 3$     (2) $y = 5x^3 - 4x^2 + 5x + 6$     (3) $y = \dfrac{1}{x+1}$

   (4) $y = \dfrac{2x+3}{x^2+1}$     (5) $y = \dfrac{1}{x^3+1} + \dfrac{1}{x^2-1}$     (6) $y = \sqrt{x}$

2. 次の関数の導関数を求めよ.

   (1) $y = (x^3 - 1)(x^2 + x + 3)$     (2) $y = (x+1)^{10}$     (3) $y = (x^2 + 2x + 5)^5$

   (4) $y = \left(x^2 + \dfrac{1}{x^2}\right)^3$     (5) $y = \sqrt{x^2+1}$     (6) $y = \sqrt[3]{x^2 + x + 1}$

   (7) $y = \dfrac{2x}{\sqrt{x^2+1}}$

3. 微分の定義にしたがって, $\dfrac{dx^3}{dx} = 3x^2$ となることを確かめよ.

4. 3つの微分可能な関数 $f(x), g(x), h(x)$ について, 次の式が成り立つことを示せ.
$$(f(x)g(x)h(x))' = f'(x)g(x)h(x) + f(x)g'(x)h(x) + f(x)g(x)h'(x)$$

5. パラメータ表示された次の関数の導関数 $\dfrac{dy}{dx}$ を $t$ の関数で表せ.

   (1) $y = t + \dfrac{1}{t},\ x = t - \dfrac{1}{t}$     (2) $y = t^2,\ x = \sqrt{t^2+1}$

## 2.2 初等関数とその導関数

1 と異なる正の定数 $a$ をとる. $a$ を底とする指数関数 $f(x) = a^x$ は微分可能であることを示し, 導関数を求めよう. 命題 1.2.6(3) の結果を用いて,
$$\frac{da^x}{dx} = \lim_{h \to 0} \frac{a^{x+h} - a^x}{h} = a^x \lim_{h \to 0} \frac{a^h - 1}{h} = a^x \log_e a$$
したがって, 特に $a = e$ (自然対数の底) のときは, $\dfrac{de^x}{dx} = e^x$ である.

対数関数 $y = \log_a x$ は, 逆関数の微分法に関する定理 2.1.10 により, $x > 0$ で微分可能であり, したがって連続でもある. 導関数は逆関数としての関係式 $x = a^y$ を用いて,
$$(\log_a x)' = \frac{dy}{dx} = \frac{1}{\dfrac{dx}{dy}} = \frac{1}{\dfrac{da^y}{dy}} = \frac{1}{a^y \log a} = \frac{1}{x \log a}$$
と求められる. したがって, 自然対数 $y = \log x$ の導関数は $\dfrac{d(\log x)}{dx} = \dfrac{1}{x}$ である. 同様に, $x < 0$ のとき $\dfrac{d\log(-x)}{dx} = \dfrac{1}{x}$ となるので,
$$\frac{d\log|x|}{dx} = \frac{1}{x}$$
となる. これから, 次の対数微分法と呼ばれる公式がえられる.

**公式 2.2.1** (対数微分法) 関数 $y = f(x)$ と $y = \log|x|$ の合成関数 $y = \log|f(x)|$ の導関数は，
$$\frac{d\log|f(x)|}{dx} = \frac{f'(x)}{f(x)}$$
で与えられる．

**証明** 合成関数の微分法より，$u = f(x)$ とおくと，次のように計算される．
$$\frac{dy}{dx} = \frac{dy}{du}\frac{du}{dx} = \frac{d\log|u|}{du}\frac{df(x)}{dx} = \frac{f'(x)}{u} = \frac{f'(x)}{f(x)}$$

対数微分法を用いると，微分の計算が比較的簡単にできる場合がある．

**例題 2.2.2** (対数微分の利用法) 対数微分法を用いて，次の関数の導関数を求めよ．

(1) $y = \dfrac{(x+1)^3(3x+2)^5}{(2x+3)^2(2x^2+x+1)}$  (2) $y = a^x \ (a > 0)$  (3) $y = x^x \ (x > 0)$

**解** (1) $\log|y| = 3\log|x+1| + 5\log|3x+2| - 2\log|2x+3| - \log|2x^2+x+1|$ より，対数微分法から
$$\frac{y'}{y} = \frac{3}{x+1} + \frac{5 \times 3}{3x+2} - \frac{2 \times 2}{2x+3} - \frac{4x+1}{2x^2+x+1}$$
となる．よって，
$$y' = \frac{(x+1)^3(3x+2)^5}{(2x+3)^2(2x^2+x+1)}\left(\frac{3}{x+1} + \frac{15}{3x+2} - \frac{4}{2x+3} - \frac{4x+1}{2x^2+x+1}\right)$$
となる．

(2) $\log y = x\log a$ より，対数微分法から $\dfrac{y'}{y} = \log a$ となるので，次の式をうる．
$$\frac{da^x}{dx} = a^x \log a$$

(3) $\log y = x\log x$ より，対数微分法から $\dfrac{y'}{y} = \log x + x\dfrac{1}{x}$ となる．よって，
$$\frac{dx^x}{dx} = (1 + \log x)x^x$$
となる．

**公式 2.2.3** $a \neq 0$ のとき，$y = x^a$ の導関数は次の式で与えられる．
$$\frac{dx^a}{dx} = ax^{a-1}$$

**証明** $x < 0$ または $x \leqq 0$ で定義されているときは，$(-1)^a = 1$ または $(-1)^a = -1$ となるので，$y = x^a$ が定義されるところでは，$|y| = |x|^a$ となることに注意する．$\log|y| = a\log|x|$ より，対数微分法から $\dfrac{y'}{y} = \dfrac{a}{x}$ となるので，$y' = \dfrac{a}{x}y = ax^{a-1}$ をうる．

三角関数には，正弦 (サイン) $\sin x$，余弦 (コサイン) $\cos x$，正接 (タンジェント) $\tan x = \dfrac{\sin x}{\cos x}$，余接 (コタンジェント) $\cot x = \dfrac{1}{\tan x}$，正割 (セカント) $\sec x = \dfrac{1}{\cos x}$，余割 (コセカント) $\text{cosec}\, x = \dfrac{1}{\sin x}$ の諸関数があるが，高等学校の数学では，はじめの3関数について学習している．応用上もこの3関数が重要であるので，それらの導関数を導くことにする．

**例 2.2.4（三角関数の導関数）** 正弦関数 $y = \sin x$ および余弦関数 $y = \cos x$ は周期 $2\pi$ の周期関数であり，したがって有界である．また，すべての実数 $x$ で微分可能であり，正弦関数の導関数は次式で求められる．

$$\frac{d\sin x}{dx} = \lim_{h\to 0}\frac{\sin(x+h)-\sin x}{h} = \lim_{h\to 0}\frac{1}{h}\left(2\cos\left(x+\frac{h}{2}\right)\sin\frac{h}{2}\right)$$
$$= \lim_{h\to 0}\cos\left(x+\frac{h}{2}\right)\frac{\sin\frac{h}{2}}{\frac{h}{2}} = \cos x$$

また，余弦関数の導関数は，関係式 $\cos x = \sin\left(x+\frac{\pi}{2}\right)$ を用いて合成関数の微分法により求められる．

$$\frac{d\cos x}{dx} = \left(\sin\left(x+\frac{\pi}{2}\right)\right)' = \cos\left(x+\frac{\pi}{2}\right)\times 1 = -\sin x$$

正接関数 $y = \tan x$ は $x \neq \frac{\pi}{2} + n\pi$（$n$ は整数）を定義域とする周期 $\pi$ の周期関数であり，導関数は関数の商の微分法により求められる．

$$(\tan x)' = \left(\frac{\sin x}{\cos x}\right)' = \frac{(\sin x)'\cos x - \sin x(\cos x)'}{\cos^2 x} = \frac{\cos^2 x + \sin^2 x}{\cos^2 x} = \frac{1}{\cos^2 x}$$

∎

**例題 2.2.5** 次の関数の導関数を計算せよ．

(1) $y = \sin(x^2 + x + 1)$

(2) $y = e^{\sin(x^2+1)}$

**解** (1) $u = x^2 + x + 1$ とおき，合成関数の微分法より次のようになる．

$$\frac{dy}{dx} = \frac{dy}{du}\frac{du}{dx} = \cos u\cdot(2x+1) = (2x+1)\cos(x^2+x+1)$$

(2) $u = \sin(x^2+1), v = x^2+1$ とおき，合成関数の微分法より，

$$\frac{dy}{dx} = \frac{dy}{du}\frac{du}{dx} = e^u\frac{du}{dv}\frac{dv}{dx} = e^u\cos v\cdot 2x = e^{\sin(x^2+1)}2x\cos(x^2+1)$$

となる．

∎

> **定義 2.2.6（逆三角関数）** 逆正弦関数は，独立変数 $x$ に対して $\sin y = x$ を満たす $y$ を対応させる関数であるが，そのような $y$ は無数にあるので，値域を $-\frac{\pi}{2} \leqq y \leqq \frac{\pi}{2}$ の範囲に制限して $y$ を定める．この関数を，$y = \sin^{-1} x$ または $y = \text{Arcsin}\, x$ と書き，**アークサイン** と読む．$y = \sin^{-1} x$ の定義域は $-1 \leqq x \leqq 1$ であり，値域は $-\frac{\pi}{2} \leqq y \leqq \frac{\pi}{2}$ である．この値域を **主値** または，**主分岐** という．

たとえば，

$$\sin^{-1} 0 = 0,\ \sin^{-1}\frac{1}{2} = \frac{\pi}{6},\ \sin^{-1}\left(-\frac{\sqrt{3}}{2}\right) = -\frac{\pi}{3}$$

である．また，$y = \sin^{-1} x$ のグラフは，逆関数のグラフを考察した 1.3 節で調べたように，$y = \sin x$ と直線 $y = x$ に関して線対称になっている．そこで，主値は $x = \sin y$ の一部になっていて，次の図の実線部分である．

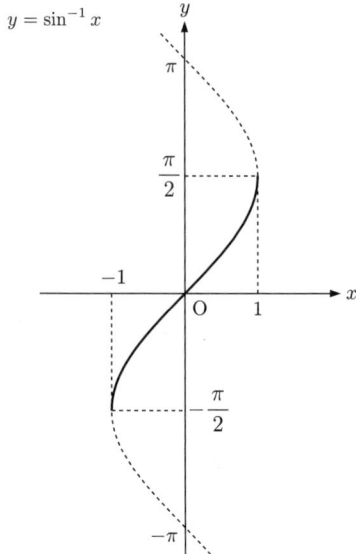

$y = \sin^{-1} x$ は $-1 < x < 1$ で微分可能であり，この導関数は，関係式 $\sin y = x$ を用いて，逆関数の微分法に関する定理 2.1.10 によって求められる．

$$\frac{d \sin^{-1} x}{dx} = \frac{dy}{dx} = \frac{1}{\frac{dx}{dy}} = \frac{1}{\frac{d \sin y}{dy}} = \frac{1}{\cos y}$$

値域は $-\frac{\pi}{2} \leqq y \leqq \frac{\pi}{2}$ より $\cos y \geqq 0$ だから，$-\frac{\pi}{2} < y < \frac{\pi}{2}$ $(-1 < x < 1)$ で導関数は次のようになる．

$$\frac{d \sin^{-1} x}{dx} = \frac{1}{\cos y} = \frac{1}{\sqrt{1 - \sin^2 y}} = \frac{1}{\sqrt{1 - x^2}}$$

**注意 2.2.7** 記号の使用に関して，逆数 $\frac{1}{\sin x} = (\sin x)^{-1}$ と逆関数 $\sin^{-1} x$ は異なるものなので，両者を混同しないように注意する必要がある．

> **逆余弦関数**は，独立変数 $x$ に対して $\cos y = x$ を満たす $y$ を対応させる関数であるが，そのような $y$ は無数に存在するので，値域を $0 \leqq y \leqq \pi$ の範囲に制限して $y$ を定める．この関数を $y = \cos^{-1} x$ または $y = \text{Arc} \cos x$ と書き，**アークコサイン**と読む．$y = \cos^{-1} x$ の定義域は $-1 \leqq x \leqq 1$ であり，値域は $0 \leqq y \leqq \pi$ である．この値域を **主値** または，**主分岐** という．

たとえば，

$$\cos^{-1} 0 = \frac{\pi}{2}, \ \cos^{-1} \frac{1}{2} = \frac{\pi}{3}, \ \cos^{-1} \left( -\frac{\sqrt{3}}{2} \right) = \frac{5\pi}{6}$$

である．また，$y = \cos^{-1} x$ のグラフは，$y = \cos x$ と直線 $y = x$ に関して線対称になっている．そこで，主値は $x = \cos y$ の一部になっていて，次の図の実線部分である．

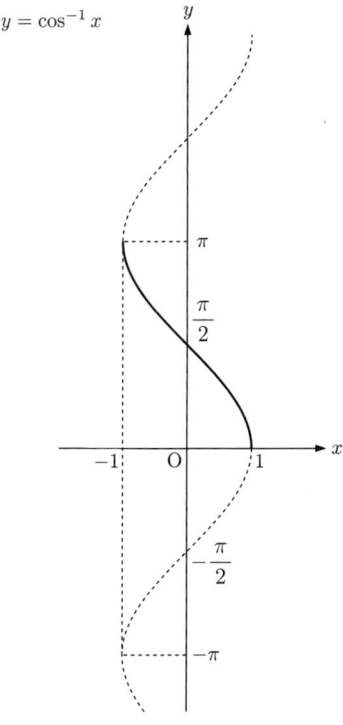

$y = \cos^{-1} x$ は $-1 < x < 1$ で微分可能であり，この導関数は，関係式 $\cos y = x$ を用いて，逆関数の微分法に関する定理 2.1.10 によって求められる．

$$\frac{d\cos^{-1} x}{dx} = \frac{dy}{dx} = \frac{1}{\dfrac{dx}{dy}} = \frac{1}{\dfrac{d\cos y}{dy}} = \frac{1}{-\sin y}$$

値域は $0 \leqq y \leqq \pi$ より $\sin y \geqq 0$ だから，導関数は $0 < y < \pi$ $(-1 < x < 1)$ で次のようになる．

$$\frac{d\cos^{-1} x}{dx} = \frac{1}{-\sin y} = \frac{1}{-\sqrt{1-\cos^2 y}} = -\frac{1}{\sqrt{1-x^2}}$$

> **逆正接関数**は，独立変数 $x$ に対して $\tan y = x$ を満たす $y$ を対応させる関数であるが，そのような $y$ は無数にあるので，値域を $-\dfrac{\pi}{2} < y < \dfrac{\pi}{2}$ の範囲に制限して $y$ を定める．この関数を $y = \tan^{-1} x$ または $y = \mathrm{Arc}\tan x$ と書き，**アークタンジェント** と読む．$y = \tan^{-1} x$ の定義域はすべての実数であり，値域は $-\dfrac{\pi}{2} < y < \dfrac{\pi}{2}$ である．この値域を**主値**または，**主分岐** という．

たとえば，
$$\tan^{-1} 0 = 0, \ \tan^{-1} 1 = \frac{\pi}{4}, \ \tan^{-1} \left(-\sqrt{3}\right) = -\frac{\pi}{3}$$
である．また，$y = \tan^{-1} x$ のグラフは，$y = \tan x$ と直線 $y = x$ に関して線対称になっている．そこで，主値は $x = \tan y$ の一部になっていて，次の図の実線部分である．

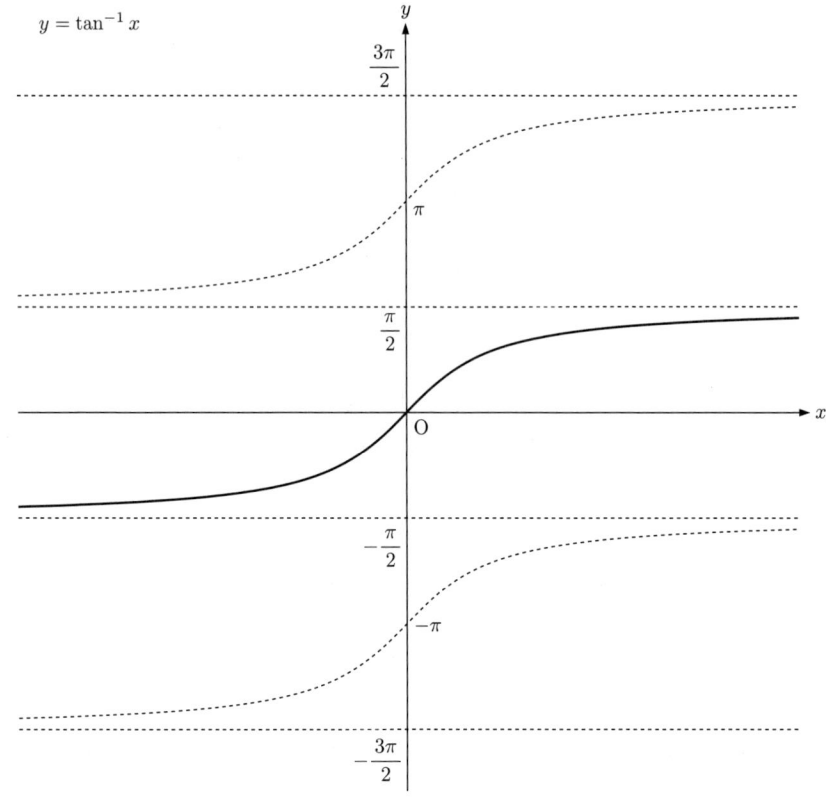

$y = \tan^{-1} x$ はすべての $x$ で微分可能であり，この導関数は，関係式 $\tan y = x$ を用いて，逆関数の微分法に関する定理 2.1.10 によって次のように求められる．

$$\frac{d\tan^{-1} x}{dx} = \frac{dy}{dx} = \frac{1}{\dfrac{dx}{dy}} = \frac{1}{\dfrac{d\tan y}{dy}} = \frac{1}{\dfrac{1}{\cos^2 y}} = \frac{1}{1+\tan^2 y} = \frac{1}{1+x^2}$$

以上のことから，逆三角関数の導関数の公式をまとめておく．

---

**公式 2.2.8** (逆三角関数の導関数)

(1) $(\sin^{-1} x)' = \dfrac{1}{\sqrt{1-x^2}}$     (2) $(\cos^{-1} x)' = -\dfrac{1}{\sqrt{1-x^2}}$     (3) $(\tan^{-1} x)' = \dfrac{1}{1+x^2}$

---

**例題 2.2.9** $y = \tan^{-1} \dfrac{1}{x}$ の導関数を求めよ．

**解** $y = \tan^{-1} u, u = \dfrac{1}{x}$ に合成関数の微分法を適用して計算すると次のようになる．

$$\frac{dy}{dx} = \frac{dy}{du}\frac{du}{dx} = \frac{1}{1+u^2}\frac{-1}{x^2} = -\frac{1}{1+x^2}$$

直角三角形の直角以外の2つの角の和が $\dfrac{\pi}{2}$ であることに対応する，次の公式もよく用いられる．

---

**公式 2.2.10**
$$\sin^{-1} x + \cos^{-1} x = \frac{\pi}{2}$$

---

**証明** $\sin\left(\dfrac{\pi}{2}-z\right)=\cos z$ より，この値を $x$ とすると，逆三角関数の定義から，$\dfrac{\pi}{2}-z=\sin^{-1}x, z=\cos^{-1}x$ である．したがって，$\dfrac{\pi}{2}=\sin^{-1}x+z=\sin^{-1}x+\cos^{-1}x$ となる． ∎

**例題 2.2.11** $x=\cos^{-1}\dfrac{1}{3}$ のとき，$\cos 2x$ の値を求めよ．

**解** $x=\cos^{-1}\dfrac{1}{3}$ より，$\cos x=\dfrac{1}{3}$ である．2倍角の公式を用いて次のように求まる．
$$\cos 2x = 2\cos^2 x - 1 = 2\left(\dfrac{1}{3}\right)^2 - 1 = -\dfrac{7}{9}$$

## 演習問題 2–2

1. 次の関数の導関数を求めよ．

   (1) $y = x^2 - 2\log x$   (2) $y = e^x - 2x^3 + 3x^2 + 5x + 1$   (3) $y = x^2 + \cos x$

   (4) $y = (x+1)e^x$   (5) $y = (x^2+1)\sin x$   (6) $y = (x^2+1)\log x$

   (7) $y = e^x\sqrt{x}$   (8) $y = \dfrac{e^x}{x+1}$   (9) $y = \dfrac{x^2-2x+5}{\sin x}$

   (10) $y = \dfrac{\sin x}{1+\cos x}$

2. 次の関数の導関数を求めよ．

   (1) $y = \tan x$   (2) $y = \tan e^{x^2+1}$   (3) $y = \dfrac{1}{1-\tan x}$   (4) $y = \sin x^2$

   (5) $y = \cos(x+1)^2$   (6) $y = \sin\sqrt{x^2+x+1}$   (7) $y = \sin^{-1} x^2$

   (8) $y = \cos\sin^{-1}(x+1)$   (9) $y = x + \tan^{-1} x$   (10) $y = \tan^{-1}\dfrac{\cos x}{x^2+1}$

   (11) $y = \cos^{-1}\dfrac{2x}{\sqrt{x^2+1}}$

3. 次の関数の導関数を求めよ．

   (1) $y = e^{-5x}$   (2) $y = e^{x^2+1}$   (3) $y = e^{\sin x}$   (4) $y = e^{\tan x}$

   (5) $y = e^{\sqrt{x}}$   (6) $y = e^{e^{\sqrt{x}}}$   (7) $y = (\log x)^3$   (8) $y = \log(x^2+x+1)^2$

   (9) $y = \log(1+|\tan^{-1}x|)$ $(x \neq 0)$

4. 次の関数の導関数を求めよ．

   (1) $y = 2^x$   (2) $y = x^{5x}$ $(x > 0)$   (3) $y = (x+1)^{x^2+1}$ $(x > -1)$

   (4) $y = (\tan x)^x$ $\left(0 < x < \dfrac{\pi}{2}\right)$   (5) $y = x^{\cos^{-1}x}$ $(0 < x < 1)$

   (6) $y = (\log x)^{x^2+1}$ $(x > 1)$   (7) $y = \dfrac{(x+2)^3(5x+1)^5}{(2x+1)^2(3x^2+5x+1)^3}$

5. 微分の定義式を用いて，$\dfrac{d\log x}{dx} = \dfrac{1}{x}$ となることを確かめよ．

6. 次の関数の逆関数を求めよ．

   (1) $y = \sin(x+1)$ $\left(-\dfrac{\pi}{2}-1 \leqq x \leqq \dfrac{\pi}{2}-1\right)$   (2) $y = \sin^{-1}x^2$ $(0 < x < 1)$

7. パラメータ表示の微分法を用いて，原点を中心とする半径 $a>0$ の円周上の点 $(x,y)$ での接線の傾きは $-\dfrac{x}{y}$ であることを示せ．

8. $\theta = \sin^{-1}\dfrac{1}{\sqrt{5}}$ のとき，$\cos 2\theta$ を求めよ．

## 2.3 高次導関数

関数 $y = f(x)$ の導関数 $f'(x)$ がまた微分可能であるとき，$f'(x)$ の導関数 $(f'(x))' = f''(x)$ を考えることができる．これを $f(x)$ の **2 次導関数** または **2 階導関数** という．2 次導関数は次の記号などでも表される．

$$y'', \qquad \frac{d^2 y}{dx^2}, \qquad (f(x))'', \qquad \frac{d^2}{dx^2}f(x), \qquad \frac{d^2 f}{dx^2}(x)$$

2 次導関数 $f''(x)$ がさらに微分可能であるとき，3 次導関数 $(f''(x))' = f'''(x)$ を考えることができる．同様に，$f(x)$ を順次 $n$ 回微分してえられる関数を

$$f^{(n)}(x), \qquad y^{(n)}, \qquad \frac{d^n y}{dx^n}, \qquad (f(x))^{(n)}, \qquad \frac{d^n f}{dx^n}(x), \qquad \frac{d^n}{dx^n}f(x)$$

などと表し，$f(x)$ の **$n$ 次導関数** または **$n$ 階導関数** と呼ぶ．
$f^{(n)}(x)$ が存在するとき，$f(x)$ は **$n$ 回微分可能** であるという．また任意の自然数 $n$ に対して $f^{(n)}(x)$ が存在するとき，$f(x)$ は **無限回微分可能** であるという．

---

**命題 2.3.1** $n$ 次導関数に関する，次の式が成立する．

(1) $(e^x)^{(n)} = e^x$ 　　　　　　　　(2) $(\sin x)^{(n)} = \sin\left(x + \dfrac{n\pi}{2}\right)$

(3) $(\log(1+x))^{(n)} = (-1)^{(n-1)} \dfrac{(n-1)!}{(1+x)^n}$

---

**証明** 第 1 式は明らか．第 2 式と第 3 式はいずれも数学的帰納法で証明される．$n=1$ のときの証明はすでに示されている．$n$ の場合に成立すると仮定すると，$n+1$ の場合も成立することが

$$(\sin x)^{(n+1)} = \left((\sin x)^{(n)}\right)' = \left(\sin\left(x + \frac{n\pi}{2}\right)\right)' = \cos\left(x + \frac{n\pi}{2}\right)$$
$$= \sin\left(x + \frac{n\pi}{2} + \frac{\pi}{2}\right) = \sin\left(x + \frac{(n+1)\pi}{2}\right)$$
$$(\log(1+x))^{(n+1)} = \left((\log(1+x))^{(n)}\right)' = \left((-1)^{(n-1)} \frac{(n-1)!}{(1+x)^n}\right)'$$
$$= (-1)^{(n-1)} \frac{(n-1)!(-n)}{(1+x)^{n+1}} = (-1)^n \frac{n!}{(1+x)^{n+1}}$$

より示された． ∎

高次導関数に関して，二項定理

$$(a+b)^n = \sum_{k=0}^{n} {}_n C_k a^{n-k} b^k \qquad \text{ただし，} \quad {}_n C_k = \frac{n!}{k!(n-k)!}$$

と類似した次の公式がえられる．実際，証明もほぼ同様である．

---

**定理 2.3.2（Leibniz の定理）** 関数 $f(x)$ と $g(x)$ が $n$ 回微分可能ならば，関数の積 $f(x)g(x)$ の高次導関数は次の式で与えられる．

$$(f(x)g(x))^{(n)} = \sum_{k=0}^{n} {}_n C_k f^{(n-k)}(x) g^{(k)}(x)$$

---

**証明** $n=1$ のとき，$(fg)' = f'g + fg'$ より成立する．
$n$ のとき成立すると仮定すると，$n+1$ の場合も成立することが，

$$(fg)^{(n+1)} = \left((fg)^{(n)}\right)' = \left(\sum_{k=0}^{n} {}_n C_k f^{(n-k)} g^{(k)}\right)' = \sum_{k=0}^{n} {}_n C_k (f^{(n-k+1)} g^{(k)} + f^{(n-k)} g^{(k+1)})$$

$$= f^{(n+1)}g + \sum_{k=1}^{n}({}_n C_k + {}_n C_{k-1})f^{(n+1-k)}g^{(k)} + fg^{(n+1)} = \sum_{k=0}^{n+1} {}_{n+1}C_k f^{(n+1-k)}g^{(k)}$$

より示された.

**例題 2.3.3** $y = x^2 e^x$ のとき, $y^{(n)}$ を求めよ.

$f(x) = e^x$, $g(x) = x^2$ とおいて, Leibniz の定理を適用すると,

$$y^{(n)} = e^x x^2 + ne^x \cdot 2x + \frac{n(n-1)}{2}e^x \cdot 2 + 0 = (x^2 + 2nx + n(n-1))e^x$$

となる.

初等関数の導関数を次の表にまとめておく.

| 関数名 | 関数 $f(x)$ | 導関数 $f'(x)$ | $n$ 次導関数 $f^{(n)}(x)$ $(n \geq 2)$ |
|---|---|---|---|
| 単項式, 無理式 | $x^a$ $(a \neq 0)$ | $ax^{a-1}$ | |
| 指数関数 | $e^x$ | $e^x$ | $e^x$ |
| 対数関数 | $\log |x|$ | $\dfrac{1}{x}$ | $(-1)^{n-1}(n-1)!x^{-n}$ |
| 三角関数 | $\sin x$ | $\cos x$ | $\sin\left(x + \dfrac{\pi}{2}n\right)$ |
| | $\cos x$ | $-\sin x$ | $\cos\left(x + \dfrac{\pi}{2}n\right)$ |
| | $\tan x$ | $\dfrac{1}{\cos^2 x} = 1 + \tan^2 x$ | |
| 逆三角関数 | $\sin^{-1} x$ | $\dfrac{1}{\sqrt{1-x^2}}$ | |
| | $\cos^{-1} x$ | $\dfrac{-1}{\sqrt{1-x^2}}$ | |
| | $\tan^{-1} x$ | $\dfrac{1}{1+x^2}$ | |

## 演 習 問 題 2-3

1. 次の関数の 3 次の導関数まで求めよ.

   (1) $y = x^4 + 3x^2 - 2x + 1$    (2) $y = \dfrac{1}{x^2 + x + 1}$    (3) $y = \dfrac{1}{x^3 - 1}$

   (4) $y = \sin(5x + 1)$    (5) $y = \log(x^2 + 1)$    (6) $y = e^{-x^2+1}$

   (7) $y = (\sin x)(\log x)$    (8) $y = e^x \sin x^2$

2. 次の関数の $n$ 次導関数を求めよ.

   (1) $y = \dfrac{1}{x+2}$    (2) $y = \dfrac{1}{x^2 - 1}$    (3) $y = \log|x+1|$    (4) $y = e^{5x}$

   (5) $y = 3^x$    (6) $y = x^3 e^x$    (7) $y = e^x \sin x$

## 2.4 平均値の定理とロピタルの定理

この章の以後の節では，微分法の応用として微分法を用いて関数をわかりやすく表示したり，関数の近似値や極限を求めたりする．

**平均値の定理** は高等学校で学習済みであるが，ここでは微分積分学の基礎として，その理論的な流れを示すことに重点をおいて，議論を進める．まず，**Rolle(ロル) の定理** から始めよう．

> **定理 2.4.1 (Rolle(ロル) の定理)** 関数 $f(x)$ が閉区間 $[a,b]$ で連続，開区間 $(a,b)$ で微分可能，かつ，$f(a)=f(b)$ ならば，$f'(c)=0$ かつ $a<c<b$ を満たす定数 $c$ が存在する．

**証明** 定理 1.2.19 より連続関数は最大値および最小値をもつ．定数関数なら明らかなので，最大値または最小値は $f(a)$ と異なるとしてよい．最大値を $f(c)$ として $f(c) \neq f(a)$ とする．このとき，$\displaystyle\lim_{\Delta x \to +0} \frac{f(c+\Delta x)-f(c)}{\Delta x} \leq 0$ かつ $\displaystyle\lim_{\Delta x \to -0} \frac{f(c+\Delta x)-f(c)}{\Delta x} \geq 0$ より，$f'(c) = \displaystyle\lim_{\Delta x \to 0} \frac{f(c+\Delta x)-f(c)}{\Delta x} = 0$ となる．最小値の場合も同様である．　∎

Rolle の定理から，微分可能な関数に関する次の重要な性質が示される．

> **定理 2.4.2 (Lagrange(ラグランジュ) の平均値の定理)** 関数 $f(x)$ が閉区間 $[a,b]$ で連続，開区間 $(a,b)$ で微分可能ならば，
> $$\frac{f(b)-f(a)}{b-a} = f'(c) \quad \text{かつ} \quad a<c<b$$
> を満たす定数 $c$ が存在する．

**証明** 次の図を参照し，関数 $F(x) = f(x) - \dfrac{f(b)-f(a)}{b-a}(x-a)$ に Rolle の定理を適用すればよい．　∎

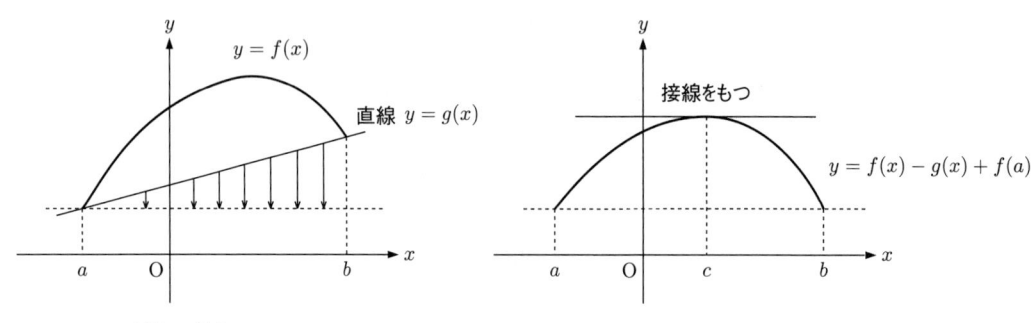

$$g(x) = \frac{f(b)-f(a)}{b-a}(x-a) + f(a)$$

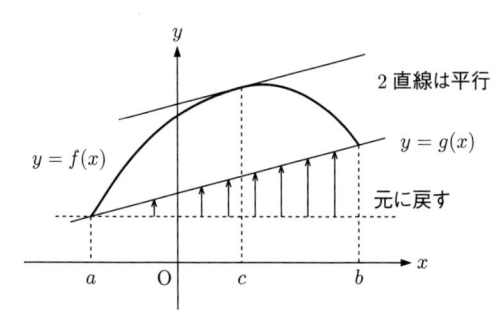

**注意 2.4.3 (ラグランジュの平均値の定理の幾何的意味)** 上記の定理は，図形的には下記の図のように，曲線上の 2 点を結ぶ直線に平行な接線が 2 点の間に存在していることを示すものである．計算の中で，この定理を用いることはあまりないが，計算をするために必要な事実を示すために用いられることが多く，その意味で微分可能性を別の形で表している重要な定理である．

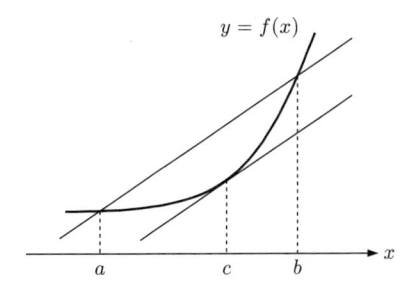

Lagrange の平均値の定理からただちに次の 2 つの系が示される．

**系 2.4.4** 関数 $f(x)$ が閉区間 $[a,b]$ で連続，開区間 $(a,b)$ で微分可能かつ，すべての $x$ で $f'(x) = 0$ ならば，$f(x)$ は定数である．

**系 2.4.5** 関数 $f(x), g(x)$ が閉区間 $[a,b]$ で連続，開区間 $(a,b)$ で微分可能で，すべての $x$ で $f'(x) = g'(x)$ ならば，$f(x) = g(x) + C$ となる定数 $C$ が存在する．

**定理 2.4.6 (Cauchy(コーシー) の平均値の定理)** 関数 $f(x), g(x)$ が閉区間 $[a,b]$ で連続かつ $g(a) \neq g(b)$ とする．さらに，関数 $f(x), g(x)$ は開区間 $(a,b)$ で微分可能であり，$f'(x) = g'(x) = 0$ となる $x$ が存在しないとする．このとき，
$$\frac{f(b) - f(a)}{g(b) - g(a)} = \frac{f'(c)}{g'(c)}, \qquad (a < c < b)$$
を満たす定数 $c$ が存在する．

**証明** 次の関数 $F(x)$ に Rolle の定理を適用する．
$$F(x) = f(x) - \frac{f(b) - f(a)}{g(b) - g(a)}(g(x) - g(a))$$

$F'(c) = 0 \ (a < c < b)$ となる $c$ が存在するので，$0 = F'(c) = f'(c) - \dfrac{f(b) - f(a)}{g(b) - g(a)} g'(c)$ となる．ここで，$g'(c) = 0$ なら $f'(c) = 0$ となり仮定に反する．よって，$g'(c) \neq 0$ であり，定理の式が成立する．∎

**注意 2.4.7** 上記の定理の仮定は，関数 $f(x), g(x)$ が閉区間 $[a,b]$ で連続かつ開区間 $(a,b)$ で微分可能であり，$g'(x) \neq 0$ ならば満たされる．

Cauchy の平均値の定理より，次のロピタル (**De L'Hospital**) の定理がえられる．

34　第2章　微分法

> **定理 2.4.8 (De L'Hospital の定理)** 関数 $f(x)$ と $g(x)$ が $x=a$ の近傍で連続な導関数をもち，$f(a)=g(a)=0$ とする．このとき，
> $$\lim_{x \to a}\frac{f'(x)}{g'(x)} = \ell \quad ならば \quad \lim_{x \to a}\frac{f(x)}{g(x)} = \ell$$
> が成立する．

**証明** $x \neq a$ として，Cauchy の平均値の定理により，
$$\frac{f(x)}{g(x)} = \frac{f(x)-f(a)}{g(x)-g(a)} = \frac{f'(c)}{g'(c)} \quad (c は a と x の間の点)$$
となり，$x \to a$ のとき，$c \to a$ であるから，
$$\lim_{x \to a}\frac{f(x)}{g(x)} = \lim_{x \to a}\frac{f'(c)}{g'(c)} = \lim_{c \to a}\frac{f'(c)}{g'(c)} = \ell$$
となる． ∎

**注意 2.4.9** この定理は，$x \to a$ の代わりに $x \to a+0$ または $x \to a-0$ としても成立する．また，$x \to +\infty$，$x \to -\infty$ の場合も同様に成立する．さらに，$\lim_{x \to a}f(x)= \pm\infty$，$\lim_{x \to a}g(x)= \pm\infty$ の不定形の場合も同様の定理が成立する．

1.2 節で調べたように，一般に関数の極限を求めるのは，それほど容易でなく計算上の工夫が必要であった．しかし，次の例からわかるように，微分可能な関数に関しての不定形の極限値を求める際には，微分を利用することで比較的容易に極限が計算できることを De L'Hospital の定理は意味しており，実用上有用な定理である．

**例題 2.4.10** 次の不定形の極限を求めよ．

(1) $\displaystyle\lim_{x \to 0}\frac{e^x - e^{-x}}{\sin x}$    (2) $\displaystyle\lim_{x \to +0}x \log x$    (3) $\displaystyle\lim_{x \to +\infty}x^2 e^{-x}$

**解** (2)(3) では，De L'Hospital の定理が利用できるように式変形を行うことが大切である．その上で，それぞれ不定形であることを確認し，上記の定理 2.4.8 と注意 2.4.9 を適用する．

(1) $\displaystyle\lim_{x \to 0}\frac{e^x - e^{-x}}{\sin x} = \lim_{x \to 0}\frac{e^x + e^{-x}}{\cos x} = \frac{2}{1} = 2$

(2) $\displaystyle\lim_{x \to +0}x\log x = \lim_{x \to +0}\frac{\log x}{\dfrac{1}{x}} = \lim_{x \to +0}\frac{\dfrac{1}{x}}{-\dfrac{1}{x^2}} = \lim_{x \to +0}(-x) = 0$

(3) $\displaystyle\lim_{x \to +\infty}x^2 e^{-x} = \lim_{x \to +\infty}\frac{x^2}{e^x} = \lim_{x \to +\infty}\frac{2x}{e^x} = \lim_{x \to +\infty}\frac{2}{e^x} = 0$ ∎

**注意 2.4.11** (1) 不定形でなければ，一般には $\displaystyle\lim_{x \to a}\frac{f'(x)}{g'(x)} \neq \lim_{x \to a}\frac{f(x)}{g(x)}$ である．したがって，De L'Hospital の定理を適用するときは，不定形であることの確認を必ずしなければならない．

(2) $\displaystyle\lim_{x \to a}\frac{f(x)}{g(x)}$ が存在しても，$\displaystyle\lim_{x \to a}\frac{f'(x)}{g'(x)}$ が存在するとは限らない．このような例として，$g(x)=\sin x$，$f(x)=x^2\sin\dfrac{1}{x}$，$a=0$ を考える．

$\dfrac{f'(x)}{g'(x)} = \dfrac{2x\sin\dfrac{1}{x} - \cos\dfrac{1}{x}}{\cos x}$ となり，$\displaystyle\lim_{x \to 0}\frac{f'(x)}{g'(x)}$ は存在しない．

一方，$\lim_{x\to 0}\dfrac{f(x)}{g(x)} = \lim_{x\to 0} x\sin\left(\dfrac{1}{x}\right)\cdot\dfrac{x}{\sin x} = 0\times 1 = 0$ となり，$\lim_{x\to 0}\dfrac{f(x)}{g(x)}$ は存在する．

**例題 2.4.12** $\lim_{x\to +0} x^x = 1$ を示せ．

**解** 対数関数の連続性より，対数と極限をとる順番を変えることが可能なので，
$$\log\left(\lim_{x\to +0} x^x\right) = \lim_{x\to +0}\log x^x = \lim_{x\to +0} x\log x = 0$$
となる．ただし，最後の値は例題 2.4.10(2) よりえられる．

したがって，$\lim_{x\to +0} x^x = e^0 = 1$ となる．

## 演習問題 2–4

1. 次の不定形の極限値を求めよ．

   (1) $\lim_{x\to 0}\dfrac{\sqrt{x+4}-2}{\sqrt{x+1}-1}$  (2) $\lim_{x\to 0}\left(\dfrac{1}{x}-\dfrac{1}{\sin x}\right)$  (3) $\lim_{x\to 0}\dfrac{x^3}{x-\sin x}$

   (4) $\lim_{x\to 0}\dfrac{x}{\sin^{-1} x}$  (5) $\lim_{x\to 0}\dfrac{e^x+e^{-x}-2}{x^2}$  (6) $\lim_{x\to\infty}\dfrac{e^x-e^{-x}}{e^x+e^{-x}}$

   (7) $\lim_{x\to 0}\dfrac{e^{\cos x}-e}{\log(\cos x)}$  (8) $\lim_{x\to 0}\dfrac{\log(\cos 2x)}{\log(\cos 3x)}$  (9) $\lim_{x\to 0} x\log|x|$  (10) $\lim_{x\to\infty} x^{\frac{1}{x}}$

2. (Rolle の定理の拡張)

   (1) 関数 $f(x)$ が $x \geqq a$ で連続，$x > a$ で微分可能かつ $\lim_{x\to\infty} f(x) = f(a)$ ならば，$f'(c) = 0$ かつ $a < c$ を満たす定数 $c$ が存在することを示せ．

   (2) 関数 $f(x)$ がすべての $x$ で微分可能かつ $\lim_{x\to +\infty} f(x) = \lim_{x\to -\infty} f(x)$ ならば，$f'(c) = 0$ を満たす定数 $c$ が存在することを示せ．

3. (系 2.4.4 の拡張)

   (1) 関数 $f(x)$ が閉区間 $[a,b]$ で連続，開区間 $(a,b)$ で微分可能かつ，すべての $x$ で $f'(x)$ が 0 でない定数ならば，$f(x)$ は 1 次関数であることを示せ．

   (2) 閉区間 $[a,b]$ で定義された関数 $f(x)$ の 2 次導関数が，すべての $x$ で $f''(x)$ が 0 でない定数ならば，$f(x)$ は 2 次関数であることを示せ．

## 2.5 テイラーの定理

Lagrange の平均値の定理は，関数 $y = f(x)$ について $x$ が $a$ から $b$ まで変化したとき，関数値の変化を $f(b) = f(a) + f'(c)(b-a)$  $(a < c < b)$ のように，導関数 $f'(x)$ を使って表している．本節で考察する Taylor の定理は，$f(x)$ を高次の導関数を使ってより精密に表すものである．これらを用いて，関数を多項式で近似することができるので，応用上有用である．

最初に，多項式関数の場合について，次の例で高次導関数の役割を見ることにする．

**例題 2.5.1** $f(x) = x^5 + 3x^4 - 2x^3 + 5x^2 - x + 1$ を，$x-1$ の多項式で表せ．

**解** $f(x) = (x-1)^5 + a(x-1)^4 + b(x-1)^3 + c(x-1)^2 + d(x-1) + e$ とおく．剰余の定理より，$e = f(1) = 1+3-2+5-1+1 = 7$ である．次に，1 次の係数 $d$ を同様に求めるため，$f(x)$ の導関数を求めると，

$f'(x) = 5x^4 + 12x^3 - 6x^2 + 10x - 1$ となり，また $f'(x) = 5(x-1)^4 + 4a(x-1)^3 + 3b(-1)^2 + 2c(x-1) + d$ であるので，再び剰余の定理より，$d = f'(1) = 5 + 12 - 6 + 10 - 1 = 20$ となる．同様にして，

$$f''(x) = 20x^3 + 36x^2 - 12x + 10 = 20(x-1)^3 + 12a(x-1)^2 + 6b(x-1) + 2c,$$
$$f^{(3)}(x) = 60x^2 + 72x - 12 = 60(x-1)^2 + 24a(x-1) + 6b,$$
$$f^{(4)}(x) = 120x + 72 = 120(x-1) + 24a$$

から $f''(1), f^{(3)}(1), f^{(4)}(1)$ を計算して，順次 $c, b, a$ を計算していくと，$c = 27, b = 20, a = 8$ となる． ∎

一般の微分可能な関数についても，上記の例のように $f(x)$ が $x$ のべき乗の式で表されていれば，その係数は微分を用いて計算できることがわかるであろう．しかも，関数値を計算するのに多項式関数は便利である．そこで，微分可能な関数を多項式を用いて表すことを考える．$a$ を実数の定数として，上記の例のように，

$$f(x) = a_0 + a_1(x-a) + a_2(x-a)^2 + \cdots + a_n(x-a)^n$$

と表して微分していくと，$a_i = \dfrac{1}{i!} f^{(i)}(a)$ となることが計算で確かめられる．そこで，

$$F(x) = f(x) - (a_0 + a_1(x-a) + a_2(x-a)^2 + \cdots + a_n(x-a)^n)$$

を調べておけば，多項式関数の計算を関数の計算に代用できることになる．この考えに沿った重要な結果として，次の Taylor(テイラー) の定理がある．

---

**定理 2.5.2 (Taylor(テイラー) の定理 1)** 関数 $f(x)$ が閉区間 $[a,b]$ で $n$ 回微分可能，$f^{(n)}(x)$ が閉区間 $[a,b]$ で連続かつ開区間 $(a,b)$ で微分可能ならば，開区間 $(a,b)$ のある点 $c$ で

$$f(b) = f(a) + f'(a)(b-a) + \frac{f''(a)}{2!}(b-a)^2 + \cdots + \frac{f^{(n)}(a)}{n!}(b-a)^n + R_{n+1},$$

$$R_{n+1} = \frac{1}{(n+1)!} f^{(n+1)}(c)(b-a)^{n+1}$$

となる．

---

**証明** 2 つの関数 $F(x) = f(b) - \left( f(x) + f'(x)(b-x) + \cdots + \dfrac{f^{(n)}(x)}{n!}(b-x)^n \right)$ と $G(x) = (b-x)^{n+1}$ を考え，Cauchy の平均値の定理を適用する．

$F(x)$ は閉区間 $[a,b]$ で連続，開区間 $(a,b)$ で微分可能で $F(b) = 0$ である．$F(x)$ を微分すると，

$$F'(x) = -f'(x) - \{-f'(x) + f''(x)(b-x)\} - \cdots$$
$$- \left( -\frac{f^{(n)}(x)}{(n-1)!}(b-x)^{n-1} + \frac{f^{(n+1)}(x)}{n!}(b-x)^n \right) = -\frac{f^{(n+1)}(x)}{n!}(b-x)^n$$

となる．一方，$G(a) = (b-a)^{n+1}$, $G(b) = 0$, $G'(x) = -(n+1)(b-x)^n$ である．$F(x)$ と $G(x)$ に対し，Cauchy の平均値の定理を適用すれば，

$$\frac{F(b) - F(a)}{G(b) - G(a)} = \frac{F'(c)}{G'(c)}, \quad (a < c < b)$$

を満たす $c$ が存在する．この等式を書き直すと，定理の式をうる． ∎

**注意 2.5.3** Taylor の定理の式に現れる定数 $c$ は $c = a + \theta(b-a)$, $0 < \theta < 1$ と表すこともある．また，Taylor の定理の中の項 $R_{n+1}$ を **Lagrange(ラグランジュ) の剰余項** という．剰余項 $R_{n+1}$ は他の表現式もある．たとえば，次の第 1 式を **Cauchy の剰余項** といい，第 2 式を **積分型剰余項** という．

$$R_{n+1} = \frac{1}{n!} f^{(n+1)}(c)(b-a)(b-c)^n, \quad (a < c < b)$$

$$R_{n+1} = \frac{1}{n!} \int_a^b f^{(n+1)}(x)(b-x)^n dx$$

Taylor の定理 1 において，$b = x$，$c = a + \theta(b-a) = \theta x$ とおき換え，さらに $a = 0$ として，次の 2 つの定理が得られる．

**系 2.5.4 (Taylor(テイラー) の定理 2)** 関数 $f(x)$ が $x = a$ を内部に含むある閉区間 $[c, d]$ で $n$ 回微分可能，$f^{(n)}(x)$ が閉区間 $[c, d]$ で連続かつ開区間 $(c, d)$ で微分可能ならば，区間 $(c, d)$ の点 $x$ に対して，ある $\theta$ $(0 < \theta < 1)$ があり

$$f(x) = f(a) + f'(a)(x-a) + \frac{f''(a)}{2!}(x-a)^2 + \cdots + \frac{f^{(n)}(a)}{n!}(x-a)^n + R_{n+1},$$

$$R_{n+1} = \frac{1}{(n+1)!} f^{(n+1)}(a + \theta(x-a))(x-a)^{n+1}$$

となる．

**定理 2.5.5 (Maclaurin(マクローリン) の定理)** 関数 $f(x)$ が $x = 0$ を含むある区間 $I$ で $n+1$ 回微分可能ならば，区間 $I$ の点 $x$ に対して，ある $\theta$ $(0 < \theta < 1)$ があり

$$f(x) = f(0) + f'(0)x + \frac{f''(0)}{2!}x^2 + \cdots + \frac{f^{(n)}(0)}{n!}x^n + R_{n+1},$$

$$R_{n+1} = \frac{1}{(n+1)!} f^{(n+1)}(\theta x) x^{n+1}$$

となる．

Taylor の定理における等式を，$x = a$ における第 $n+1$ 次 **Taylor(テイラー) 展開**，Maclaurin の定理における等式を，第 $n+1$ 次 **Maclaurin(マクローリン) 展開** と呼ぶ．

**公式 2.5.6** 関数 $f(x)$ として各初等関数をとり，Maclaurin の定理を適用すると，次の公式がえられる．ここで，$\theta$ は $x$ によって定まり $0 < \theta < 1$ となる．

$$e^x = 1 + x + \frac{1}{2!}x^2 + \cdots + \frac{1}{n!}x^n + \frac{e^{\theta x}}{(n+1)!}x^{n+1}$$

$$\sin x = x - \frac{1}{3!}x^3 + \frac{1}{5!}x^5 - \cdots + (-1)^{n-1}\frac{1}{(2n-1)!}x^{2n-1} + \frac{\sin\left(\theta x + \frac{2n+1}{2}\pi\right)}{(2n+1)!}x^{2n+1}$$

$$\cos x = 1 - \frac{1}{2!}x^2 + \frac{1}{4!}x^4 - \cdots + (-1)^n\frac{1}{(2n)!}x^{2n} + \frac{\cos(\theta x + (n+1)\pi)}{(2n+2)!}x^{2n+2}$$

$$\log(1+x) = x - \frac{1}{2}x^2 + \frac{1}{3}x^3 - \cdots + (-1)^{n-1}\frac{1}{n}x^n + (-1)^n\frac{1}{(n+1)}\left(\frac{1}{1+\theta x}\right)^{n+1}x^{n+1}$$

$$(1+x)^\alpha = 1 + \alpha x + \frac{\alpha(\alpha-1)}{2!}x^2 + \cdots + \frac{\alpha(\alpha-1)\cdots(\alpha-n+1)}{n!}x^n$$
$$+ \frac{\alpha(\alpha-1)\cdots(\alpha-n)}{(n+1)!}(1+\theta x)^{\alpha-n-1}x^{n+1} \quad (\text{ただし，}\alpha \text{ は実数})$$

公式 2.5.6 の三角関数の剰余項は，次の形で用いられることが多い．

$$\frac{\sin\left(\theta x + \frac{2n+1}{2}\pi\right)}{(2n+1)!}x^{2n+1} = (-1)^n \frac{\cos\theta x}{(2n+1)!}x^{2n+1},$$

$$\frac{\cos(\theta x + (n+1)\pi)}{(2n+2)!}x^{2n+2} = (-1)^{n+1}\frac{\cos\theta x}{(2n+2)!}x^{2n+2}$$

Maclaurin の定理は，関数を多項式で表しているために，関数値や関数の性質を知る上でも扱いやすいと言える．1 つの例としては，次のような事実がすぐにわかる．

ある区間で $n+1$ 回微分な関数が，この区間で常に $f^{(n+1)}(x) = 0$ ならば，$f(x)$ は $n$ 次の多項式関数である．

**例題 2.5.7** $f(x) = e^x - e^{-x} - 2x$ の Maclaurin 定理の式を第 3 次の項まで求めよ．

**解** $f'(x) = e^x + e^{-x} - 2$, $f''(x) = e^x - e^{-x}$, $f^{(3)}(x) = e^x + e^{-x}$, $f^{(4)}(x) = e^x - e^{-x}$ より，$f(0) = f'(0) = f''(0) = 0$, $f^{(3)}(0) = 2$ となる．よって
$f(x) = \frac{2}{3!}x^3 + R_4 = \frac{1}{3}x^3 + \frac{e^{\theta x} - e^{-\theta x}}{4!}x^4$ $(0 < \theta < 1)$ から，$\frac{1}{3}x^3$ となる．

次のような解法もある．

**別解** 公式 2.5.6 の式，$e^x = 1 + x + \frac{1}{2!}x^2 + \frac{1}{3!}x^3 + \frac{e^{\theta x}}{4!}x^4$ $(0 < \theta < 1)$ の $x$ に $-x$ を代入して，
$e^{-x} = 1 + (-x) + \frac{1}{2!}(-x)^2 + \frac{1}{3!}(-x)^3 + \frac{e^{-\theta x}}{4!}(-x)^4$ となる．ただし，各式の 4 次の項は剰余項である．

$$\begin{aligned}
f(x) &= e^x - e^{-x} - 2x \\
&= \left(1 + x + \frac{1}{2}x^2 + \frac{1}{6}x^3 + \frac{e^{\theta x}}{4!}x^4\right) - \left(1 + (-x) + \frac{1}{2}(-x)^2 + \frac{1}{6}(-x)^3 + \frac{e^{-\theta x}}{4!}(-x)^4\right) - 2x \\
&= \frac{1}{3}x^3 + \frac{e^{\theta x} - e^{-\theta x}}{4!}x^4
\end{aligned}$$

から，$\frac{1}{3}x^3$ となる．

**例題 2.5.8** $f(x) = \frac{1}{\sqrt{1+x^2}}$ の第 8 次 Maclaurin 展開を用いて，$f(0.5)$ の近似値を，小数第 2 位まで誤差を含めて求めよ．

**解** $\frac{1}{\sqrt{1+x}}$ の Maclaurin 展開は，

$$\frac{1}{\sqrt{1+x}} = 1 - \frac{1}{2}x + \frac{3}{8}x^2 - \frac{5}{16}x^3 + R_4(x)$$

より，$\frac{1}{\sqrt{1+x^2}} \doteqdot 1 - \frac{1}{2}x^2 + \frac{3}{8}x^4 - \frac{5}{16}x^6$ である．

誤差 $E(x)$ は，$E(x) = |R_4(x^2)| = \frac{35}{128}(1+\theta x^2)^{\frac{-9}{2}}x^8$ より $E(x) < \frac{35}{128}x^8$ となる．そこで，

$$f(0.5) \doteqdot 1 - \frac{1}{8} + \frac{3}{128} - \frac{5}{1024} = \frac{915}{1024} = 0.8935\cdots$$

かつ

$$E(0.5) < \frac{35}{128}(0.5)^8 = \frac{35}{32768} = 0.001\cdots$$

より，小数第 2 位までの近似値は，誤差 0.001 の範囲で 0.89 である．

Taylor の定理を利用して，関数の極限を求めることができる．

**例題 2.5.9** $\displaystyle\lim_{x\to 0}\frac{e^x - e^{-x} - 2x}{x^3}$ を Maclaurin の定理を用いて求めよ．

**解** 例題 2.5.7 より，$e^x - e^{-x} - 2x = \dfrac{1}{3}x^3 + \dfrac{e^{\theta x} - e^{-\theta x}}{4!}x^4$ である．ただし，4 次の項は剰余項である．したがって，

$$\lim_{x\to 0}\frac{e^x - e^{-x} - 2x}{x^3} = \lim_{x\to 0}\left(\frac{1}{3} + \frac{e^{\theta x} - e^{-\theta x}}{4!}x\right) = \frac{1}{3}$$

となる． ∎

Taylor の定理の考え方を応用して，De L'Hospital の定理 (定理 2.4.8) を次のように拡張した定理をあげておく．

---

**定理 2.5.10 (De L'Hospital の定理の拡張)** 関数 $f(x)$ と $g(x)$ が $x = a$ の近傍で連続な $n$ 次導関数をもち，$f(a) = f'(a) = \cdots = f^{(n-1)}(a) = 0, g(a) = g'(a) = \cdots = g^{(n-1)}(a) = 0$ とする．このとき，

$$\lim_{x\to a}\frac{f^{(n)}(x)}{g^{(n)}(x)} = \ell \quad \text{ならば} \quad \lim_{x\to a}\frac{f(x)}{g(x)} = \ell$$

が成立する．

---

**証明** Taylor の定理 1 (定理 2.5.2) の証明の剰余項を求める計算と同様に示される．
実際，$b$ を $a$ の近傍の点として，関数 $F(x)$ および $G(x)$ を

$$F(x) = f(b) - \left(f(x) + f'(x)(b-x) + \cdots + \frac{f^{(n-1)}(x)}{(n-1)!}(b-x)^{n-1}\right)$$

$$G(x) = g(b) - \left(g(x) + g'(x)(b-x) + \cdots + \frac{g^{(n-1)}(x)}{(n-1)!}(b-x)^{n-1}\right)$$

とすると，$F(b) - F(a) = -f(b)$，$G(b) - G(a) = -g(b)$ である．
$\dfrac{f(b)}{g(b)} = \dfrac{F(b) - F(a)}{G(b) - G(a)}$ に対し，Cauchy の平均値の定理を適用すれば，$\dfrac{F(b) - F(a)}{G(b) - G(a)} = \dfrac{F'(c)}{G'(c)}$ を満たす $c$ が $a$ と $b$ の間に存在する．$\dfrac{f(b)}{g(b)} = \dfrac{F'(c)}{G'(c)} = \dfrac{f^{(n)}(c)}{g^{(n)}(c)}$ より，$b, c$ を $x$ とおき換えて，$\displaystyle\lim_{x\to a}\frac{f^{(n)}(x)}{g^{(n)}(x)} = \lim_{x\to a}\frac{f(x)}{g(x)}$ をうる． ∎

Taylor の定理において，剰余項が $\displaystyle\lim_{n\to\infty} R_{n+1} = 0$ となるとき，関数は次のような無限級数で表される．この無限級数を，関数 $f(x)$ の $x = a$ での **Talor (テイラー) 展開** という．

$$f(x) = f(a) + f'(a)(x-a) + \frac{f''(a)}{2!}(x-a)^2 + \cdots + \frac{f^{(n)}(a)}{n!}(x-a)^n + \cdots$$

特に，$a = 0$ のときには次の式になる．

$$f(x) = f(0) + f'(0)x + \frac{f''(0)}{2!}x^2 + \cdots + \frac{f^{(n)}(0)}{n!}x^n + \cdots$$

この無限級数を，**Maclaurin (マクローリン) 展開**という．

**公式 2.5.11** (初等関数の Maclaurin 展開の公式)

$$e^x = 1 + x + \frac{1}{2!}x^2 + \cdots + \frac{1}{n!}x^n + \frac{1}{(n+1)!}x^{n+1} + \cdots$$

$$\sin x = x - \frac{1}{3!}x^3 + \frac{1}{5!}x^5 - \cdots + (-1)^{n-1}\frac{1}{(2n-1)!}x^{2n-1} + \cdots$$

$$\cos x = 1 - \frac{1}{2!}x^2 + \frac{1}{4!}x^4 - \cdots + (-1)^n \frac{1}{(2n)!}x^{2n} + \cdots$$

$$\log(1+x) = x - \frac{1}{2}x^2 + \frac{1}{3}x^3 - \cdots + (-1)^{n-1}\frac{1}{n}x^n + \cdots, \quad (|x|<1)$$

$$(1+x)^\alpha = 1 + \alpha x + \frac{\alpha(\alpha-1)}{2!}x^2 + \cdots + \frac{\alpha(\alpha-1)\cdots(\alpha-n+1)}{n!}x^n + \cdots \quad (|x|<1)$$

**注意 2.5.12** 上記の公式の最後の式は，**Newton** (ニュートン) の**二項定理**と呼ばれている．これは，数多い功績の中で Newton が最も誇りにしたものであり，Newton の墓標にこの式が刻まれている．

$\alpha$ が自然数の場合は，高等学校で学習する二項定理 $(1+x)^n = \sum_{i=1}^{n} {}_nC_i x^i$ であり，$\alpha = -1$ の場合は，$\frac{1}{1+x} = \sum_{n=1}^{\infty}(-x)^n$ で，**幾何級数** (等比数列の和) の公式である．

**例題 2.5.13** 次の関数 $f(x)$ の Maclaurin 展開を $x$ の 3 次の項まで求めよ．

(1) $f(x) = e^x \sin x$  (2) $f(x) = e^{x^2}$

**解** (1) $f'(x) = e^x \sin x + e^x \cos x, f''(x) = 2e^x \cos x, f'''(x) = 2e^x \cos x - 2e^x \sin x$ を計算して求まるが，次のようにする方法もある．ただし，次の各式では最終項は剰余項である．

$$e^x = 1 + x + \frac{1}{2!}x^2 + \frac{1}{3!}x^3 + a(x)x^4, \quad \sin x = x - \frac{1}{3!}x^3 + b(x)x^5$$

より，

$$e^x \sin x = \left(1 + x + \frac{1}{2!}x^2 + \frac{1}{3!}x^3 + a(x)x^4\right)\left(x - \frac{1}{3!}x^3 + b(x)x^5\right)$$

$$= x + x^2 + \left(\frac{1}{2!} - \frac{1}{3!}\right)x^3 + c(x)x^4$$

と表され，$x + x^2 + \frac{1}{3}x^3$ となる．

(2) $f'(x) = 2xe^{x^2}, f''(x) = 2e^{x^2} + 4x^2 e^{x^2}, f'''(x) = 12xe^{x^2} + 8x^3 e^{x^2}$ を計算して求まるが，(1) 同様，次のようにする方法もある．

$e^t = 1 + t + q(t)t^2$ の $t$ に $x^2$ を代入して，$e^{x^2} = 1 + x^2 + q(x^2)x^4$ から，$1 + x^2$ となる． ∎

最後に，3 つの関数 $f(x) = \sin x, g(x) = x - \frac{1}{3!}x^3, h(x) = x - \frac{1}{3!}x^3 + \frac{1}{5!}x^5$ のグラフを下記のように同一平面上に描いておくので，多項式が $f(x)$ に近づく様子を見てほしい．

## 演習問題 2–5

1. 次の関数の Maclaurin 展開を 4 次の項まで求めよ．

    (1) $y = \dfrac{1}{x+2}$     (2) $y = \dfrac{1}{(1-x)^3}$     (3) $y = \sin(x+1)$     (4) $y = \dfrac{1}{\cos x}$

    (5) $y = e^{x^2+1}$     (6) $y = \dfrac{e^x + e^{-x}}{2}$     (7) $y = \dfrac{1}{\sqrt{1+x^2}}$     (8) $y = e^x \cos x$

    (9) $y = e^{\cos x}$     (10) $y = \log(1 + (\sin x)^2)$

2. $f(x) = x^7 + 2x^6 - 5x^5 + 4x^4 - 3x^3 + 2x^2 + x - 4$ を $x-1$ の多項式で，$f(x) = \sum_{i=0}^{7} a_i (x-1)^i$ と表すとき，係数 $a_i$ $(0 \leqq i \leqq 7)$ を Taylor の定理を用いて求めよ．

3. $x^{100}$ を $(x-1)^3$ で割った余りを，$x=1$ における Taylor の定理を用いて求めよ．

4. $\log(1+x)$ の Maclaurin 展開を用いて，$\log(1.5)$ を小数第 2 位まで求めよ．

5. Newton の二項定理を用いて，$\dfrac{1}{2}\sqrt[3]{7}$ を小数第 3 位まで求めよ．

6. De L'Hospital の定理を用いて次の極限値を求めよ．また，Maclaurin の定理を用いて極限値を求め，両者が一致することを確かめよ．

    (1) $\displaystyle\lim_{x \to 0} \dfrac{\cos x - 1}{x \sin x}$     (2) $\displaystyle\lim_{x \to 0} \dfrac{e^x - e^{-x}}{\log(x+1)}$     (3) $\displaystyle\lim_{x \to 0} \dfrac{e^x - e^{\sin x}}{x^3}$

## 2.6 増減表と関数のグラフ

関数 $y = f(x)$ のグラフを描くためには，グラフ上で次のような特徴的な点と形状をもつ箇所を調べる必要がある．

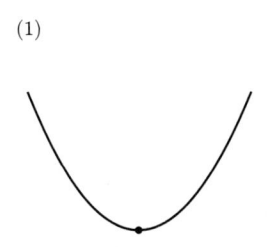

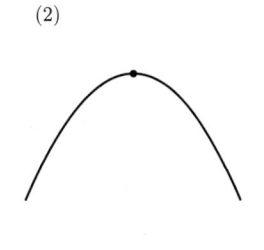

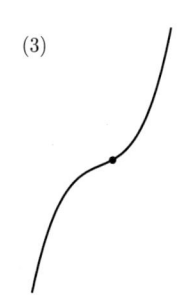

グラフ上の点で，(1) は **極小点**，(2) は **極大点**，(3) は **変曲点** と呼ばれ，次のように定義される．

> **定義 2.6.1** (1) 関数 $y=f(x)$ が，$x=c$ の近傍で $f(x)>f(c)$ となっているとき，関数 $y=f(x)$ は，$x=c$ で **極小値** $f(c)$ をもつという．
> (2) 関数 $y=f(x)$ が，$x=c$ の近傍で $f(x)<f(c)$ となっているとき，関数 $y=f(x)$ は，$x=c$ で **極大値** $f(c)$ をもつという．極大値および極小値をあわせて，**極値** という．
> (3) 区間 $[a,b]$ 内の 2 点 $x_1, x_2$ に対し，曲線上の 2 点 $(x_1, f(x_1)), (x_2, f(x_2))$ を結んだ直線を考える．任意の 2 点 $x_1, x_2$ に対し，区間 $[x_1, x_2]$ での曲線 $y=f(x)$ のグラフが，この直線の下側にあるとき，曲線 $y=f(x)$ は，区間 $[a,b]$ で **下に凸**，上側にあるとき曲線 $y=f(x)$ は，区間 $[a,b]$ で **上に凸** という．凹凸が変わる境の点を **変曲点** という．

極値における関数の状況は，Rolle の定理の証明でみたように，$\dfrac{f(x)-f(c)}{x-c}$ の値に特徴的に現れる．すなわち，$\dfrac{f(x)-f(c)}{x-c}$ の値は，

(1) において，$x<c$ で負，$x>c$ で正
(2) において，$x<c$ で正，$x<c$ で負となる．

グラフを見るとわかるように，この値の正負は，$x=c$ の近傍では，$x=c$ での微分係数 $f'(c)$ と一致する (正確には，平均値の定理を用いるとすぐにわかるであろう)．
したがって，(1) では，$f'(x)<0\ (x<c),\ f'(c)=0,\ f'(x)>0\ (x>c)$ となる．
また，同時に $f'(x)<0$ となる部分では，関数は減少し，$f'(x)>0$ となる部分では，関数は増加していることがわかる．
そこで，$x=c$ での関数の値の変化を表にすると以下のようになる．

(1)

| $x$ | $a$ | $\ldots$ | $c$ | $\ldots$ | $b$ |
|---|---|---|---|---|---|
| $f'(x)$ | | $-$ | $0$ | $+$ | |
| $f(x)$ | | ↘ | 極小 | ↗ | |

(2)

| $x$ | $a$ | $\ldots$ | $c$ | $\ldots$ | $b$ |
|---|---|---|---|---|---|
| $f'(x)$ | | $+$ | $0$ | $-$ | |
| $f(x)$ | | ↗ | 極大 | ↘ | |

上のような，関数の値の変化を表す表を，**増減表** という．
極値に関してまとめると，次の定理となる．

> **定理 2.6.2** $x=c$ で関数 $y=f(x)$ が微分可能なとき，
> (1) 関数 $y=f(x)$ が，$x=c$ で極値をとれば，$f'(c)=0$ である．
> (2) $x=c$ の近傍で $f'(x)$ が連続で $f'(x)<0\ (x<c),\ f'(c)=0,\ f'(x)>0\ (x>c)$ のとき，$y=f(x)$ は，$x=c$ で極小値 $f(c)$ をもつ．
> (3) $x=c$ の近傍で $f'(x)$ が連続で $f'(x)>0\ (x<c),\ f'(c)=0,\ f'(x)<0\ (x>c)$ のとき，$y=f(x)$ は，$x=c$ で極大値 $f(c)$ をもつ．
> (4) 関数 $y=f(x)$ は，$f'(c)>0$ のとき増加，$f'(c)<0$ のとき減少している．

極値については，2 次導関数を調べても状況がわかる．すなわち，$f'(c)=0$ となる場合，$x=c$ で，$f'(x)$ の正負が変化してれば極値であり，$x=c$ で，$f'(x)$ の正負が変化してない場

合は極値でないので，$f'(x)$ が単調増加か否かで判定できる．
これを増減表で表すと次のようになる．

(2)

| $x$ | $a$ | $\cdots$ | $c$ | $\cdots$ | $b$ |
|---|---|---|---|---|---|
| $f'(x)$ | | $-$ | $0$ | $+$ | |
| $f''(x)$ | | $+$ | $+$ | $+$ | |
| $f(x)$ | | ↘ | 極小 | ↗ | |

(3)

| $x$ | $a$ | $\cdots$ | $c$ | $\cdots$ | $b$ |
|---|---|---|---|---|---|
| $f'(x)$ | | $+$ | $0$ | $-$ | |
| $f''(x)$ | | $-$ | $-$ | $-$ | |
| $f(x)$ | | ↗ | 極大 | ↘ | |

上の増減表をまとめると，次の定理となる．

**定理 2.6.3** 関数 $y = f(x)$ が 2 回微分可能で $f''(x)$ が連続とするとき，
(1) $f'(c) = 0, f''(c) > 0$ なら，$y = f(x)$ は $x = c$ で極小となる．
(2) $f'(c) = 0, f''(c) < 0$ なら，$y = f(x)$ は $x = c$ で極大となる．

次に，曲線の凹凸について調べる．上に凸であるときは，接線の傾きが減少しており，下に凸であるときは，接線の傾きが増加している．接線の傾きは，導関数 $f'(x)$ の値であるので，曲線の増加・減少の考察を，関数 $y = f'(x)$ に適用してみると，次の増減表ができる．

| $x$ | $a$ | $\cdots$ | $c$ | $\cdots$ | $b$ |
|---|---|---|---|---|---|
| $f'(x)$ | | $+$ | $+$ | $+$ | |
| $f''(x)$ | | $+$ | $0$ | $-$ | |
| $f(x)$ | | 下に凸 ↗ | 変曲点 | 上に凸 ↗ | |

| $x$ | $a$ | $\cdots$ | $c$ | $\cdots$ | $b$ |
|---|---|---|---|---|---|
| $f'(x)$ | | $-$ | $-$ | $-$ | |
| $f''(x)$ | | $+$ | $0$ | $-$ | |
| $f(x)$ | | 下に凸 ↘ | 変曲点 | 上に凸 ↘ | |

上の増減表をまとめると，次の定理となる．

**定理 2.6.4** 関数 $y = f(x)$ が 2 回微分可能とするとき，
(1) $x = c$ が $y = f(x)$ の変曲点なら，$f''(c) = 0$ である．
(2) $f''(c) > 0$ のとき，$x = c$ の近傍で，$y = f(x)$ は下に凸である．
(3) $f''(c) < 0$ のとき，$x = c$ の近傍で，$y = f(x)$ は上に凸である．

**例題 2.6.5** 関数 $f(x) = \dfrac{x}{1+x^2}$ の増減表を作り，この関数で表される曲線の概形を描け．

**解** $f(x)$ は原点に関して対称なので，$x \geqq 0$ で増減表を作ればよい．$f'(x) = \dfrac{1-x^2}{(1+x^2)^2}$, $f''(x) = \dfrac{2x(x^2-3)}{(1+x^2)^3}$ より，$f'(x) = 0$ を与える点は $x = \pm 1$ で，$f''(x) = 0$ を与える点は $x = 0, \pm\sqrt{3}$ である．そこで増減表を作ると，以下のようになる．

| $x$ | $0$ | $\cdots$ | $1$ | $\cdots$ | $\sqrt{3}$ | $\cdots$ |
|---|---|---|---|---|---|---|
| $f'(x)$ | $+$ | $+$ | $0$ | $-$ | $-$ | $-$ |
| $f''(x)$ | $0$ | $-$ | $-$ | $-$ | $0$ | $+$ |
| $f(x)$ | $0$ 変曲点 | ↗ 上に凸 | $\dfrac{1}{2}$ 極大 | ↘ 上に凸 | $\dfrac{\sqrt{3}}{4}$ 変曲点 | ↘ 下に凸 |

この増減表から $y = f(x)$ のグラフは，次のようになる．

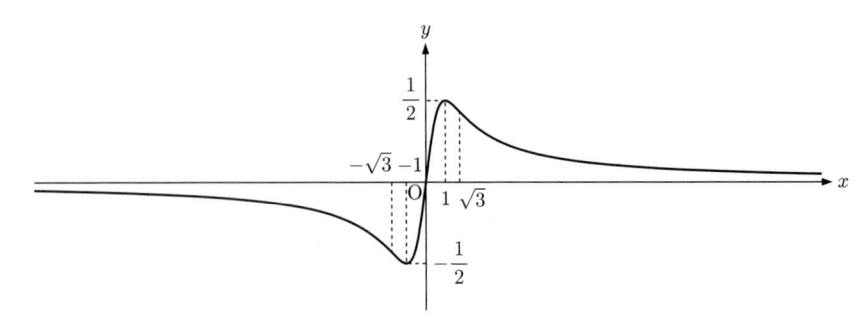

上記の例では，$|x|$ を限りなく大きくしたとき，曲線は $x$ 軸に限りなく近づいている．このとき，直線 $y = 0$ をこの曲線の**漸近線**という．

一般に，曲線 $y = f(x)$ に対して，直線 $y = ax + b$ が，ある値より大きな $x$ で $f(x) \doteqdot ax + b$ であり，$\displaystyle\lim_{x \to (\pm)\infty} (f(x) - (ax + b)) = 0$ となるとき，この直線 $y = ax + b$ を曲線 $y = f(x)$ の**漸近線**という．また，$y = ax + b$ の式では表されない直線 $x = c$ が，曲線 $y = f(x)$ の**漸近線**であるとは，$\displaystyle\lim_{x \to c+0} (f(x)) = \pm\infty$ または，$\displaystyle\lim_{x \to c-0} (f(x)) = \pm\infty$ となっているときをいう．

**例題 2.6.6** 定円に内接する三角形で面積が最大になるものを求めよ．

**解** 半径 $r$ の円の弦 AB をとり，AB を底辺に固定し，頂点 C を半円上にとるとき，面積が最大になる三角形は，頂点 C が線分 AB の垂直二等分線上で円の中心側ににあるとき，すなわち，三角形 ABC が二等辺三角形の場合である．このとき中心から弦 AB までの距離を $x$ $(0 < x < r)$ とすると，三角形 ABC の底辺 AB の長さおよび高さは，おのおの $2\sqrt{r^2 - x^2}, r + x$ より，三角形 ABC の面積は，$S = \sqrt{r^2 - x^2}(r + x)$ となる．そこで，$f(x) = S^2 = (r^2 - x^2)(r + x)^2$ とおき，この関数の最大値を求めればよい．

$$f'(x) = (r + x)\{2(r^2 - x^2) - 2x(r + x)\} = -2(r + x)^2(2x - r)$$

となるので，以下の増減表ができる．

| $x$ | $-r$ | $\cdots$ | $\dfrac{r}{2}$ | $\cdots$ | $r$ |
|---|---|---|---|---|---|
| $f'(x)$ | 0 | + | 0 | − | 0 |

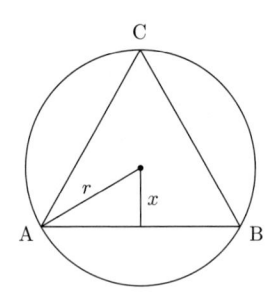

したがって，$x = \dfrac{r}{2}$ のとき，すなわち正三角形のときが最大になる．

## 演 習 問 題 2–6

1. 次の関数の増減表を作り，極値や変曲点および凹凸を求め，グラフの概形を描け．

   (1) $y = x^3 + x^2 - x + 3$　　(2) $y = \dfrac{2x}{x^4 + 1}$　　(3) $y = x + \sin x$ $(0 \leqq x \leqq 2\pi)$

   (4) $y = x\sqrt{x - x^2}$　　(5) $y = x \log x$　　(6) $y = \dfrac{e^x}{\sin x}$ $(0 < x < \pi)$

   (7) $y = \dfrac{1}{\sqrt{1 + x^2}}$　　(8) $y = e^{-2x^2}$

   (9) $y = \cos^2 x + 2\sin x$ $(0 \leqq x \leqq 2\pi)$　　(10) $y = |x|\sqrt{2x + 3}$

2. 定円に内接する長方形で面積が最大のものを求めよ．

3. 周の長さが一定で対角線の長さが最小の長方形を求めよ．

4. 定円に内接する二等辺三角形で周の長さが最大のものを求めよ．

5. 曲線 $y = e^{x+1} + 2$ の接線の接点と $x$ 軸との交点までの部分の長さを最小にする接点を求めよ．

## 2.7 発展課題：級数

Taylor の定理 (定理 2.5.2) や Maclaurin の定理 (定理 2.5.5) で無限和としての級数が扱われた．この節では級数について詳しく調べてみる．

### 2.7.1 コーシー列

実数の連続性を表現するために，第 1 章 1.1 節で有界な単調増加列等の数列が用いられた．これに加えて，次の定義で述べられる実数の連続性を特徴づける重要な数列がある．

> **定義 2.7.1** (コーシー (Cauchy) 列)　数列 $\{a_n\}$ が，コーシー列であるとは，
> $$\lim_{n,m \to \infty} |a_n - a_m| = 0$$
> を満たすときをいう．
>
> 厳密には，自然数 $\ell$ を与えたとき，$\ell$ に応じて，ある自然数 $N(\ell)$ があって，$n, m > N(\ell)$ となる自然数 $n, m$ について，$|a_n - a_m| < \dfrac{1}{\ell}$ となることである．

次の定理から，「Cauchy 列の収束性」は「実数の連続性」と同等な内容であることがわかる．

> **定理 2.7.2** (**Cauchy の収束判定法 1**)　数列 $\{a_n\}$ について次は同値である．
> (1) 数列 $\{a_n\}$ は収束する．
> (2) 数列 $\{a_n\}$ はコーシー列である．

**証明** $\lim_{n \to \infty} a_n = \alpha$ とすると，三角不等式
$$|a_n - a_m| = |(a_n - \alpha) - (a_m - \alpha)| \leqq |a_n - \alpha| + |a_m - \alpha|$$
より，$|a_n - a_m| \to 0$ がわかる．

逆に，数列 $\{a_n\}$ がコーシー列であるとすると，三角不等式 $|a_n| \leqq |a_N| + |a_n - a_N|$ より，$\{a_n\}$ は有界であることがわかる．有界な数列は第 1 章 1.1 節 の発展課題 (1) より，収束する部分列 $\{b_m\}$ を含む．$\lim_{m \to \infty} b_m = \alpha$ とすると，
$$|a_n - \alpha| = |(a_n - b_m) + (b_m - \alpha)| \leqq |a_n - b_m| + |b_m - \alpha|$$
より，$|a_n - \alpha| \to 0$ がわかる． ∎

### 2.7.2 絶対収束級数

数列 $\{a_n\}$ に対して，形式的な無限和
$$\sum_{n=1}^{\infty} a_n = a_1 + a_2 + \cdots + a_n + \cdots$$
を **級数** という．

**定義 2.7.3 (級数の収束)** 数列 $\{a_n\}$ に対して，$S_n = a_1 + a_2 + \cdots + a_n$ を第 $n$ 部分和と呼ぶ．部分和の数列 $\{S_n\}$ が収束し極限値 $S$ をもつとき，

$$S = \sum_{n=1}^{\infty} a_n = a_1 + a_2 + \cdots + a_n + \ldots$$

と書き，級数 $\sum_{n=1}^{\infty} a_n$ は $S$ に**収束する**という．また，収束しないときは**発散する**という．

Cauchy の収束判定法 1 を部分和の数列に適用すると，次の定理をうる．

**定理 2.7.4 (Cauchy の収束判定法 2)** 数列 $\{a_n\}$ について次は同値である．
(1) 級数 $\sum_{n=1}^{\infty} a_n$ は収束する．
(2) $\lim_{n,m \to \infty} (|a_{n+1} + a_{n+2} + \cdots + a_m|) = 0$ となる．

上記の定義より，級数の計算は部分和よりなされるので，級数の並びを変えて加える計算をしてはならない．しかし，$e^x \sin x$ の Maclaurin 展開の計算では，この順を無視して計算する簡便な計算方法を行った．このように，級数の順序を変えて計算してもよい場合がどのような場合かを知っておくことは，具体的な計算で便利であり，順序を変えて計算して間違った答えを出す危険性も排除できる利点をもつ．そこで，以下では計算順序の入れ替えが可能な理由を説明し，このような方法を厳密な根拠のもとで適用できるようにする．

**定義 2.7.5 (絶対収束)** 数列 $\{a_n\}$ に対して，級数

$$\sum_{n=1}^{\infty} |a_n| = |a_1| + |a_2| + \cdots + |a_n| + \ldots$$

が収束するとき，級数 $\sum_{n=1}^{\infty} a_n$ は**絶対収束する**という．

Cauchy の収束判定法 1 を数列 $\{|a_n|\}$ に適用すると次の定理をうる．

**定理 2.7.6 (Cauchy の収束判定法 3)** 数列 $\{a_n\}$ について次は同値である．
(1) 級数 $\sum_{n=1}^{\infty} a_n$ は絶対収束する．
(2) $\lim_{n,m \to \infty} (|a_{n+1}| + |a_{n+2}| + \cdots + |a_m|) = 0$ となる．

三角不等式 $|a_{n+1} + a_{n+2} + \cdots + a_m| \leqq |a_{n+1}| + |a_{n+2}| + \cdots + |a_m|$ より，この定理と Cauchy の収束判定法 1 から，次の事実がただちに得られる．

**系 2.7.7** 絶対収束する級数は収束する．

絶対収束する数列に関して，次の重要な性質が得られる．

**定理 2.7.8** 絶対収束する級数は，級数の順序を入れ替えても絶対収束し極限値は不変である．すなわち，$\sum_{n=1}^{\infty} a_n$ が絶対収束し，重複も考えて $\{a_1, a_2, \cdots\} = \{b_1, b_2, \cdots\}$ なら，級数 $\sum_{n=1}^{\infty} b_n$ も絶対収束し $\sum_{n=1}^{\infty} a_n = \sum_{n=1}^{\infty} b_n$ となる．

**証明** 部分和 $S_n = \sum_{i=1}^{n} a_i$ および $T_n = \sum_{i=1}^{n} b_i$ とするとき，$S_n - T_n$ は，適当な自然数 $s, t$ で
$$|S_n - T_n| \leqq |a_s| + |a_{s+1}| + \cdots + |a_{s+t}|$$
となる．$n$ を十分大きくすれば，$s$ も十分大きくなるので，$\sum_{n=1}^{\infty} a_n$ が絶対収束することから，右辺は 0 に収束する．よって，$\lim_{n \to \infty} S_n = \lim_{n \to \infty} T_n$ となる．

部分和を $S_n = \sum_{i=1}^{n} |a_i|$ および $T_n = \sum_{i=1}^{n} |b_i|$ とすることで，上記の議論と同様に，級数 $\sum_{n=1}^{\infty} b_n$ が絶対収束し，極限値も一致することがわかる． ∎

**注意 2.7.9** (1) 収束するが絶対収束しない級数を，**条件収束する級数**という．条件収束する級数に関しては，級数の和の順序を入れ替えて任意の値に収束させることができる，という事実が知られている．

(2) 後の系 2.7.14 で示されるような，上記の定理とは異なった形の興味ある絶対収束級数の関係式が成立する．このような事実を示すのに，数列の級数のみを考えるより，べき級数を用いた方が便利であることが多い．

### 2.7.3 絶対収束判定法

級数が絶対収束するかを判定するのは一般的には難しい問題である．ここでは，級数が絶対収束するか否かの代表的な判定法をいくつかあげておく．次の定理は基本的なものである．

**定理 2.7.10**（ワイエルシュトラス (**Weierstrass**) の優級数定理） 数列 $\{a_n\}, \{b_n\}$ が $|a_n| \leqq |b_n|$ を満たし，級数 $\sum_{n=1}^{\infty} b_n$ が絶対収束すれば級数 $\sum_{n=1}^{\infty} a_n$ も絶対収束する．

**証明** 部分和 $S_n = |a_1| + |a_2| + \cdots + |a_n|$ は，$S_n \leqq \sum_{n=1}^{\infty} |b_n|$ より，有界な単調増加列であるので収束する．よって，級数 $\sum_{n=1}^{\infty} a_n$ は絶対収束する． ∎

これを用いて，次の 2 つの判定法を導くことができる．

**定理 2.7.11** (コーシー (Cauchy) のべき根判定法) $r = \lim_{n \to \infty} \sqrt[n]{|a_n|}$ とするとき,

(1) $r < 1$ なら, 級数 $\sum_{n=1}^{\infty} a_n$ は絶対収束する.

(2) $r > 1$ なら, 級数 $\sum_{n=1}^{\infty} a_n$ は発散する.

**証明** $r < 1$ のとき, $r < b < 1$ となる定数で $\sqrt[n]{|a_n|} < b$ としてよい. $b_n = b^n$ とすると, $a_n < b_n$ より, Weierstrass の優級数定理より, (1) が成立する.

$r > 1$ のとき, $1 < b < r$ となる定数で $\sqrt[n]{|a_n|} > b > 1$ としてよい. よって, $\lim_{n \to \infty} |a_n| \geqq 1$ より, $\lim_{n \to \infty} a_n \neq 0$ となるので, 級数 $\sum_{n=1}^{\infty} a_n$ は収束しない. ∎

**定理 2.7.12** (ダランベール (D'Alembert) の比判定法) $r = \lim_{n \to \infty} \left| \dfrac{a_{n+1}}{a_n} \right|$ とするとき,

(1) $r < 1$ なら, 級数 $\sum_{n=1}^{\infty} a_n$ は絶対収束する.

(2) $r > 1$ なら, 級数 $\sum_{n=1}^{\infty} a_n$ は発散する.

**証明** $r < 1$ のとき, $r < b < 1$ となる定数で $\left| \dfrac{a_{n+1}}{a_n} \right| < b$ としてよい. $b_n = b^{n-1}|a_1|$ とすると, $a_n < b_n \ (n > 2)$ より, Weierstrass の優級数定理より, (1) が成立する.

$r > 1$ のとき, $1 < b < r$ となる定数で $\left| \dfrac{a_{n+1}}{a_n} \right| > b > 1$ としてよい. よって, $|a_n| < |a_{n+1}|$ より, $\lim_{n \to \infty} a_n \neq 0$ となるので, 級数 $\sum_{n=1}^{\infty} a_n$ は収束しない. ∎

### 2.7.4 べき級数

定数 $a$ および数列 $\{a_n\}$ に対して, 変数 $x$ を含む級数
$$f(x) = \sum_{n=0}^{\infty} a_n (x-a)^n$$
を, $x = a$ における**整級数**あるいは**べき級数**という.

べき級数の収束する範囲については次の定理が成立する.

**定理 2.7.13** (アーベル (Abel) の定理) べき級数 $\sum_{n=0}^{\infty} a_n(x-a)^n$ に対して,

(1) べき級数が $x = x_0 \neq a$ で収束するなら, べき級数は $|x - a| < |x_0 - a|$ で絶対収束する.

(2) べき級数が $x = x_0 \neq a$ で発散するなら, べき級数は $|x - a| > |x_0 - a|$ で発散する.

**証明** (2) は, (1) よりただちにわかる.

(1) の仮定より，べき級数 $\sum_{n=0}^{\infty} a_n(x_0-a)^n$ は収束するので，$\lim_{n\to\infty} a_n(x_0-a)^n = 0$ より，$|a_n(x_0-a)^n| < C$ となる定数 $C$ がある．$r = \left|\dfrac{x-a}{x_0-a}\right| < 1$ とおくと，$|a_n(x-a)^n| = |a_n(x_0-a)^n r^n| \leqq Cr^n$ より，Weierstrass の優級数定理から (1) が成立する． ∎

---

**系 2.7.14** (1) 級数 $\sum_{n=1}^{\infty} a_n$ および $\sum_{n=1}^{\infty} b_n$ が絶対収束するとき，次の式が成立する．
$$\left(\sum_{n=1}^{\infty} a_n\right)\left(\sum_{n=1}^{\infty} b_n\right) = \sum_{n=1}^{\infty}(a_1 b_n + a_2 b_{n-1} + \cdots + a_n b_1)$$

(2) 級数 $\sum_{n=1}^{\infty} a_n$ が絶対収束し，重複も考えて $\{a_1, a_2, \cdots\} = \{b_1, b_2, \cdots\} \cup \{c_1, c_2, \cdots\}$ なら，$\sum_{n=1}^{\infty} b_n$ および $\sum_{n=1}^{\infty} c_n$ も絶対収束し，次の式が成立する．
$$\sum_{n=1}^{\infty} a_n = \sum_{n=1}^{\infty} b_n + \sum_{n=1}^{\infty} c_n = \sum_{n=1}^{\infty}(b_n + c_n)$$

---

**証明** (1) べき級数 $\sum_{n=1}^{\infty} a_n x^{n-1}$ および $\sum_{n=1}^{\infty} b_n x^{n-1}$ を考えると，$x = 1$ で絶対収束するので，
$$\left(\sum_{n=1}^{\infty} a_n x^{n-1}\right)\left(\sum_{n=1}^{\infty} b_n x^{n-1}\right) = \sum_{n=1}^{\infty}(a_1 b_n + a_2 b_{n-1} + \cdots + a_n b_1)x^{n-1}$$
も $x = 1$ で絶対収束することから，(1) の式が成立する．

(2) 数列 $\{b_n\}$ および $\{c_n\}$ は $\{a_n\}$ の部分集合より，$\sum_{n=1}^{\infty} b_n$ および $\sum_{n=1}^{\infty} c_n$ が絶対収束するのは明らかである．(1) と同様に考えて，$\sum_{n=1}^{\infty} b_n x^{n-1} + \sum_{n=1}^{\infty} c_n x^{n-1} = \sum_{n=1}^{\infty}(b_n + c_n)x^{n-1}$ が $x = 1$ で収束することから成立する．また，$\sum_{n=1}^{\infty} a_n = \sum_{n=1}^{\infty}(b_n + c_n)$ は $\{a_1, a_2, \cdots\} = \{b_1, c_1, b_2, c_2, \cdots\}$ と考えて，定理 2.7.8 を適用すればよい． ∎

Abel の定理から，べき級数 $\sum_{n=0}^{\infty} a_n(x-a)^n$ は $|x-a| < R$ で絶対収束し，$|x-a| > R$ で発散するような定数 $R$ が存在することがわかる．この値 $R$ を，このべき級数の**収束半径**という．

---

**定理 2.7.15** べき級数 $\sum_{n=0}^{\infty} a_n(x-a)^n$ の収束半径 $R$ は次の式で与えられる．

(1) **コーシー・アダマール (Cauchy-Hadamard) の公式**
$$R = \lim_{n\to\infty} \frac{1}{\sqrt[n]{|a_n|}}$$

(2) **ダランベール (D'Alembert) の公式**
$$R = \lim_{n\to\infty} \frac{|a_n|}{|a_{n+1}|}$$

**証明** (1) $r = \lim_{n\to\infty} \sqrt[n]{|a_n(x-a)^n|} = |x-a| \lim_{n\to\infty} \sqrt[n]{|a_n|}$ とするとき，コーシーのべき根判定法より，$r < 1$ で絶対収束し $r > 1$ で発散する．$|x-a| = \dfrac{r}{\lim_{n\to\infty} \sqrt[n]{|a_n|}} = rR$ より，$r < 1$ では $|x-a| < R$ であり，$r > 1$ では $|x-a| > R$ であるので，(1) が成立する．

(2) も D'Alembert の比判定法を用いて同様に示される． ∎

**例題 2.7.16** $\log(1+x)$ の Maclaulin 展開 $\displaystyle\sum_{n=1}^{\infty} \dfrac{(-1)^{n-1}}{n} x^n$ の収束半径を求めよ．

**解** D'Alembert の公式より，$R = \lim_{n\to\infty} \dfrac{\left|\frac{(-1)^{n-1}}{n}\right|}{\left|\frac{(-1)^n}{n+1}\right|} = 1$ となる． ∎

**例題 2.7.17** 次の式で定義される**ゼータ (Zeta) 関数**は，$x > 1$ で収束する．
$$\zeta(x) = \sum_{n=1}^{\infty} \frac{1}{n^x} = 1 + \frac{1}{2^x} + \frac{1}{3^x} + \ldots$$

**解** $x > 1$ とすると，関数 $g(t) = \dfrac{1}{t^x}$ は $t$ の単調減少関数より，$\dfrac{1}{n^x} \leqq \displaystyle\int_{n-1}^{n} \dfrac{1}{t^x} dt$ である．
$$\sum_{n=1}^{\infty} \frac{1}{n^x} = \lim_{m\to\infty} \sum_{n=1}^{m} \frac{1}{n^x} \leqq \int_{1}^{\infty} \frac{1}{t^x} dt = \frac{1}{x-1}$$
となり，Weierstrass の優級数定理から $x > 1$ で収束する． ∎

**注意 2.7.18** 例題 2.7.16 では $x = 1$ のとき条件収束する．一方，例題 2.7.17 では $x = 1$ のときは収束しない．このように，収束半径 $R$ としたとき，$|x-a| = R$ の場合の級数の収束性は一般的に判断ができない．

# 第 3 章
# 積 分 法

## 3.1 原始関数と不定積分

関数 $f(x)$ に対して，導関数 $f'(x)$ が定義された．この節では，逆に導関数が $f(x)$ となる関数 $F(x)$ を求めることを考える．そこで，次の定義を与える．

**定義 3.1.1** 関数 $f(x)$ に対して，$F'(x) = f(x)$ を満たす関数 $F(x)$ を $f(x)$ の **原始関数** という．

原始関数に関して，次の定理が成立する．

**定理 3.1.2** $F(x)$ を $f(x)$ の 1 つの原始関数とすると，$f(x)$ のすべての原始関数は $F(x) + C$ の形に表される．ただし，$C$ は定数である．

**証明** $G(x)$ を $f(x)$ の任意の原始関数とすると，$G'(x) = F'(x) = f(x)$ であるから，系 2.4.5 により，$G(x) = F(x) + C$ をみたす定数 $C$ が存在する． ∎

$f(x)$ の原始関数を $f(x)$ の **不定積分** ともいい，$\int f(x)\,dx$ と表す．また，$f(x)$ を不定積分の **被積分関数** という．上記の定理により，$F(x)$ を $f(x)$ の 1 つの原始関数とすると，すべての原始関数は

$$\int f(x)dx = F(x) + C \quad (C \text{ は定数})$$

と表される．この定数 $C$ を **積分定数** という．関数 $f(x)$ の不定積分を求めることを，$f(x)$ を **積分する** という．

導関数と不定積分の間に，

$$f(x) = \frac{d}{dx}\left(\int f(x)\,dx\right), \quad \int \left(\frac{d}{dx}f(x)\right)dx = f(x) + C$$

という関係があることから，「微分する」ことと「積分する」ことは，互いに逆の演算となっている．この意味で，積分することは，本質的には微分することと同義である．したがって，不定積分に関する公式は，微分に関する公式から導かれる．これらを実際に見てみよう．

$a, b$ を定数として，微分の線形性 $\{af(x) + bg(x)\}' = af'(x) + bg'(x)$ を不定積分の形で表すと，次の **不定積分の線形性** が得られる．

$$\int \{af(x) + bg(x)\}dx = a\int f(x)dx + b\int g(x)dx$$

積の微分法 $\{f(x)g(x)\}' = f'(x)g(x) + f(x)g'(x)$ を，不定積分の形で表すと，次の **部分積分法** が得られる．

$$\int f'(x)g(x)dx = f(x)g(x) - \int f(x)g'(x)dx$$

また，$\dfrac{dF(x)}{dx} = f(x), x = g(t)$ に関しての合成関数の微分法

$$\frac{dF(g(t))}{dt} = \frac{dF(x)}{dx}\frac{dg(t)}{dt} = f(x)g'(t)$$

を不定積分の形で表すと，

$$F(g(t)) = \int f(x)g'(t)dt \text{ かつ } F(x) = \int f(x)dx$$

であり，次の **置換積分法** が得られる．

$$\int f(x)dx = \int f(g(t))g'(t)dt$$

また，対数微分法から $\int \dfrac{f'(x)}{f(x)}dx = \log|f(x)| + C$ が得られる．

これらを次の定理にまとめておく．

---

**定理 3.1.3** 次の式が成立する．

(1) 不定積分の線形性
$$\int (af(x) + bg(x))\,dx = a\int f(x)\,dx + b\int g(x)\,dx \quad (a, b \text{ は定数})$$

(2) 部分積分法
$$\int f'(x)g(x)\,dx = f(x)g(x) - \int f(x)g'(x)\,dx$$

(3) $x = g(t)$ による置換積分法 1
$$\int f(x)\,dx = \int f(g(t))g'(t)\,dt$$

(4) $g(x) = t$ による置換積分法 2
$$\int f(g(x))g'(x)\,dx = \int f(t)\,dt$$

(5) 対数積分法
$$\int \frac{f'(x)}{f(x)}\,dx = \log|f(x)| + C$$

(6) $\int f(x)\,dx = F(x) + C$, $a \neq 0$ のとき，$\int f(ax+b)\,dx = \dfrac{1}{a}F(ax+b) + C$

---

初等関数の導関数に関する公式より，次の不定積分の公式が得られる．

**公式 3.1.4**（初等関数の不定積分）

(1) $\displaystyle\int x^\alpha dx = \frac{1}{\alpha+1}x^{\alpha+1} + C \quad (\alpha \neq -1)$

(2) $\displaystyle\int \frac{1}{x}dx = \log|x| + C$

(3) $\displaystyle\int e^x dx = e^x + C$

(4) $\displaystyle\int a^x dx = \frac{a^x}{\log a} + C \quad (a > 0, \ a \neq 1)$

(5) $\displaystyle\int \sin x \, dx = -\cos x + C$

(6) $\displaystyle\int \cos x \, dx = \sin x + C$

(7) $\displaystyle\int \tan x \, dx = \int \frac{\sin x}{\cos x}dx = -\log|\cos x| + C$

(8) $\displaystyle\int \frac{1}{\sqrt{a^2 - x^2}}dx = \sin^{-1}\frac{x}{a} + C \quad (a > 0)$

(9) $\displaystyle\int \frac{1}{a^2 + x^2}dx = \frac{1}{a}\tan^{-1}\frac{x}{a} + C \quad (a \neq 0)$

有理関数，三角関数，対数関数等の積分法に対する典型的な計算法を次に示していく．

**例題 3.1.5** 次の不定積分を部分積分法を用いて求めよ．

(1) $\displaystyle\int x\cos x \, dx$    (2) $\displaystyle\int \log x \, dx$    (3) $\displaystyle\int e^x \sin x \, dx$

**解** (1) $I = \displaystyle\int x\cos x \, dx = \int x(\sin x)' \, dx$ より，部分積分法を用いて，

$$I = x\sin x - \int x' \sin x \, dx = x\sin x + \cos x + C$$

となる．

(2) $\log x = x' \log x$ より，部分積分法を用いて，

$$\int \log x \, dx = x\log x - \int x\frac{1}{x}dx = x\log x - x + C$$

となる．

(3) 求める不定積分を $I$ とおくと，部分積分法を 2 回適用して，

$$I = \int e^x \sin x \, dx = e^x \sin x - \int e^x \cos x \, dx$$
$$= e^x \sin x - \left\{e^x \cos x - \int e^x (-\sin x)dx\right\} = e^x(\sin x - \cos x) - I$$

が得られ，$2I = e^x(\sin x - \cos x)$ より $I$ を求め，積分定数 $C$ を加えて，

$$\int e^x \sin x \, dx = \frac{1}{2}e^x(\sin x - \cos x) + C$$

となる．

**例題 3.1.6** 次の不定積分を置換積分法を用いて求めよ．

(1) $\displaystyle\int x(x^2 + 1) \, dx$    (2) $\displaystyle\int \frac{\log x}{x} \, dx$    (3) $\displaystyle\int x\sqrt{1-x} \, dx$

**解** (1) $t = x^2 + 1$ とすると，$x \, dx = \frac{1}{2}dt$ より，置換積分法 2 を用いて，

$$\int x(x^2 + 1) \, dx = \frac{1}{2}\int t \, dt = \frac{1}{4}t^2 + C = \frac{1}{4}(x^2 + 1)^2 + C$$

となる．

(2) $\log x = t$ とおくと，$\dfrac{1}{x}dx = dt$ より，置換積分法 2 を用いて，

$$\int \frac{\log x}{x}\,dx = \int (\log x)\frac{1}{x}\,dx = \int t\,dt = \frac{t^2}{2} + C = \frac{(\log x)^2}{2} + C$$

となる．

(3) $\sqrt{1-x} = t$ とおくと，$x = 1 - t^2$ から $dx = -2t\,dt$ より，

$$\int x\sqrt{1-x}\,dx = -2\int (1-t^2)t^2\,dt = -2\int (t^2 - t^4)\,dt = -2\left(\frac{1}{3}t^3 - \frac{1}{5}t^5\right) + C$$
$$= \frac{2}{15}(3t^2 - 5)t^3 + C = \frac{2}{15}(3x+2)(x-1)\sqrt{1-x} + C$$

となる．

■ 三角関数を含む関数の不定積分 ■

三角関数を含む関数の不定積分を求めるのに，次の置換が有用である．

$t = \tan \dfrac{x}{2}$ $(-\pi < x < \pi)$ とおくと，$x = 2\tan^{-1} t$ であるから，$dx = \dfrac{2}{1+t^2}dt$ であり，さらに $\cos^2 x = \dfrac{1}{1+\tan^2 x}$ より，$\sin x = 2\sin \dfrac{x}{2}\cos \dfrac{x}{2} = 2\cos^2 \dfrac{x}{2}\tan \dfrac{x}{2} = \dfrac{2t}{1+t^2}$,
$\cos x = \cos^2 \dfrac{x}{2} - \sin^2 \dfrac{x}{2} = \cos^2 \dfrac{x}{2}\left(1 - \tan^2 \dfrac{x}{2}\right) = \dfrac{1-t^2}{1+t^2}$ となる．
これをまとめると，

$$t = \tan \frac{x}{2}, \quad dx = \frac{2}{1+t^2}dt, \quad \sin x = \frac{2t}{1+t^2}, \quad \cos x = \frac{1-t^2}{1+t^2}$$

となる．

**例題 3.1.7** $\displaystyle \int \frac{1}{1 + \sin x + \cos x}\,dx$ を求めよ．

**解** 被積分関数の分母の部分は，

$$1 + \sin x + \cos x = 1 + \frac{2t}{1+t^2} + \frac{1-t^2}{1+t^2} = \frac{2(1+t)}{1+t^2}$$

であるから，

$$\int \frac{1}{1 + \sin x + \cos x}\,dx = \int \frac{1+t^2}{2(1+t)}\frac{2}{1+t^2}\,dt = \int \frac{1}{1+t}\,dt$$
$$= \log|1+t| + C = \log\left|1 + \tan \frac{x}{2}\right| + C$$

となる．

■ 有理関数の不定積分 ■

三角関数を含む不定積分を，上記の置換積分を施すことで有理関数の不定積分に帰着させた．その理由は，有理関数の不定積分は，次の手順を順次行うこと (アルゴリズム) で必ず求まるからである．

**手順 1: 部分分数への展開**

分子の次数が，分母の次数より低い有理関数は，たとえば $\dfrac{3}{x^3+1} = \dfrac{1}{x+1} + \dfrac{-x+2}{x^2-x+1}$ のように，**部分分数**と呼ばれる形の有理関数の和に展開される．そこで，最初に有理式を整式＋分数式の形にして，分数式の分子の次数が分母の次数より低くなるようにしておく．

以下では，有理関数において，分子の次数が分母の次数より低くなっているとして，議論を進めていく．

部分分数とは，$\dfrac{b}{(x+a)^n}$ あるいは，$\dfrac{cx+d}{(x^2+ax+b)^n}$ $(a^2-4b<0)$ のように，

(A) 定数を分子に，1次式のべき乗を分母にもつ式

あるいは

(B) 1次式を分子に，2次式のべき乗を分母にもつ式

の形をした分数式の和である．有理関数 $\dfrac{f(x)}{g(x)}$ は，$f(x)$ の次数が $g(x)$ より小さい場合は，必ず部分分数の和に展開される．実際，$g(x)$ は1次式と判別式が負の2次式に因数分解され，

(1) $(x+a)^n$ が因数に現れると，$(x+a)^i$ $(i=1,2,\ldots,n)$ を分母にもつ部分分数が出て，

(2) $(x^2+ax+b)^n$ が因数に現れると，$(x^2+ax+b)^i$ $(i=1,2,\ldots,n)$ を分母にもつ部分分数が現れる．

**手順2: 部分分数の積分**

(1) $\dfrac{b}{(x+a)^n}$ の積分

これは，次の公式より求まる．

$$\int \dfrac{b}{(x+a)^n}\,dx = \begin{cases} \dfrac{b}{1-n}(x+a)^{1-n}+C & (n\neq 1) \\ b\log|x+a|+C & (n=1) \end{cases}$$

(2) $\dfrac{cx+d}{(x^2+ax+b)^n}$ の積分

次のような形の分数式の定数倍の和にする．

(A) 分子が分母の微分の式になっている分数式

(B) 分子が1の分数式

$$\dfrac{cx+d}{(x^2+ax+b)^n} = \dfrac{c}{2}\dfrac{(x^2+ax+b)'}{(x^2+ax+b)^n} + \left(d-\dfrac{ac}{2}\right)\dfrac{1}{(x^2+ax+b)^n}$$

(3) $\dfrac{(x^2+ax+b)'}{(x^2+ax+b)^n}$ の積分

これは，次の公式より求まる．

$$\int \dfrac{(x^2+ax+b)'}{(x^2+ax+b)^n}\,dx = \begin{cases} \dfrac{1}{1-n}(x^2+ax+b)^{1-n}+C & (n\neq 1) \\ \log(x^2+ax+b)+C & (n=1) \end{cases}$$

(4) $\dfrac{1}{(x^2+ax+b)^n}$ の積分

(A) $n=1$ のとき

$$x^2+ax+b = \left(x+\dfrac{1}{2}a\right)^2 + \left(\dfrac{\sqrt{4b-a^2}}{2}\right)^2$$ と変形し，次の公式を利用して不定

積分を求める．
$$\int \frac{1}{(x+p)^2+q^2}\,dx = \frac{1}{q}\tan^{-1}\left(\frac{x+p}{q}\right)+C$$

(B) $n>1$ のとき

同様に，$x^2+ax+b = \left(x+\frac{1}{2}a\right)^2 + \left(\frac{\sqrt{4b-a^2}}{2}\right)^2$ と変形し，

$I_n = \displaystyle\int \frac{1}{((x+p)^2+q^2)^n}\,dx$ に，次の漸化式を用いて，順次 $n$ の値を小さくして不定積分を求める．

$$I_{n+1} = \frac{1}{2nq^2}\left(\frac{x+p}{((x+p)^2+q^2)^n} + (2n-1)I_n\right)$$

上記の漸化式は，$\dfrac{1}{((x+p)^2+q^2)^n} = \dfrac{(x+p)'}{((x+p)^2+q^2)^n}$ に部分積分法を用いて求まる．

**例題 3.1.8** 有理関数の不定積分を求める手順を用いて $\displaystyle\int \frac{x^4+x+1}{x^3+1}\,dx$ を求めよ．

**解** $\dfrac{x^4+x+1}{x^3+1} = x + \dfrac{1}{x^3+1}$ と，分数式は分子の次数が低くなるように，整式＋分数式の形にする．手順1にしたがって，分数式の部分の部分分数への展開を求める．
$x^3+1 = (x-1)(x^2+x+1)$ と因数分解されるので，部分分数への展開を
$$\frac{1}{x^3+1} = \frac{1}{(x+1)(x^2-x+1)} = \frac{A}{x+1} + \frac{Bx+C}{x^2-x+1}$$

とおく．ここで，$A,B,C$ は未知の係数で，このように展開して係数を求めることを，**未定係数法** と呼ぶ．

この等式の分子について $1 = (A+B)x^2 + (-A+B+C)x + (A+C)$ が成立するので，1次方程式 $A+B=0$, $-A+B+C=0$, $A+C=1$ を解いて，$A,B,C$ の値が定まる．実際，次のように部分分数に展開される．

$$\frac{1}{x^3+1} = \frac{1}{3}\frac{1}{x+1} + \frac{1}{3}\frac{-x+2}{x^2-x+1} = \frac{1}{3}\frac{1}{x+1} - \frac{1}{6}\frac{2x-1}{x^2-x+1} + \frac{1}{2}\frac{1}{\left(x-\frac{1}{2}\right)^2 + \left(\frac{\sqrt{3}}{2}\right)^2}$$

次に手順2を用いて不定積分を計算すると，

$$\int \frac{x^4+x+1}{x^3+1}\,dx = \frac{1}{2}x^2 + \frac{1}{3}\log|x+1| - \frac{1}{6}\log|x^2-x+1| + \frac{1}{\sqrt{3}}\tan^{-1}\left(\frac{2x-1}{\sqrt{3}}\right) + C$$

となる．∎

## 無理関数の不定積分

多項式や分数関数の項に，平方根や立方根などの無理式を代入して作られる関数を**無理関数**という．無理関数の不定積分は，一般には初等関数にならないので，不定積分を具体的に求められない場合が多い．この節では，代表的な無理関数の不定積分の求め方をあげておく．

**例題 3.1.9** 1次式を含む無理関数の不定積分 $\displaystyle\int \frac{1}{\sqrt[3]{x}+\sqrt{x}}\,dx$ を求めよ．

**解** $t = \sqrt[6]{x}$ とおくと，$x = t^6$ より $dx = 6t^5\,dt$ となり，置換積分法を用いて，

$$\int \frac{1}{\sqrt[3]{x}+\sqrt{x}}\,dx = \int \frac{6t^3}{t+1}\,dt = 6\int\left(t^2 - t + 1 - \frac{1}{t+1}\right)dt$$

となり，右辺は $2t^3 - 3t^2 + 6t - 6\log|t+1| + C$ より，
$$\int \frac{1}{\sqrt[3]{x} + \sqrt{x}} dx = 2\sqrt{x} - 3\sqrt[3]{x} + 6\sqrt[6]{x} - 6\log|\sqrt[6]{x} + 1| + C$$
となる． ∎

**注意 3.1.10** 一般に，$\sqrt{ax+b}$ の有理式となっている関数は，$t = \sqrt{ax+b}$ とおき，置換積分法を用いて不定積分が計算できる．

---

**公式 3.1.11** 2次式が平方根に含まれる無理関数の不定積分に関して，次の公式が成立する．
(1) $\displaystyle\int \sqrt{a^2 - x^2}\, dx = \frac{1}{2}\left(x\sqrt{a^2-x^2} + a^2 \sin^{-1}\frac{x}{a}\right) + C \ (a > 0)$
(2) $\displaystyle\int \frac{1}{\sqrt{x^2 + a}}\, dx = \log\left|x + \sqrt{x^2+a}\right| + C$
(3) $\displaystyle\int \sqrt{x^2 + a}\, dx = \frac{1}{2}\left(x\sqrt{x^2+a} + a\log\left|x + \sqrt{x^2+a}\right|\right) + C$

---

**証明** (1) 求める不定積分を $I$ とおくと，部分積分法と 公式 3.1.4(8) により，
$$I = \int \sqrt{a^2-x^2}\, dx = x\sqrt{a^2-x^2} - \int x \frac{-x}{\sqrt{a^2-x^2}} dx = x\sqrt{a^2-x^2} - \int \frac{a^2 - x^2 - a^2}{\sqrt{a^2-x^2}} dx$$
$$= x\sqrt{a^2-x^2} - \int \sqrt{a^2-x^2}\, dx + a^2 \sin^{-1}\frac{x}{a} = x\sqrt{a^2-x^2} - I + a^2 \sin^{-1}\frac{x}{a}$$
となる．よって，この等式より $I$ を求めると，$I = \dfrac{1}{2}\left(x\sqrt{a^2-x^2} + a^2 \sin^{-1}\dfrac{x}{a}\right) + C$ である．

(2) $\sqrt{x^2+a} = t - x$ とおくと
$$x = \frac{t^2 - a}{2t}, \quad \frac{dx}{dt} = \frac{t^2 + a}{2t^2}, \quad \sqrt{x^2+a} = t - \frac{t^2-a}{2t} = \frac{t^2+a}{2t}$$
より，置換積分法を用いると，次のようになる．
$$\int \frac{1}{\sqrt{x^2+a}} dx = \int \frac{2t}{t^2+a} \frac{t^2+a}{2t^2} dt = \int \frac{1}{t} dt = \log|t| + C = \log\left|x + \sqrt{x^2+a}\right| + C$$

(3) 求める不定積分を $I$ とおくと，部分積分法と上記の公式を用いて，
$$I = \int \sqrt{x^2+a}\, dx = x\sqrt{x^2+a} - \int x \frac{x}{\sqrt{x^2+a}} dx = x\sqrt{x^2+a} - \int \frac{(x^2+a) - a}{\sqrt{x^2+a}} dx$$
$$= x\sqrt{x^2+a} - \int \sqrt{x^2+a}\, dx + a\int \frac{1}{\sqrt{x^2+a}} dx = x\sqrt{x^2+a} - I + a\log\left|x + \sqrt{x^2+a}\right|$$
となる．よって，この等式より $I$ を求めると，$I = \dfrac{1}{2}\left(x\sqrt{x^2+a} + a\log\left|x + \sqrt{x^2+a}\right|\right) + C$ である． ∎

**注意 3.1.12** 一般に，2次式の平方根 $\sqrt{ax^2 + bx + c}$ の有理式となっている関数は，
$$ax^2 + bx + c = a\left(\left(x + \frac{b}{2a}\right)^2 - \frac{b^2 - 4ac}{4a}\right)$$
の変形を行い，$t = x + \dfrac{b}{2a}$ とおくことで，公式 3.1.11 の形の積分にして計算ができる．

無理関数を含む不定積分の計算で，よく用いられる代表的な置換をあげておく．これらは，置換することによって，有理関数の成分に帰着して計算できることが多い．

(A) $x$ および $\sqrt[n]{ax+b}$ が含まれる関数の不定積分

$t = \sqrt[n]{ax+b}$ と置換し,
$$x = \frac{t^n - b}{a}, \quad dx = \frac{n}{a} t^{n-1} dt$$
の関係式を利用する.

(B) $x$ および $\sqrt[n]{\dfrac{ax+b}{cx+d}}$ が含まれる関数の不定積分

$t = \sqrt[n]{\dfrac{ax+b}{cx+d}}$ と置換し,
$$x = \frac{dt^n - b}{-ct^n + a}, \quad dx = \frac{n(ad-bc)t^{n-1}}{(ct^n - a)^2} dt$$
の関係式を利用する.

(C) $x$ および $\sqrt{ax^2 + bx + c}\ (a \neq 0, b^2 - 4ac \neq 0)$ が含まれる関数の不定積分

$a$ と $D = b^2 - 4ac$ の符号によって,次のように分類する.

(i) $a > 0$ の場合

$\sqrt{ax^2 + bx + c} = t - \sqrt{a}x$ と置換し,
$$x = \frac{t^2 - c}{b + 2\sqrt{a}t}, \quad dx = \frac{2(\sqrt{a}t^2 + bt + \sqrt{a}c)}{(2\sqrt{a}t + b)^2} dt = \frac{2(t - \sqrt{a}x)}{b + 2\sqrt{a}t} dt$$
の関係式を利用する.さらに,次の関係式もよく利用される.
$$\frac{dx}{\sqrt{ax^2 + bx + c}} = \frac{2dt}{b + 2\sqrt{a}t}$$

(ii) $a < 0, D > 0$ の場合

$ax^2 + bx + c = a(x - \alpha)(x - \beta)\ (\alpha < \beta)$ と因数分解して

$t = \sqrt{\dfrac{a(x - \beta)}{x - \alpha}}$ と置換し,
$$x = \frac{\alpha t^2 - a\beta}{t^2 - a}, \quad dx = \frac{2a(\beta - \alpha)t}{(t^2 - a)^2} dt$$
の関係式を利用する.さらに,次の関係式もよく利用される.
$$\sqrt{ax^2 + bx + c} = \frac{\sqrt{a(x - \beta)}}{x - \alpha} = \frac{a(\alpha - \beta)t}{t^2 - a}$$

## 演習問題 3–1

1. 次の不定積分を求めよ.

   (1) $\displaystyle\int (x^5 + 2x^4 + 3x^3 - 2x^2 + 5x + 3)\, dx$
   
   (2) $\displaystyle\int (3\sin x + 5\cos x + 5\tan x)\, dx$

   (3) $\displaystyle\int \frac{1}{2\cos^2 x}\, dx$

   (4) $\displaystyle\int (3e^x + 1)\, dx$

   (5) $\displaystyle\int \frac{1}{\sqrt{x}}\, dx$

   (6) $\displaystyle\int \frac{x^2 + 1}{x}\, dx$

   (7) $\displaystyle\int \frac{1}{\sqrt[3]{x^5}}\, dx$

## 3.1 原始関数と不定積分

2. 置換積分法を用いて，次の不定積分を求めよ．

(1) $\int (x+1)^5 \, dx$  (2) $\int (2x+3)^6 \, dx$  (3) $\int \dfrac{1}{(3x+2)^3} \, dx$

(4) $\int \dfrac{1}{1+4x^2} \, dx$  (5) $\int \dfrac{2x}{(x^2+1)^2} \, dx$  (6) $\int \dfrac{1}{x \log x} \, dx$

(7) $\int \sin^3 x \cos x \, dx$  (8) $\int \cos x\, e^{\sin x} \, dx$  (9) $\int \dfrac{\sin 2x}{e^{\cos^2 x}} \, dx$

(10) $\int \left(\sqrt{x+1}+3\right)^3 \, dx$  (11) $\int \dfrac{1}{e^x + e^{-x}} \, dx$

3. 部分積分法を用いて，次の不定積分を求めよ．

(1) $\int x e^x \, dx$  (2) $\int (\log x)^2 \, dx$  (3) $\int \log(1+x^2) \, dx$

(4) $\int x \sin x \, dx$  (5) $\int e^x \cos x \, dx$  (6) $\int \dfrac{1}{(x^2+1)^2} \, dx$

(7) $\int \sin^{-1} x \, dx$  (8) $\int x \tan^{-1} x \, dx$  (9) $\int \tan^{-1} x \, dx$

4. 三角関数を含む関数に関する，次の不定積分を求めよ．

(1) $\int \sin x \, dx$  (2) $\int \dfrac{1}{\sin x} \, dx$  (3) $\int \dfrac{1}{\cos x} \, dx$

(4) $\int \dfrac{1}{2+3\cos x} \, dx$  (5) $\int \dfrac{1}{1+2\tan x} \, dx$  (6) $\int (\sin^{-1} x)^2 \, dx$

(7) $\int \sin^{-1} \dfrac{x}{x+1} \, dx$  (8) $\int \cos x \log(\sin x) \, dx$

(9) $\int |\sin x| \, dx \; \left(-\dfrac{\pi}{2} \le x \le \dfrac{\pi}{2}\right)$  (10) $\int \sqrt{1-\sin x} \, dx \; \left(0 \le x \le \dfrac{\pi}{2}\right)$

(11) $\int \dfrac{x \sin^{-1} x}{\sqrt{1-x^2}} \, dx \; (0 \le x < 1)$  (12) $\int \dfrac{\sqrt{\sin x}}{\cos^3 x} \, dx$

5. 有理関数に関する，次の不定積分を求めよ．

(1) $\int \dfrac{1}{(x+1)(x-1)} \, dx$  (2) $\int \dfrac{1}{(x+1)^2(x-1)} \, dx$  (3) $\int \dfrac{1}{(x+1)^2(x^2+1)} \, dx$

(4) $\int \dfrac{1}{x^3+x^2+x+1} \, dx$  (5) $\int \dfrac{1}{x^4+1} \, dx$

6. 無理関数に関する，次の不定積分を求めよ．

(1) $\int x\sqrt{x+1} \, dx$  (2) $\int \sqrt{\dfrac{1+x}{1-x}} \, dx$  (3) $\int \dfrac{1}{(1-x)\sqrt{1+x}} \, dx$

(4) $\int \dfrac{1}{\sqrt{x^2+1}} \, dx$  (5) $\int \dfrac{1}{\sqrt{4-x^2}} \, dx$

## 3.2 定積分と基本定理

■定積分の考え方■

ニュートンやライプニッツによる微積分創設以前の時代では，円や球等の面積や体積を求めるのは非常に困難で，これらはギリシャ時代のアルキメデスなど，天才の仕事の範疇であった．アルキメデスによる円の求積では，円を中心角が小さな細かい扇形に分けて，下図のように長方形状に並べ直し，これを限りなく繰り返すことで求めるという，「分割と統合」という方法を用いた．実際，この図形は，高さが円の半径で底辺が円周の半分の長方形に近づいていくと考えられる．これによって，円の面積は，$\pi r^2$ と求めたのである．

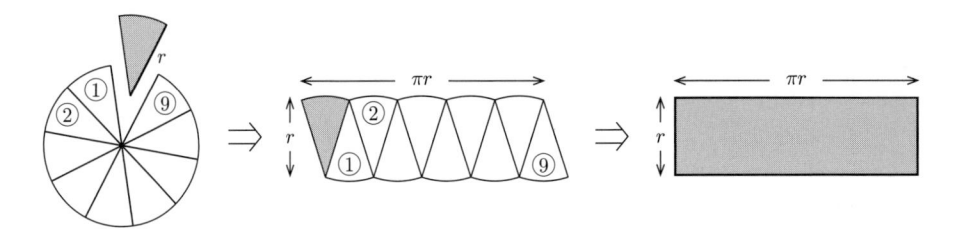

この考えの正しさは，次のように検証できる．

円周に $n$ 個の点 $A_i$ ($i = 1, \cdots, n$) を等分にとる．右図のように，内側の三角形 $OA_iA_{i+1}$ と外側の三角形 $OA'_iA'_{i+1}$ を作ると，扇形の中心角が $\dfrac{2\pi}{n}$ であることから，おのおのの三角形の面積は $r^2 \sin \dfrac{\pi}{n} \cos \dfrac{\pi}{n}$ および $r^2 \tan \dfrac{\pi}{n}$ となる．

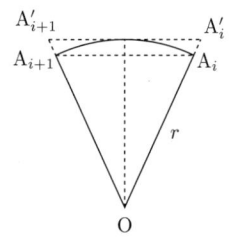

これらの三角形の総和は，おのおの

$$\sum_{i=1}^n r^2 \sin \frac{\pi}{n} \cos \frac{\pi}{n} = \sum_{i=1}^n r^2 \frac{\pi}{n} \frac{\sin \frac{\pi}{n}}{\frac{\pi}{n}} \cos \frac{\pi}{n} = \pi r^2 \frac{\sin \frac{\pi}{n}}{\frac{\pi}{n}} \cos \frac{\pi}{n}$$

$$\sum_{i=1}^n r^2 \tan \frac{\pi}{n} = \pi r^2 \frac{\sin \frac{\pi}{n}}{\frac{\pi}{n}} \frac{1}{\cos \frac{\pi}{n}}$$

となる．$\lim_{x \to 0} \dfrac{\sin x}{x} = 1$ であるので，内側および外側の三角形の面積の総和の極限はともに $\pi r^2$ となり，はさみうちの原理より，扇形の面積の総和である円の面積は $\pi r^2$ となる．

対象を細かく分けて分割して図形をとらえる考え方は，微分の基本的かつ重要な考え方であった．図形の面積や体積などにおいても，この考え方を用いて求めようとするのが近代の定積分の理論なのである．実際，面積とは何かと問われたとき，これを明確に答えるのが定積分であり，逆に定積分をもって数学的に面積を定義していくことになる．そこで，上記の考え方に沿って，定積分を次のように定義する．

**定義 3.2.1** $f(x)$ を区間 $a \leqq x \leqq b$ で定義された有界な関数とする．区間 $a \leqq x \leqq b$ をいくつかの小区間に分割し，その分割を
$$\Delta : a = x_0 < x_1 < x_2 < \cdots < x_n = b$$
とする．分割でできる小区間 $[x_0, x_1], [x_1, x_2], \cdots, [x_{n-1}, x_n]$ の中に1つずつ任意に点列 $c_1, c_2, \cdots, c_n$ をとり，次の有限和を作る．
$$S[\Delta, c] = f(c_1)(x_1 - x_0) + f(c_2)(x_2 - x_1) + \cdots + f(c_n)(x_n - x_{n-1}) = \sum_{i=1}^{n} f(c_i)(x_i - x_{i-1})$$

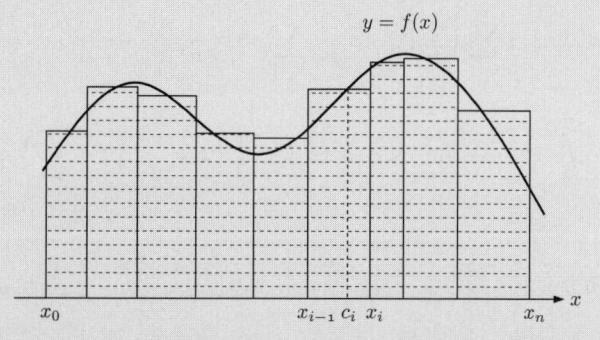

ここで，分割 $\Delta$ を限りなく細かくしたとき，この和 $S[\Delta, c]$ が分割 $\Delta$ と点 $c = (c_1, c_2, \cdots, c_n)$ の選び方に無関係に，ある一定の値 $I$ に近づくとき，その値 $I$ を関数 $f(x)$ の区間 $a \leqq x \leqq b$ における**定積分** といい
$$I = \int_a^b f(x)\, dx$$
と表す．また，この極限値 $I$ すなわち，定積分が存在するとき，関数 $f(x)$ が区間 $a \leqq x \leqq b$ で積分可能であるという．上記の和 $S[\Delta, c]$ を **Riemann-Darboux** (リーマン・ダルブー) の有限和という．

**注意 3.2.2** 定義からわかるように，定積分と不定積分はまったく異なる概念である．定積分は面積を表し，不定積分は本質的には微分と同等な概念である．この両者は以下に出てくる微分積分学の基本定理 (定理 3.2.16) で見事に結びつくのである．これは数学の大きな成果の1つで，ニュートンの考えた微分の概念の素晴らしさを物語るものである．

**例題 3.2.3** 定積分の定義を用いて，Riemann-Darboux の有限和から直接定積分の値を計算せよ．

(1) $\displaystyle\int_a^b k\, dx = k(b - a)$ （$k$ は定数） (2) $\displaystyle\int_0^1 x\, dx = \frac{1}{2}$ (3) $\displaystyle\int_0^1 x^2\, dx = \frac{1}{3}$

解 (1) 定数関数 $f(x) = k$ の閉区間 $[a, b]$ における定積分 $I$ について，同区間の任意の分割 $\Delta$ と，各小区間内の任意の点を $c_i$ として選び，Riemann-Darboux の有限和の極限として求めると，
$$I = \int_a^b k\, dx = \lim_{n \to \infty} S[\Delta, c] = \lim_{n \to \infty} \sum_{i=1}^{n} f(c_i)(x_i - x_{i-1}) = \lim_{n \to \infty} k(b - a) = k(b - a)$$
となる．

(2) 1次関数 $f(x) = x$ の閉区間 $[0, 1]$ における定積分 $I$ について，同区間を $n$ 等分する分割 $\Delta$ と各

小区間の右端を $c_i$ として選び，Riemann-Darboux の有限和

$$S[\Delta, c] = \sum_{i=1}^{n} \frac{i}{n} \frac{1}{n} = \frac{1}{n^2} \sum_{i=1}^{n} i = \frac{1}{n^2} \frac{n(n+1)}{2}$$

の極限として求めると，

$$I = \int_0^1 x\,dx = \lim_{n\to\infty} S[\Delta, c] = \lim_{n\to\infty} \frac{1}{2}\left(1 + \frac{1}{n}\right) = \frac{1}{2}$$

となる．

(3) 2次関数 $f(x) = x^2$ の閉区間 $[0,1]$ における定積分 $I$ について，同区間を $n$ 等分する分割 $\Delta$ と各小区間の右端を $c_i$ として選び，Riemann-Darboux の有限和

$$S[\Delta, c] = \sum_{i=1}^{n} \left(\frac{i}{n}\right)^2 \frac{1}{n} = \frac{1}{n^3} \sum_{i=1}^{n} i^2 = \frac{1}{n^3} \frac{n(n+1)(2n+1)}{6}$$

の極限として求めると，

$$I = \int_0^1 x^2\,dx = \lim_{n\to\infty} S[\Delta, c] = \lim_{n\to\infty} \frac{1}{3}\left(1 + \frac{1}{n}\right)\left(1 + \frac{1}{2n}\right) = \frac{1}{3}$$

となる．

**定義 3.2.4** 定積分の取り扱いを円滑に進めるために，$a \geqq b$ のときも $a, b$ を両端とする定積分を

$$\int_a^b f(x)\,dx = -\int_b^a f(x)\,dx$$

と定義する．

特に $a = b$ のとき，$\int_a^a f(x)\,dx = -\int_a^a f(x)\,dx$ より，

$$\int_a^a f(x)\,dx = 0$$

である．これは定積分の定義からも直接確かめることができる．

**注意 3.2.5** 積分の範囲 $a, b$ の大小によらず定積分が定義されたことにより，$\int_a^b f(x)\,dx$ は「$a$ から $b$ に向かって積分する」と，向きを考慮したものになる．

$a \geqq b$ の場合，定積分 $\int_a^b f(x)\,dx$ は，定義式 $\lim_{n\to\infty} \sum_{i=1}^{n} f(c_i)(x_i - x_{i+1})$ において，$x_i - x_{i+1} < 0$ としたもの，すなわち，区間 $[b, a]$ を $b = x_n, x_{n-1}, \cdots, x_1, x_0 = a$ と $a$ から $b$ へ負の向きに分割を行ったものとして考えている．図形的には底辺を負の向きに考えて，負の面積をもつ長方形の総和の極限をとっていることになる．

このことから，微分量 $dx$ は向きをもつ量，すなわちベクトルと考えることができ，その結果，定積分も数値としてだけでなく，向きをもつベクトルとして扱うことができる．これは特にベクトル場を扱う物理で有用で，数値(物理量)とともに向きも求めることができ便利である．

定積分の定義から，定積分の性質に関する次の定理がただちに導かれる．

**定理 3.2.6** 関数 $f(x)$ と $g(x)$ が，定数 $a,b,c$ を含む区間 $I$ で積分可能とすると，次の式が成立する．

(1) 定積分の線形性
$$\int_a^b (\alpha f(x) + \beta g(x))\,dx = \alpha \int_a^b f(x)\,dx + \beta \int_a^b g(x)\,dx \quad (\alpha, \beta \text{ は定数})$$

(2) 定積分の加法性
$$\int_a^b f(x)\,dx = \int_a^c f(x)\,dx + \int_c^b f(x)\,dx$$

(3) 定積分の大小関係保存性

$a \leqq b$ かつ区間 $I$ で常に $f(x) \leqq g(x)$ ならば，$\int_a^b f(x)\,dx \leqq \int_a^b g(x)\,dx$ である．

(4) 関数 $f(x), g(x)$ が区間 $[a,b]$ で連続かつ $f(x) \leqq g(x)$ で，$\int_a^b f(x)\,dx = \int_a^b g(x)\,dx$ ならば，区間 $[a,b]$ で $f(x) = g(x)$ である．

**定理 3.2.7** 関数 $f(x)$ が閉区間 $[a,b]$ で連続ならば，$[a,b]$ で積分可能である．

この定理の証明には，閉区間での関数の一様連続性や極限の収束性，定積分の定義における Riemann-Darboux の有限和 $S[\Delta, c]$ の極限に関する精密な取り扱いが必要である．したがって，この定理の証明は他書に譲ることにし，ここでは積分可能でない関数の例をあげておくにとどめる．

**例題 3.2.8** 区間 $[0,1]$ で関数 $f(x)$ を，
$$f(x) = \begin{cases} 1 & x \text{ が有理数} \\ 0 & x \text{ が無理数} \end{cases}$$
と決めると，$f(x)$ は積分可能でないことを示せ．

**解** 定積分は有限和 $S[\Delta, c] = \sum_{i=1}^n f(c_i)(x_i - x_{i-1})$ の極限であった．しかし，幅が零でない区間 $[x_i, x_{i-1}]$ 内には有理数と無理数があるので，すべての $c_i$ を有理数に選ぶと $S[\Delta, c] = 1$ で，すべての $c_i$ を無理数に選ぶと $S[\Delta, c] = 0$ となり，極限値が定まらない．したがって，この関数は積分可能でない．

注意 3.2.9 この例題の関数は，Riemann 積分の限界を示すもので，さらに積分の考えを推し進めると，**Lebesgue(ルベーグ) 積分** という近代解析学の基礎となる積分の概念に到達する．上記関数は，Lebesgue 積分の意味では積分可能で，その意味で関数下のいわゆる面積 (正確には**測度**と呼ばれる) が求められることを意味している．Lebesgue 積分は，微分積分学の学習を終えた後に是非学習してほしい内容である．

定積分は，どのような細分に対しても極限値が一定であるという，非常に強い条件を課してある．したがって，定積分が存在することがわかる場合の具体的な値の計算は，特殊な分割を用いて計算すればよい．その代表例が**区分求積法**と呼ばれる次の計算法である．

**定義 3.2.10 (区分求積法)** 区間 $[a,b]$ を均等に分割して，一方の端点での関数値を高さにして長方形を作り，その総和の極限として定積分を求める．すなわち，区間 $[a,b]$ を $n$ 等分し，等分された区間の幅を $h = \dfrac{b-a}{n}$ とおき，端点 $x_i = a+ih$ (または，$x_i = a+(i-1)h$) と，端点での関数値 $f(x_i)$ をとり，次のように定積分を表す．

$$\int_a^b f(x)\,dx = \lim_{n\to\infty} \sum_{i=0}^{n-1} f(a+ih)h$$

この表示を**区分求積法**と呼ぶ．

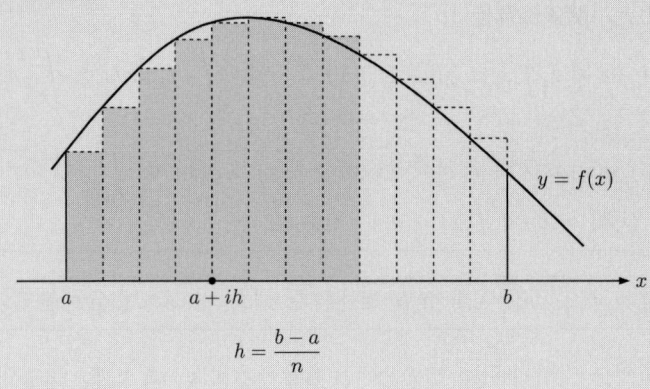

**例題 3.2.11** 区分求積法を用いて，$\displaystyle\int_a^b e^x\,dx = e^b - e^a$ を示せ．

**解** 区分求積法の式に $f(x) = e^x$ を入れると，

$$\lim_{n\to\infty}(e^a h + e^{a+h}h + \cdots + e^{a+ih}h + \cdots + e^{a+(n-1)h}h)$$

となる．これを計算すると，

$$e^a h + e^{a+h}h + \cdots + e^{a+ih}h + \cdots + e^{a+(n-1)h}h = e^a h(1 + e^h + (e^h)^2 \cdots + (e^h)^{n-1})$$
$$= e^a \frac{h}{1-e^h}(1-e^{nh})$$

となり，$\displaystyle\lim_{n\to\infty}\frac{h}{1-e^h} = -1$ と，$nh = b-a$ より，

$$\int_a^b e^x\,dx = \lim_{n\to\infty} e^a \frac{h}{1-e^h}(1-e^{nh}) = -e^a(1-e^{b-a}) = e^b - e^a$$

となる．

　定積分の考え方は，図形を細分して面積を求めるアイデアを取り入れたものだが，面積自体は既知のものとして感覚的に漠然と捉え，数学的に定義を与えられていなかった．このことは，歴史上でも面積の計算で間違った公式を与えるという大きな過ちを引き起こしたことがある．この経験から物事を扱うときに明確な定義が必要とされる意味が理解できよう．そこで，面積の定義も必要になるが，これは定積分を用いて定義をするのが最も自然である．定積分の考えの根底は面積の概念に起因するが，面積自体は定積分で定義されるという位置づけになる．このことは，具体的対象を数学的に考察しようとする場合の数学的取り扱い方法の特徴を典型的に示す代表的なものとなっている．

**定義 3.2.12** $f(x) \geqq 0$ のとき，定積分 $\int_a^b f(x)\,dx$ の値は，曲線 $y = f(x)$ と $x$ 軸および 2 直線 $x = a$ と $x = b$ で囲まれる部分の面積と定義される．

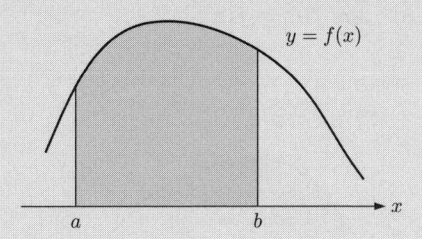

$f(x) \leqq 0$ のとき，同様に，定積分 $\int_a^b f(x)\,dx$ の値で，曲線 $y = f(x)$ と $x$ 軸および 2 直線 $y = a$ と $y = b$ で囲まれる部分の面積を定義すると，積分の値は負になることから，**負の面積**の概念が導入されることになる．

閉区間で連続な関数は，この区間で最大値と最小値をもつことから，定積分に関する次の基本定理が成立する．

**定理 3.2.13**（積分の平均値の定理）関数 $f(x)$ が閉区間 $[a, b]$ で連続ならば，
$$\int_a^b f(x)\,dx = f(c)(b - a)$$
を満たす実数 $c\,(a < c < b)$ が存在する．

**証明** 閉区間 $[a, b]$ 上の関数 $f(x)$ の最大値を $M$，最小値を $m$ とすると，$a \leqq x \leqq b$ を満たす任意の $x$ に対して，$m \leqq f(x) \leqq M$ である．したがって，定理 3.2.6(3) より
$$m(b - a) = \int_a^b m\,dx \leqq \int_a^b f(x)\,dx \leqq \int_a^b M\,dx = M(b - a)$$
である．上記の式における右辺と左辺の等号は，定数関数の定積分に関する例題 3.2.3(2) より導かれる．よって，$m \leqq \dfrac{1}{b - a}\int_a^b f(x)\,dx \leqq M$ となる．ゆえに，中間値の定理（定理 1.2.18）より，$\dfrac{1}{b - a}\int_a^b f(x)\,dx = f(c)$ を満たす実数 $c\,(a < c < b)$ が存在し定理が成立する． ∎

次の定理は，面積を与える定積分で表される関数が被積分関数の原始関数になっているという，重要な結果を述べているものである．

**定理 3.2.14** 関数 $f(t)$ が $a$ を含む区間 $I$ で連続とするとき，関数 $F(x) = \displaystyle\int_a^x f(t)\,dt$ は区間 $I$ で微分可能で，
$$F'(x) = \frac{d}{dx}\int_a^x f(t)\,dt = f(x)$$
が成立する．

**証明** 定積分の性質に関する定理 3.2.6(2) により，
$$\frac{F(x + h) - F(x)}{h} = \frac{1}{h}\left\{\int_a^{x+h} f(t)\,dt - \int_a^x f(t)\,dt\right\} = \frac{1}{h}\int_x^{x+h} f(t)\,dt$$

となる．積分の平均値の定理より，$\int_x^{x+h} f(t)\,dt = f(c)h$ を満たす $c$ $(x < c < x+h)$ が存在する．$h \to 0$ のとき $c \to x$ であり，$f(x)$ が連続であるから $\lim_{c \to x} f(c) = f(x)$ であることから，$F'(x) = \lim_{h \to 0} \dfrac{F(x+h) - F(x)}{h} = \lim_{c \to x} f(c) = f(x)$ となる． ∎

**注意 3.2.15** 定理 3.2.14 は，下図のように，$a$ から $x$ までの曲線 $y = f(t)$ 下の面積の変化率が，関数値 $f(x)$ として与えられることを示すものである．

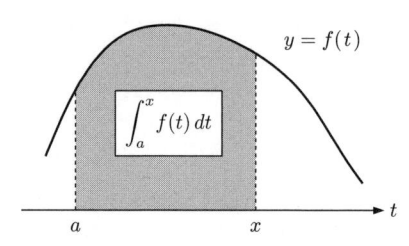

---

**定理 3.2.16 (微分積分学の基本定理)** 関数 $f(x)$ が閉区間 $[a,b]$ で連続で，$f(x)$ の原始関数の 1 つを $F(x)$ とすれば，次の式が成立する．
$$\int_a^b f(x)\,dx = \Big[F(x)\Big]_a^b = F(b) - F(a)$$

---

**証明** 定理 3.2.14 より，関数 $\int_a^x f(t)\,dt$ が $f(x)$ の 1 つの原始関数であるから，$\int_a^x f(t)\,dt = F(x) + C$ を満たす定数 $C$ が存在する．この式で $x = a$ とすると $0 = F(a) + C$ より $C = -F(a)$ となる．この定数 $C$ を前式へ代入して $\int_a^b f(x)\,dx = F(b) - F(a)$ となる． ∎

**例題 3.2.17** 定積分 $\int_1^2 x^2\,dx$ の値を求めよ．

**解** $x^2$ の不定積分は $\int x^2\,dx = \dfrac{1}{3}x^3 + C$ で与えられるので，原始関数として $F(x) = \dfrac{1}{3}x^3$ を選ぶと，定積分は
$$\int_1^2 x^2\,dx = \left[\dfrac{1}{3}x^3\right]_1^2 = \dfrac{1}{3}(2^3 - 1^3) = \dfrac{7}{3}$$
となる． ∎

定理 3.2.16 により，定積分は不定積分を用いて計算できることがわかり，図形の面積や体積が容易に求められるようになった．これは，近代の微分積分学の大きな成果の 1 つである．

このことから，定積分の計算法は，主としてこの定理に基づいて行われる．定積分が原始関数や不定積分を用いて計算できることから，不定積分の計算法で重要であった置換積分法と部分積分法が，定積分の場合にも成立するのである．

---

**定理 3.2.18 (定積分の置換積分法)** 関数 $f(x)$ は，閉区間 $[a,b]$ で連続とし，関数 $g(t)$ は，閉区間 $[\alpha, \beta]$ で微分可能かつ導関数 $g'(t)$ が連続とする．$a = g(\alpha)$, $b = g(\beta)$ かつ $a \leqq g(t) \leqq b$ ならば，$x = g(t)$ で変数変換（置換）するとき，次の式が成立する．
$$\int_a^b f(x)\,dx = \int_\alpha^\beta f(g(t))g'(t)\,dt$$

**証明** $f(x)$ の 1 つの原始関数を $F(x)$ とするとき,合成関数の微分法の公式から

$$\frac{dF(g(t))}{dt} = \frac{dF(x)}{dx}\frac{dx}{dt} = f(g(t))g'(t)$$

となる.したがって,$t$ の関数として $F(g(t))$ が $f(g(t))g'(t)$ の原始関数になるので

$$\int_a^b f(x)\,dx = F(b) - F(a) = F(g(\beta)) - F(g(\alpha)) = \int_\alpha^\beta f(g(t))g'(t)\,dt$$

となる. ∎

**例題 3.2.19** 定積分 $\int_1^2 (2x+1)^5\,dx$ の値を求めよ.

**解** $t = 2x+1$ と置換する.$x$ の積分範囲は $[1,2]$ より,$t$ の積分範囲は $[3,5]$ となる.また,$dt = 2dx$ より不定積分は $\int (2x+1)^5\,dx = \int \frac{1}{2}t^5\,dt = \frac{1}{12}t^6 + C$ で与えられるので,定積分は次のように計算される.

$$\int_1^2 (2x+1)^5\,dx = \int_3^5 \frac{1}{2}t^5\,dt = \left[\frac{1}{12}t^6\right]_3^5 = \frac{5^6 - 3^6}{12} = \frac{3724}{3}$$
∎

**注意 3.2.20**

(1) 定積分の置換積分法では,積分区間の変化に注意が必要である.

(2) 仮定 $a \leqq g(t) \leqq b$ は,積分区間 $[a,b]$ 内に $x = g(t)$ の値が入ることを要求している.この仮定を弱めて,「$y = f(x)$ の定義域が,$x = g(t)$ の値域を含んでいる」という仮定で定理 3.2.18 の置換積分の式は成立する.

---

**定理 3.2.21**(定積分の部分積分法) 関数 $f(x)$ と $g(x)$ は,閉区間 $[a,b]$ で微分可能かつ開区間 $(a,b)$ で連続な導関数をもつとする.このとき,次の式が成立する.

$$\int_a^b f'(x)g(x)\,dx = \Big[f(x)g(x)\Big]_a^b - \int_a^b f(x)g'(x)\,dx$$

---

**証明** 積の微分法の公式 $(f(x)g(x))' = f'(x)g(x) + f(x)g'(x)$ を用いて,求める式

$$\int_a^b f'(x)g(x)\,dx = \int_a^b \Big((f(x)g(x))' - f(x)g'(x)\Big)dx = \Big[f(x)g(x)\Big]_a^b - \int_a^b f(x)g'(x)\,dx$$

をうる. ∎

**例題 3.2.22** 定積分 $\int_1^2 xe^x\,dx$ の値を求めよ.

**解** $xe^x$ の不定積分は,$(e^x)' = e^x$ を用いて部分積分法から $\int xe^x\,dx = xe^x - \int e^x\,dx$ で与えられるので,定積分は次のように計算される.

$$\int_1^2 xe^x\,dx = [xe^x]_1^2 - \int_1^2 e^x\,dx = (2e^2 - e) - [e^x]_1^2 = e^2$$
∎

**例 3.2.23** $n$ を自然数とするとき,次の公式が成立する.

$$\int_0^{\frac{\pi}{2}} \sin^n x\,dx = \int_0^{\frac{\pi}{2}} \cos^n x\,dx = \begin{cases} \dfrac{n-1}{n}\dfrac{n-3}{n-2}\cdots\dfrac{2}{3} & (n \geqq 3 \text{ は奇数}) \\[2mm] \dfrac{n-1}{n}\dfrac{n-3}{n-2}\cdots\dfrac{1}{2}\dfrac{\pi}{2} & (n \geqq 2 \text{ は偶数}) \end{cases}$$

**証明** 最初の等式は，$x(t) = \frac{\pi}{2} - t$ とおくと，$x(0) = \frac{\pi}{2}$, $x\left(\frac{\pi}{2}\right) = 0$ で，$dx = -dt$ かつ $\sin x = \sin\left(\frac{\pi}{2} - t\right) = \cos t$ であるので次の式から求まる．

$$\int_0^{\frac{\pi}{2}} \sin^n x\, dx = \int_{\frac{\pi}{2}}^0 \sin^n\left(\frac{\pi}{2} - t\right)(-dt) = \int_0^{\frac{\pi}{2}} \cos^n t\, dt = \int_0^{\frac{\pi}{2}} \cos^n x\, dx$$

次に $n$ を正の整数として，求める定積分の値を $I_n$ とおくと，$n \geq 2$ のとき，部分積分法により

$$I_n = \int_0^{\frac{\pi}{2}} \cos^n x\, dx = \int_0^{\frac{\pi}{2}} \cos x \cos^{n-1} x\, dx = \int_0^{\frac{\pi}{2}} (\sin x)' \cos^{n-1} x\, dx$$

$$= \left[\sin x \cos^{n-1} x\right]_0^{\frac{\pi}{2}} - (n-1)\int_0^{\frac{\pi}{2}} \sin x \cos^{n-2} x(-\sin x)\, dx$$

$$= (n-1)\int_0^{\frac{\pi}{2}} \cos^{n-2} x(1 - \cos^2 x)\, dx = (n-1)(I_{n-2} - I_n)$$

となり，漸化式 $I_n = \frac{n-1}{n} I_{n-2}$ が導かれる．一方，初期値 $I_0, I_1$ は $I_0 = \int_0^{\frac{\pi}{2}} 1\, dx = \frac{\pi}{2}$, $I_1 = \int_0^{\frac{\pi}{2}} \cos x\, dx = \left[\sin x\right]_0^{\frac{\pi}{2}} = 1$ となる．よって，この $I_0, I_1$ および漸化式を用いて，帰納法により公式が証明される．∎

## 定積分とは何か

積分の名前がつくものとして，不定積分と定積分の 2 つがあるが，不定積分は微分の逆演算という意味で両者は同義であることはすでに説明した．積分といえば定積分を通常意味する．最初に説明したように，

定積分とは，微小分割を総合して面積を求めるものである！！！

ここで，「面積」の定義を復習すると次のようになる．

(1) 長方形の面積 = 縦 × 横
(2) 平行四辺形や三角形，台形などの面積は長方形に形を整えて面積を求めている．
(3) 円の面積など，曲線を周にもつ図形の面積は，曲線の微小部分が線分と考えて微小な長方形を作り，これらの和として計算する．

(3) からわかるように，面積を求める部分でも，微分の基本思想である

よい曲線とは微小部分は線分より成り立っている

という考えが生きており，定積分の基本となっている．微分と積分とは，**分析と総合**という考えに基づいた，関数や曲線の考察の基本的手法を提供するものである．ニュートンらの近代数学の創始者たちの，曲線に対するこのとらえ方が素晴らしかったということが微分積分学を進展させた原動力であり，現在では国を問わずすべての理系分野で微分積分学を大学初年次で学んでいる理由でもある．

## $\int_a^b f(x)\, dx$ の記号が意味するもの

曲線 $y = f(x)$ を，非常に小さい区間 $dx$ で考えると，よい曲線ならば，この区間では曲線は微小線分になっていると考えた．そこで，区間 $[a,b]$ で $y = f(x)$ の囲む図形を，高さ $f(x)$ 底辺 $dx$ の長方形に分割する．その総和は，$\sum f(x)\, dx$ である．

この Σ (和を意味する Sum の頭文字 S に対応するギリシャ文字) の代わりに S を変形した記号「インテグラル」$\int$ を用いて，$\int_a^b f(x)\,dx$ と表す．この記号を導入したのは，**微小部分の長方形の和が積分である**，ということを雰囲気として記号に込めたいからである．

微分では，微小部分の線分は直接的には求められないので，その代わりに計算可能である微分係数を導入した．それと同様に，微小部分での面積は直接的には求められないので，微小部分での面積の総和は図形の細分の極限として計算可能であることに注目し，定積分を導入したのである．これが，微分係数や定積分を計算する意味なのである．この対応関係を理解することで，微分や定積分が実学として実際に理系分野の必要な場面で使えるようになるであろう．理論的な理系諸分野では数学的議論が大切で，そのような分野では高度な解析的結果を直接導入して成果を上げることが期待できる．一方，面積や体積などを具体的に扱う理系諸分野では，このような微分と定積分の根本的な理解が必ず必要とされてくるであろう．単に微分や積分の計算に習熟するだけが大学での微分積分学の学習でないことを強く認識して，微分積分学を学ぶことが大切である．

## 演習問題 3–2

1. Riemann-Darboux の有限和を用いて，次の極限値を求めよ．
$$\lim_{n\to\infty}\left\{\frac{1}{n\sqrt{n}}\left(1+\sqrt{2}+\cdots+\sqrt{n}\right)\right\}$$

2. 次の定積分の値を求めよ．

    (1) $\int_0^1 (x^3-2x^2+3x-1)\,dx$   (2) $\int_{-1}^1 (x^4-x^3+2x^2-x+1)\,dx$

    (3) $\int_0^{\frac{\pi}{4}} (2\cos x - 3\sin x)\,dx$   (4) $\int_0^1 (4e^x+x)\,dx$   (5) $\int_1^2 (3\log x + 1)\,dx$

    (6) $\int_0^1 \frac{1}{1+x^2}\,dx$   (7) $\int_1^2 \frac{1}{x^3}\,dx$

3. 置換積分法を用いて，次の定積分の値を求めよ．

    (1) $\int_0^1 (x+2)^6\,dx$   (2) $\int_0^1 (2x-1)^8\,dx$   (3) $\int_0^1 \frac{x^2}{(x+2)^3}\,dx$

    (4) $\int_0^{\frac{\sqrt{3}}{2}} \sqrt{1-x^2}\,dx$   (5) $\int_0^1 xe^{x^2}\,dx$   (6) $\int_1^e \frac{\log x}{x}\,dx$

    (7) $\int_1^e \frac{\log x}{\sqrt{x}}\,dx$   (8) $\int_{\frac{\pi}{4}}^{\frac{\pi}{3}} \cos^3 x \sin x\,dx$   (9) $\int_0^{\frac{\pi}{2}} \frac{\cos x}{1+\sin^2 x}\,dx$

    (10) $\int_0^1 \sqrt{\frac{1-x}{1+x}}\,dx$   (11) $\int_1^2 \frac{1}{x^2+x+2}\,dx$   (12) $\int_0^{\sqrt{3}} \frac{1}{\sqrt{4-x^2}}\,dx$

4. 部分積分法を用いて，次の定積分の値を求めよ．

(1) $\displaystyle\int_0^1 \sqrt{1+x^2}\, dx$  (2) $\displaystyle\int_0^1 xe^x\, dx$  (3) $\displaystyle\int_1^e x^2 \log x\, dx$

(4) $\displaystyle\int_0^\pi x \sin x\, dx$  (5) $\displaystyle\int_0^1 \tan^{-1} x\, dx$  (6) $\displaystyle\int_0^1 \cos^{-1} x\, dx$

5. 次の不等式を示せ.
$$\left|\int_a^b f(x)\, dx\right| \leqq \int_a^b |f(x)|\, dx$$

6. $m, n$ を自然数とするとき,次の定積分の値を求めよ.
$$\int_0^{2\pi} \sin mx \sin nx\, dx, \quad \int_0^{2\pi} \sin mx \cos nx\, dx, \quad \int_0^{2\pi} \cos mx \cos nx\, dx$$

7. 次の式で与えられる関数 $f(x)$ の導関数 $f'(x)$ を求めよ.ただし,$g(x)$ は連続関数とする.

(1) $f(x) = \displaystyle\int_0^x (x-t)^2\, dt$  (2) $f(x) = \displaystyle\int_0^{x^2} g(t)\, dt$  (3) $f(x) = \displaystyle\int_0^x g(t-x)e^t\, dt$

8. (1) 連続な関数 $f(x)$ が**偶関数** (すなわち,任意の $x$ に対して,$f(-x) = f(x)$) を満たすとき,
$$\int_{-a}^a f(x)\, dx = 2\int_0^a f(x)\, dx$$
が成立することを示せ.

   (2) 連続な関数 $f(x)$ が**奇関数** (すなわち,任意の $x$ に対して,$f(-x) = -f(x)$) を満たすとき,
$$\int_{-a}^a f(x)\, dx = 0$$
が成立することを示せ.

9. (一般化された相乗平均と相加平均の関係式)
$a_1, a_2, \cdots, a_n$ を正の実数,$m_1, m_2, \cdots, m_n$ を負でない実数で $m_1 + m_2 + \cdots + m_n = 1$ を満たすとする.関数 $y = \log x$ の曲線下の面積を調べることで,次の式が成立することを示せ.
$$a_1^{m_1} a_2^{m_2} \cdots a_n^{m_n} \leqq m_1 a_1 + m_2 a_2 + \cdots + m_n a_n$$

## 3.3 広義積分

これまで定積分は閉区間上で連続な関数を主に対象としてきたが,応用上では有限区間内のある点で発散するような関数や無限区間における関数の定積分が出現する.このために,これまでの定積分の定義を少し拡張する.拡張された積分を**広義積分**という.

**定義 3.3.1 (広義積分)** 代表的な場合として,次の 2 つの場合の広義積分の定義を与える.

(I) 半開区間 $(a, b]$ を定義域にもつ関数 $f(x)$ の区間 $[a, b]$ での広義積分

$a, b$ を実数,$\varepsilon$ を十分小さい正の実数として,閉区間 $[a+\varepsilon, b]$ で積分可能な関数 $f(x)$ の定積分 $\displaystyle\int_{a+\varepsilon}^b f(x)\, dx$ が,$\varepsilon \to +0$ のとき一定値に収束するならば,その極限を広義積分といい $\displaystyle\int_a^b f(x)\, dx$ と表す.すなわち,次のように極限を用いて定義される.

$$\int_a^b f(x)\, dx = \lim_{\varepsilon \to +0} \int_{a+\varepsilon}^b f(x)\, dx$$

次の広義積分も同様に定義される．

半開区間 $[a,b)$ を定義域にもつ関数 $f(x)$ の区間 $[a,b]$ での広義積分

$$\int_a^b f(x)\,dx = \lim_{\varepsilon \to +0} \int_a^{b-\varepsilon} f(x)\,dx$$

開区間 $(a,b)$ を定義域にもつ関数 $f(x)$ の区間 $[a,b]$ での広義積分

$$\int_a^b f(x)\,dx = \lim_{\varepsilon,\varepsilon' \to +0} \int_{a+\varepsilon}^{b-\varepsilon'} f(x)\,dx$$

後者の広義積分は，厳密には2変数の極限になるので，正確には2変数関数の極限の節 (4.1 節) で扱う．

(II) **無限区間 $[a,\infty)$ で連続な関数 $f(x)$ に対する広義積分**

$K$ を十分大きい正の実数として，$a \leqq x$ で連続な関数 $f(x)$ の定積分 $\int_a^K f(x)\,dx$ が $K \to \infty$ のとき一定値に収束するならば，その極限を $\int_a^\infty f(x)\,dx$ と表す．すなわち，次のように極限を用いて定義される．

$$\int_a^\infty f(x)\,dx = \lim_{K \to +\infty} \int_a^K f(x)\,dx$$

次の広義積分も同様に定義される．

無限区間 $(-\infty, b]$ での広義積分

$$\int_{-\infty}^b f(x)\,dx = \lim_{L \to \infty} \int_{-L}^b f(x)\,dx$$

無限区間 $(-\infty, \infty)$ での広義積分

$$\int_{-\infty}^\infty f(x)\,dx = \lim_{K,L \to +\infty} \int_{-L}^K f(x)\,dx$$

**注意 3.3.2** $\int_{-1}^1 \dfrac{1}{x^2}\,dx$ のように，積分区間が関数の定義域でない点を含む場合は，

$$\int_{-1}^1 \frac{1}{x^2}\,dx = \int_{-1}^0 \frac{1}{x^2}\,dx + \int_0^1 \frac{1}{x^2}\,dx$$

と，広義積分の和として考えなければならない．

$$\int_{-1}^1 \frac{1}{x^2}\,dx \neq \left[\frac{-1}{x}\right]_{-1}^1$$

であることに注意する必要がある．

**例題 3.3.3** $0 < \alpha < 1$ として，広義積分 $\int_0^1 \dfrac{1}{x^\alpha}\,dx$ の値を求めよ．

**解** $\varepsilon$ を十分小さい正の実数として，閉区間 $[\varepsilon, 1]$ で定積分を計算し，$\varepsilon \to +0$ の極限を求める．

$$\int_0^1 \frac{1}{x^\alpha}\,dx = \lim_{\varepsilon \to +0} \int_\varepsilon^1 \frac{1}{x^\alpha}\,dx = \lim_{\varepsilon \to +0} \left[\frac{x^{1-\alpha}}{1-\alpha}\right]_\varepsilon^1 = \lim_{\varepsilon \to +0} \frac{1-\varepsilon^{1-\alpha}}{1-\alpha} = \frac{1}{1-\alpha}$$

**例題 3.3.4** $\alpha > 1$ として，広義積分 $\int_1^\infty \dfrac{1}{x^\alpha}\,dx$ の値を求めよ．

**解** $K$ を十分大きい正の実数として，閉区間 $[1, K]$ で定積分を計算し，$K \to \infty$ のときの極限を求める．

$$\int_1^\infty \frac{1}{x^\alpha} dx = \lim_{K \to \infty} \int_1^K \frac{1}{x^\alpha} dx = \lim_{K \to \infty} \left[\frac{x^{1-\alpha}}{1-\alpha}\right]_1^K = \lim_{K \to \infty} \frac{K^{1-\alpha} - 1}{1-\alpha} = \frac{1}{\alpha - 1}$$

**定理 3.3.5** 関数 $f(x)$ と $g(x)$ が半開区間 $(a, b]$ または $[a, \infty)$ で連続かつ $0 \leqq f(x) \leqq g(x)$ であるとき，各区間における関数 $g(x)$ の広義積分が存在するならば，同じ区間における関数 $f(x)$ の広義積分も存在する．

**証明** 無限区間における広義積分について証明する．$n$ を自然数とするとき，$a_n = \int_a^{a+n} f(x) dx$ とすると，数列 $\{a_n\}$ は単調増加でかつ上に有界である．すなわち，

$$a_n = \int_a^{a+n} f(x)\, dx \leqq \int_a^{a+n+1} f(x)\, dx = a_{n+1}, \quad a_n \leqq \int_a^\infty g(x)\, dx$$

したがって，実数の連続性の公理 (公理 1.1.3) により，数列 $\{a_n\}$ は収束し，その極限が無限区間における関数 $f(x)$ の広義積分に他ならない．これで無限区間における結論が証明された．有限区間における広義積分についても同様に証明される． ∎

**例 3.3.6** $s > 0$ のとき，広義積分 $\Gamma(s) = \int_0^\infty e^{-x} x^{s-1} dx$ が存在する．

**証明** このことを示すために，積分区間 $(0, \infty)$ を 2 つの区間 $(0, 1]$ と $[1, \infty)$ に分けて考察する．すなわち，$I_1 = \int_0^1 e^{-x} x^{s-1} dx$，$I_2 = \int_1^\infty e^{-x} x^{s-1} dx$ とおく．前者の積分 $I_1$ は $0 < s < 1$ のとき広義積分になるが，$x > 0$ のとき $e^{-x} x^{s-1} \leqq x^{s-1}$ であるから，$F(x) = x^{s-1}$ として定理 3.3.5 を適用する．$I_2$ は無限区間における広義積分であるが，$x \to \infty$ のとき $e^{-x} x^{s+1} \to 0$ であるから，$e^{-x} x^{s+1}$ は区間 $[1, \infty)$ で有界であり，$e^{-x} x^{s+1} \leqq M$ を満たす定数 $M$ が存在する．このとき $e^{-x} x^{s-1} \leqq M x^{-2}$ となるから，$F(x) = M x^{-2}$ として定理 3.3.5 を適用する．実際，$\int_0^1 x^{s-1} dx = \frac{1}{s}$，$\int_1^\infty M x^{-2} dx = M$ となるので，定理 3.3.5 により広義積分 $I_1$ と $I_2$ がともに存在し，したがって広義積分 $\Gamma(s)$ も存在する． ∎

上記の広義の積分で定義された関数 $\Gamma(s)$ を **Gamma (ガンマ) 関数** と呼び，応用上重要な特殊関数の 1 つである．さらに Gamma 関数 $\Gamma(s)$ は，$s > 0$ のとき関係式 $\Gamma(s+1) = s\Gamma(s)$ を満たす．特に $n$ が自然数のとき，$\Gamma(n+1) = n!$ である．これは，部分積分法を用いて次のように示される．

$$\Gamma(s+1) = \int_0^\infty e^{-x} x^s \, dx = \left[-e^{-x} x^s\right]_0^\infty - \int_0^\infty \{-e^{-x}\} s x^{s-1} \, dx = 0 + s\Gamma(s) = s\Gamma(s)$$

また，定義式より $\Gamma(1) = 1$ が成り立つので，$n$ が自然数のとき，上記の関係式を用いて

$$\Gamma(n+1) = n\Gamma(n) = n(n-1)\Gamma(n-1) = \cdots = n(n-1)\cdots 2 \cdot 1 \Gamma(1) = n!$$

となる．

## 演習問題 3–3

1. 次の広義積分の値を求めよ.

   (1) $\displaystyle\int_0^\infty \frac{1}{x^2+2x+5}\,dx$ (2) $\displaystyle\int_0^\infty \frac{1}{(x^2+1)(x^2+2)}\,dx$ (3) $\displaystyle\int_0^2 \frac{1}{(x-1)^2}\,dx$

   (4) $\displaystyle\int_0^\infty xe^{-x}\,dx$ (5) $\displaystyle\int_0^1 \frac{1}{\sqrt{x(1-x)}}\,dx$ (6) $\displaystyle\int_1^3 \frac{1}{\sqrt{x-1}}\,dx$

   (7) $\displaystyle\int_0^1 \frac{\sqrt{x}}{\sqrt{1-x}}\,dx$ (8) $\displaystyle\int_0^2 \frac{x^2}{\sqrt{4-x^2}}\,dx$ (9) $\displaystyle\int_0^1 x\log x\,dx$

   (10) $\displaystyle\int_0^\infty \log\left(1+\frac{1}{x}\right)dx$

2. 次の式で定義される関数を **Beta 関数**という.
$$\beta(m,n) = \int_0^1 x^{m-1}(1-x)^{n-1}dx \quad (m,n>0)$$
この Beta 関数について, 任意の実数 $m,n$ について $\beta(m,n)$ は有限確定な値であることを示せ.

## 3.4 面積・体積・曲線の長さ

### 3.4.1 曲線下の面積

関数 $f(x)$ が閉区間 $[a,b]$ で連続かつ $f(x) \geqq 0$ であるとき, 曲線 $y=f(x)$ と $x$ 軸および 2 直線 $x=a$ と $x=b$ で囲まれる部分の面積 $S$ は, 定積分 $S = \displaystyle\int_a^b f(x)\,dx$ で定義された.

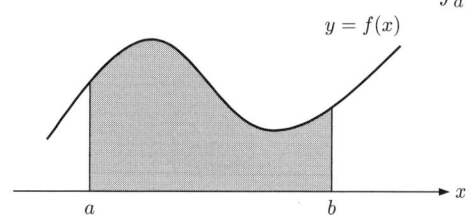

これを利用して, 下図のような 2 曲線 $y=f(x)$ と $y=g(x)$ および 2 直線 $x=a$ と $x=b$ で囲まれる部分の面積は, 曲線 $y=f(x)-g(x)$ の曲線下の面積として求められる.

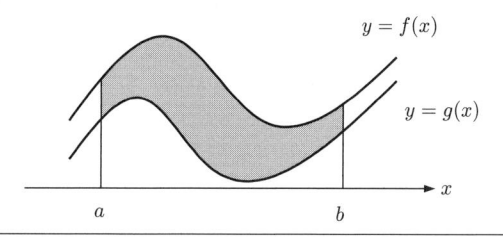

**定理 3.4.1** 関数 $f(x)$ と $g(x)$ が閉区間 $[a,b]$ 連続で, かつ関係式 $f(x) \geqq g(x)$ を満たすとき, 2 曲線 $y=f(x)$ と $y=g(x)$ および 2 直線 $x=a$ と $x=b$ で囲まれる部分の面積 $S$ は, 次の定積分で与えられる.
$$S = \int_a^b \{f(x)-g(x)\}dx$$

**例題 3.4.2** 曲線 $y=\sqrt{x}$ と直線 $y=x$ で囲まれる部分の面積 $S$ 求めよ．

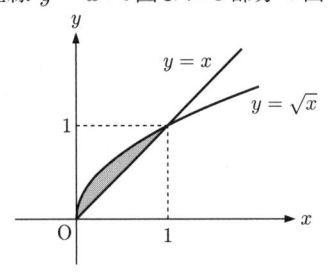

**解** この曲線と直線は 2 点 $(0,0)$ と $(1,1)$ で交わり，閉区間 $[0,1]$ で $x \leqq \sqrt{x}$ を満たすので，次の式で求まる．

$$S = \int_0^1 (\sqrt{x} - x)\, dx = \left[\frac{2}{3}x^{\frac{3}{2}} - \frac{1}{2}x^2\right]_0^1 = \frac{2}{3} - \frac{1}{2} = \frac{1}{6}$$

### 3.4.2 断面積をもつ立体の体積

$x$ 軸に垂直な平面による断面積が $S(x)$ である立体が閉区間 $[a,b]$ 上にあり，関数 $S(x)$ が閉区間 $[a,b]$ で連続であるとき，この立体の体積 $V$ は定積分 $V = \displaystyle\int_a^b S(x)\, dx$ で定義される．このように定義する必然性は，幾何学的には「体積とは，立体を細分した直方体を重ね合わせた体積を求め，細分を無限に小さくしたときのこれらの体積の極限である」という事実と定積分の定義を思い起こすことで理解できよう．

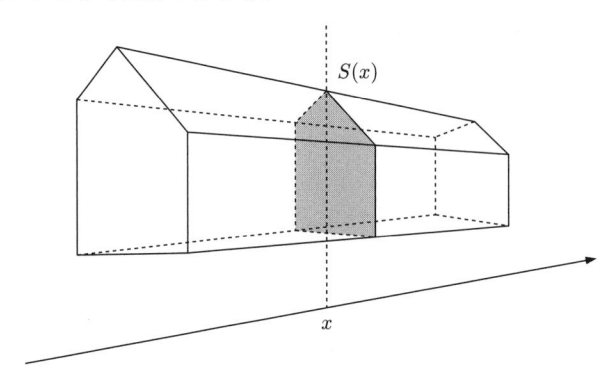

曲線 $y = f(x)$ と $x$ 軸および 2 直線 $x = a$ と $x = b$ で囲まれる部分を，$x$ 軸のまわりに 1 回転してできる立体を，閉区間 $[a,b]$ での曲線 $y = f(x)$ の **回転体** と呼ぶ．この回転体は，断面積 $S(x) = \pi f(x)^2$ をもつので，上記の定義から次のように体積が求まる．

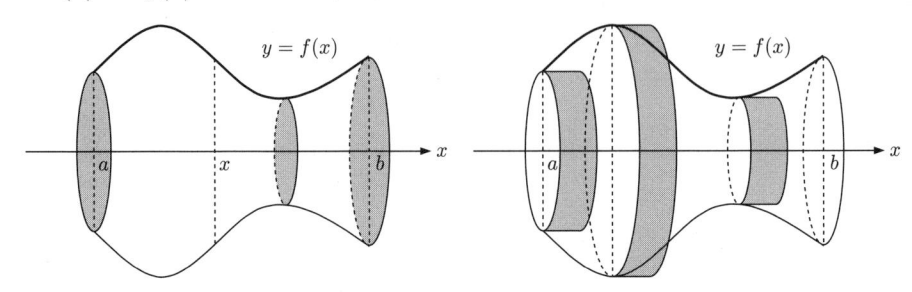

**定理 3.4.3**（回転体の体積の公式） 関数 $f(x)$ が閉区間 $[a,b]$ で連続であるとき，この区間での曲線 $y = f(x)$ の回転体の体積 $V$ は，次の定積分で与えられる．
$$V = \pi \int_a^b f(x)^2 \, dx$$

**例題 3.4.4** 曲線 $y = 1 - x^2$ と $x$ 軸で囲まれる部分を $x$ 軸のまわりに 1 回転してできる回転体の体積 $V$ を求めよ．

**解** この曲線と $x$ 軸は 2 点 $(-1, 0)$ と $(1, 0)$ で交わり，閉区間 $[-1, 1]$ で関数 $f(x) = 1 - x^2$ は連続であるから，回転体の体積 $V$ は，次の定積分で与えられる．
$$V = \pi \int_{-1}^{1} (1-x^2)^2 \, dx = \pi \int_{-1}^{1} (1 - 2x^2 + x^4) \, dx = \pi \left[ x - \frac{2}{3}x^3 + \frac{1}{5}x^5 \right]_{-1}^{1} = \frac{16}{15}\pi$$

**注意 3.4.5**（$y$ 軸のまわりの回転体の体積） 連続関数 $x = f(y)$ を，$y$ 軸の区間 $[c, d]$ で $y$ 軸のまわりに 1 回転してできる回転体の体積は，定理 3.4.3 の $x$ と $y$ を入れ替えることで，
$$V = \pi \int_c^d f(y)^2 \, dy$$
となる．

**例題 3.4.6** 曲線 $y = 1 - x^2$ と $x$ 軸で囲まれる部分を $y$ 軸のまわりに 1 回転してできる回転体の体積 $V$ を求めよ．

**解** 曲線は，$y$ 軸に関して対称より，$x \geqq 0$ で考える．このとき，曲線は $y$ の関数として，$x = \sqrt{1-y}$ と表される．この曲線と $y$ 軸は点 $(0, 1)$ で交わり，閉区間 $[0, 1]$ で関数 $f(y) = \sqrt{1-y}$ は連続であるので，回転体の体積 $V$ は，次の定積分で与えられる．
$$V = \pi \int_0^1 (\sqrt{1-y})^2 \, dy = \pi \int_0^1 (1-y) \, dy = \pi \left[ y - \frac{1}{2}y^2 \right]_0^1 = \frac{1}{2}\pi$$

### 3.4.3 曲線の長さ

曲線 $y = f(x)$ 上で，点 $(a, f(a))$ から点 $(b, f(b))$ までの曲線の長さについて調べてみる．閉区間 $[a, b]$ の分割 $\Delta : a = x_0 < x_1 < x_2 < \cdots < x_{n-1} < x_n = b$ をとり，曲線 $y = f(x)$ 上の点 $P_i(x_i, f(x_i))$, $(i = 0, 1, 2, \cdots, n-1, n)$ を結ぶ折れ線の長さの総和 $\sum_{i=1}^{n} \overline{P_{i-1}P_i}$ をとる．ここで分割を細分したときの総和の極限値を考える．すなわち，$|\Delta|$ を集合 $\{x_i - x_{i-1} \mid i = 1, 2, \cdots, n\}$ の中の最大値とし，$|\Delta| \to 0$ となるどのような分割の細分列に対しても極限値 $\lim_{n \to \infty} \sum_{i=1}^{n} \overline{P_{i-1}P_i}$ が存在し，この極限値が分割列に依存せず一定値をもつとき，この値を曲線 $y = f(x)$ の点 $(a, f(a))$ から点 $(b, f(b))$ までの**曲線の長さ**という．

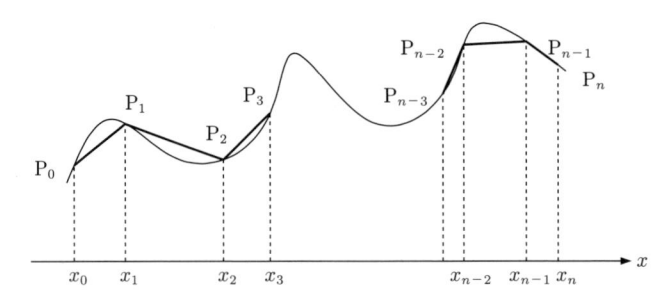

関数 $f(x)$ が，閉区間 $[a,b]$ で連続な導関数をもつとしたときの曲線の長さを調べる．このとき，三平方の定理より $\overline{P_{i-1}P_i} = \sqrt{(x_i - x_{i-1})^2 + (f(x_i) - f(x_{i-1}))^2}$ であり，平均値の定理から，$f(x_i) - f(x_{i-1}) = f'(c_i)(x_i - x_{i-1})$, $(x_{i-1} < c_i < x_i)$ となる $c_i$ が存在する．したがって，折れ線の長さの総和は $\sum_{i=1}^{n} \overline{P_{i-1}P_i} = \sum_{i=1}^{n} \sqrt{1 + f'(c_i)^2}(x_i - x_{i-1})$ となる．ここで，$|\Delta|$ を集合 $\{x_i - x_{i-1} \mid i = 1, 2, \cdots, n\}$ の中の最大値とし，$|\Delta| \to 0$ とすれば，定積分の定義により $\lim_{|\Delta| \to 0} \sum_{i=1}^{n} \overline{P_{i-1}P_i} = \int_a^b \sqrt{1 + f'(x)^2}\, dx$ となる．

---

**定理 3.4.7（曲線の長さ）** 関数 $f(x)$ は閉区間 $[a,b]$ で連続な導関数をもつとき，点 $(a, f(a))$ から点 $(b, f(b))$ までの曲線 $y = f(x)$ の長さ $L$ は次の定積分で与えられる．
$$L = \int_a^b \sqrt{1 + f'(x)^2}\, dx$$

---

媒介変数 $t$ で表される曲線 $\{(x(t), y(t)) \mid \alpha \leqq t \leqq \beta\}$ の長さは，上記の定理で積分変数 $x$ を変数 $t$ に変換する置換積分法を用いることで，次の定理で与えられる．

---

**定理 3.4.8（媒介変数表示の曲線の長さ）** 2つの関数 $x(t)$ と $y(t)$ が閉区間 $[\alpha, \beta]$ で連続な導関数をもつとき，$t$ を媒介変数とする曲線 $\{(x(t), y(t)) \mid \alpha \leqq t \leqq \beta\}$ の点 $(x(\alpha), y(\alpha))$ から点 $(x(\beta), y(\beta))$ までの長さ $L$ は，次の定積分で与えられる．
$$L = \int_\alpha^\beta \sqrt{x'(t)^2 + y'(t)^2}\, dt$$

---

**例題 3.4.9** $a$ を正の定数とするとき，媒介変数 $t$ で表示される曲線
$$x = a(t - \sin t), \quad y = a(1 - \cos t)$$
を **Cycloid**(サイクロイド) と呼ぶ．

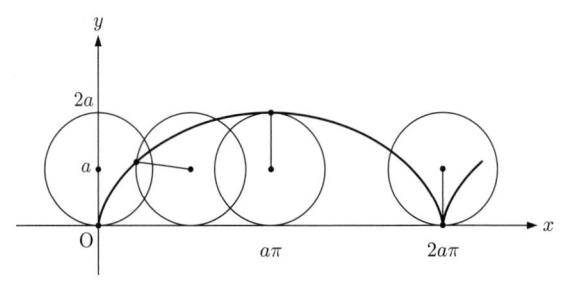

$y = 0$ から $t = 2\pi$ までの, Cycloid の長さ $L$ を求めよ.

**解** 定理 3.4.8 を用いて次のように計算される.

$$L = \int_0^{2\pi} \sqrt{x'(t)^2 + y'(t)^2}\, dt = \int_0^{2\pi} \sqrt{a^2(1-\cos t)^2 + a^2 \sin^2 t}\, dt$$

$$= \int_0^{2\pi} a\sqrt{2 - 2\cos t}\, dt = 2a \int_0^{2\pi} \sin\frac{t}{2}\, dt$$

$$= 2a \left[ -2\cos\frac{t}{2} \right]_0^{2\pi} = 8a$$

### 3.4.4 極座標表示された図形の面積

半径 $r$ 中心角 $\theta$ の扇形の面積は $\dfrac{1}{2} r^2 \theta$ であることを利用して, 扇形の弧の部分を関数 $r = f(\theta)$ で表される曲線に変えた図形の面積を求めてみる.

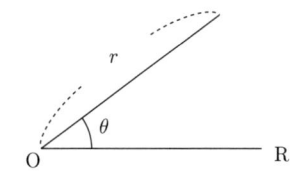

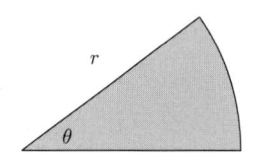

極座標の区間 $[\alpha, \beta]$ で定義された関数 $r = f(\theta)$ と区間 $[\alpha, \beta]$ の区間分割を
$\Delta = \{\alpha = \theta_0 < \theta_1 < \theta_2 < \cdots < \theta_{n-1} < \theta_n = \beta\}$ とする. 区間の幅 $\delta(\Delta)$ を
$\{\theta_n - \theta_{n-1}, \theta_{n-1} - \theta_{n-2}, \cdots, \theta_2 - \theta_1, \theta_1 - \theta_0\}$ の最大値と決める. この区間分割に対して, 各 $i$ で $\theta_{i-1} \leqq c_i \leqq \theta_i$ となる点を任意に選び, これらの点の集合を $\xi = \{c_1, c_2, \cdots, c_{n-1}, c_n\}$ とおく.

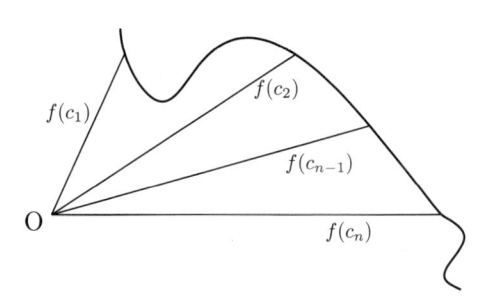

半径が $f(c_i)$ で弧の長さが分割された区間の長さ $\theta_i - \theta_{i-1}$ である扇形の面積の総和

$$S(\Delta, \xi) = \sum_{i=1}^n \frac{1}{2} f(c_i)^2 (\theta_i - \theta_{i-1})$$

を考える. 面積の考え方 (定義 3.2.1) を極座標にあてはめると, 求める面積は次のように表すことができる.

区間 $[\alpha, \beta]$ の区間分割の列 $\Delta_1, \Delta_2, \ldots$ で $\lim\limits_{i \to \infty} \delta(\Delta_i) = 0$ となるもの, および各区間分割に対する点集合の列 $\xi_1, \xi_2, \ldots$ をどのように選んでも

$$\lim_{i \to \infty} S(\Delta_i, \xi_i)$$

が一定値であるとき，この値が $\theta = \alpha$, $\theta = \beta$ および $r = f(\theta)$ で囲まれた図形の面積である．この極限は定積分の定義そのものであるから，求める面積は $\int_\alpha^\beta \frac{1}{2} f(\theta)^2 \, d\theta$ となる．これらをまとめると次の定理となる．

---

**定理 3.4.10 (極座標表示された図形の面積)** 極座標の区間 $[\alpha, \beta]$ で定義された関数を $r = f(\theta)$ とする．この関数のなす曲線と 2 つの線分 $\theta = \alpha$, $\theta = \beta$ で囲まれた図形の面積は定積分

$$\int_\alpha^\beta \frac{1}{2} f(\theta)^2 \, d\theta$$

で与えられる．

---

## 演習問題 3–4

1. 次の曲線で囲まれた部分の面積を求めよ．
   (1) 放物線 $y = (x-2)(x-1)$ と $x$ 軸
   (2) 放物線 $y = x^2 - x + 4$ と直線 $y = x + 4$
   (3) 曲線 $y = x^3 - 4x$ と直線 $y = x$
   (4) 楕円 $\dfrac{x^2}{a^2} + \dfrac{y^2}{b^2} = 1 \quad (a, b > 0)$
   (5) アステロイド (Asteroid) $x^{\frac{2}{3}} + y^{\frac{2}{3}} = 1$

2. 次の立体の体積を求めよ．
   (1) 曲線 $y = \sqrt{x+1}$ の $x = 1$ から $x = 4$ の部分を $x$ 軸のまわりに回転してできる回転体
   (2) 楕円 $\dfrac{x^2}{a^2} + \dfrac{y^2}{b^2} = 1 \quad (a, b > 0)$ を，$x$ 軸のまわりに回転してできる楕円体
   (3) 半径 $r$ の半円 $y = \sqrt{r^2 - x^2}$ を $x$ 軸のまわりに回転してできる球体

3. 次の曲線の長さを求めよ．
   (1) 懸垂線 $y = \dfrac{e^x + e^{-x}}{2}$ 上の点 $(0, 1)$ と $\left(b, \dfrac{e^b + e^{-b}}{2}\right)$ の 2 点間
   (2) カージオイド (Cardioid) $x = (1 + \cos\theta)\cos\theta$, $y = (1 + \cos\theta)\sin\theta$
   (3) Asteroid $x = \cos^3 t$, $y = \sin^3 t$

## 3.5 発展課題: 項別積分・項別微分

べき級数は絶対収束して，計算順序を入れ替えて計算しても値は変わらないことを 2.7 節で調べた．ここでは，$\dfrac{1}{1-x} = 1 + x + x^2 + \cdots + x^n + \ldots$ の Maclaurin 級数で表されるべき級数について，

$$\int \frac{1}{1-x} \, dx = \int 1 \, dx + \int x \, dx + \int x^2 \, dx + \cdots + \int x^n \, dx + \ldots$$

のように，積分と(無限)和をとる順序を変えても関数は変わらないことを示す．このことを**項別積分可能**という．

積分の代わりに微分をして，微分と和をとる順序を変えてもべき級数では関数は変わらない．このことを**項別微分可能**という．

---

**定理 3.5.1**（項別積分・項別微分） 収束半径 $R$ をもつべき級数 $f(x) = \sum_{n=1}^{\infty} a_n(x-a)^n$ において，次の式が成立する．

(1) $\displaystyle \int f(x)\,dx = \sum_{n=0}^{\infty} \int a_n(x-a)^n\,dx$

(2) $\displaystyle f'(x) = \sum_{n=1}^{\infty} na_n(x-a)^{n-1}$

---

上記の定理を示すために，次の定義にある一様連続の概念が必要である．

**定義 3.5.2** ある区間で定義された関数 $f(x)$ が**一様連続**であるとは，各自然数 $n$ に対し，自然数 $m$ があり，区間内の任意の点 $x_1, x_2$ で $|x_1 - x_2| < \dfrac{1}{m}$ なら，$|f(x_1) - f(x_2)| < \dfrac{1}{n}$ となっている場合をいう．

一般には各点で収束しても，収束の度合いは点ごとに異なる．**一様収束**とは，定義域の点全体で同じ度合いで収束することを意味している．

一様連続および一様収束について，次の定理は基本的である．

**定理 3.5.3** 閉区間で定義された連続関数は，この区間で一様連続である．特に，閉区間で連続な関数列 $f_n(x)$ が関数 $f(x)$ に一様収束すれば $f(x)$ は連続関数である．

**証明** もし一様連続でないと仮定する．閉区間 $[c,d]$ として，この区間を $\left[c, \dfrac{c+d}{2}\right]$, $\left[\dfrac{c+d}{2}, d\right]$ と2つの閉区間に分ける．少なくとも一方の区間で関数は一様連続でないので，一様連続でない区間を選ぶ．これを繰り返すと，区間縮小法の原理（定理 1.1.4）より，この区間はある点 $x$ に収束する．一方，各点で収束するので，自然数 $n_x$ があり，定義域内の点 $t$ で $|x-t| < \dfrac{1}{n_x}$ なら，$|f(x) - f(t)| < \dfrac{1}{n}$ となる．しかし，点 $x$ のとり方から，この $\dfrac{1}{n_x}$ より小さい区間をとれば一様連続でなかったので，$|f(x) - f(t)|$ の値はこの区間では一定数以下にならない．これは矛盾である．したがって，一様連続になる． ∎

上記の定理は，開区間では不成立である．

**例 3.5.4** 関数 $f(x) = \dfrac{1}{x}$ は，開区間 $(0,1)$ で一様連続ではない．

**証明** 自然数 $n, m$ に対して，$x_1 = \dfrac{1}{m}, x_2 = \dfrac{1}{m+1}$ とすると，$x_1 - x_2 = \dfrac{1}{m(m+1)} < \dfrac{1}{m}$ であるが，$f(x_2) - f(x_1) = 1 > \dfrac{1}{n}$ となり，一様連続にならない． ∎

この定理から次のことがわかる．

**系 3.5.5** 収束半径 $R$ をもつべき級数 $f(x) = \sum_{n=1}^{\infty} a_n(x-a)^n$ は，$|x| < R$ で絶対かつ一様に収束する．

各点での収束については定理 3.5.1 の式が成立するので，上記の系の一様収束性より，関数として定理 3.5.1 の式が成立する．

# 第 4 章
# 多変数関数の微分法

前章まで，1変数関数についての微分および積分について学んできた．本章以降では，2変数関数の微分および積分について学んでいく．1変数と2変数の関数では，極限の扱いに大きな違いがある．2変数以上の多変数関数では，基本的に2変数関数と同じ取り扱いができるので，2変数関数の取り扱いを学べば多変数関数については2変数関数の手法や結果がそのまま使える．その意味で，2変数関数の学習は，多変数関数の学習になっている．

2変数関数では，2つの変数を1組として考える扱いが，2変数関数独自の扱いになる．しかし，1つの変数を定数として考え，1変数関数として扱うことも可能である．2変数関数を考察するとき，この2つのとらえ方が常に現れる．1変数関数の組み合わせとして2変数関数を考えると，1変数関数に関する豊富な結果を利用でき，計算等の実用面では便利である．一方，2変数関数の性質は，1変数関数の組み合わせではとらえられない内容を含んでおり，2変数独自の取り扱いが重要である．これは，1変数では難しい内容を単純化し，計算等を楽にする長所をもつ．この2つの立場での考察を行き来することで，微分積分学の理解がより深まるであろう．

## 4.1　2変数関数とその極限

2つの実数変数 $x, y$ をもつ実数値関数 $z = f(x, y)$ を，**2変数関数** という．このとき，$x, y$ を独立変数，$z$ を **従属変数** という．$z = f(x, y)$ は，2次元実平面 $\mathbb{R}^2$ の点 $(x, y)$ に対して，実数 $z$ を対応させる関数で，$\mathbb{R}^2$ の部分集合 $D$ を定義域とし，実数を値域にもつ関数 $f : D \to \mathbb{R}$ である．1変数関数では，閉区間や開区間がよく用いられたが，これに相当する概念を定義する．

> **定義 4.1.1**　$D$ を $\mathbb{R}^2$ の部分集合とする．$D$ の任意の2つの点を $D$ 内の折れ線で結ぶことができるとき，$D$ は **連結** であると呼ばれる．
> $D$ の任意の点に対して，この点を中心とする適当な円が $D$ 内にとれるとき，$D$ を **開集合** という．また，連結な開集合を **領域** という．
> 点 A が $D$ の **境界点** であるとは，A を中心とする任意の円内には，$D$ の点と $D$ に属さない点の両方が含まれている場合をいう．領域とその境界点をあわせた集合を，**閉領域** という．

連結　　　　　　　　　　領域と境界点　　　　　　　　閉領域

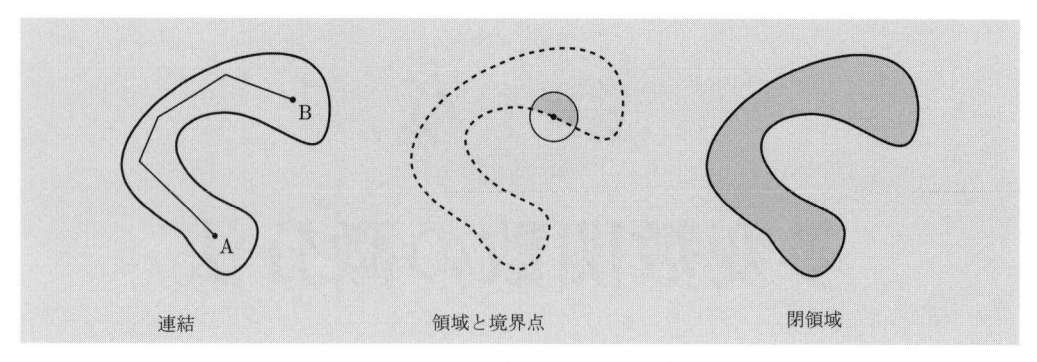

1変数の数列は，数が数直線の点と対応するので点列と同じであった．数列の極限 $\lim_{n\to\infty} a_n = \alpha$ とは，$|a_n - \alpha| \to 0$ という意味であった．2変数の場合，2次元実平面 $\mathbb{R}^2$ の点は，その座標 $(x, y)$ と対応する．そこで，数列に対応するものは座標で表された点列 $\{A_n(a_n, b_n)\}$ を意味する．点列の極限 $\lim_{n\to\infty} A_n = A$ とは，$n$ を大きくしたとき，2点間の距離が 0 に近づいていくこと，すなわち，$\overline{A_n A} \to 0$ を意味するようにする．

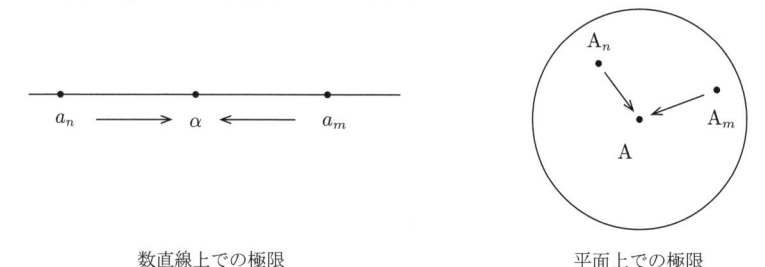

数直線上での極限　　　　　　　　　　　平面上での極限

そこで，点列の極限に関して次のように定義する．

**定義 4.1.2** (極限の定義)

(1) 点列 $\{A_n(a_n, b_n)\}$ が点 $A(a, b)$ に収束するとは，$\lim_{n\to\infty} \{(a_n - a)^2 + (b_n - b)^2\} = 0$ が成立するときをいい，$\lim_{n\to\infty} A_n = A$ または $\lim_{n\to\infty} (a_n, b_n) = (a, b)$ と表し，$A(a, b)$ を点列の**極限**という．

(2) 2変数関数を $f(x, y)$，点列を $\{A_n(a_n, b_n)\}$ とする．関数の値よりなる数列 $\{f(a_n, b_n)\}$ が $\alpha$ に収束するとき，
$$\lim_{A_n \to A} f(A_n) = \alpha \quad \text{または} \quad \lim_{(a_n, b_n) \to (a, b)} f(a_n, b_n) = \alpha$$
と表し，$\alpha$ を，点列 $\{A_n(a_n, b_n)\}$ を点 $(a, b)$ に近づけたときの2変数関数 $f(x, y)$ の**極限値**という．

(3) $\lim_{n\to\infty}(a_n, b_n) = (a, b)$ となる任意の点列に対して，$\lim_{(a_n, b_n) \to (a, b)} f(a_n, b_n) = \alpha$ が成立するとき
$$\lim_{(x, y) \to (a, b)} f(x, y) = \alpha$$
と表し，$\alpha$ を点 $(x, y)$ を点 $(a, b)$ に近づけたときの2変数関数 $f(x, y)$ の**極限値**という．これは次の条件と同値である．

(同値条件) 任意の自然数 $m$ に対し，$A(a, b)$ を中心とする適当な円をとれば，こ

の円内の点 $\mathrm{X}(x,y)$ に対し，$|f(x,y)-\alpha| < \dfrac{1}{m}$ となる．すなわち，適当な自然数 $\ell(m)$ があり
$$0 < (x-a)^2 + (y-b)^2 < \dfrac{1}{\ell(m)} \text{ となる } (x,y) \text{ に対し } |f(x,y)-\alpha| < \dfrac{1}{m} \text{ となる．}$$

**例 4.1.3** (1) $\displaystyle\lim_{(x,y)\to(1,2)} xy = 2$ (2) $\displaystyle\lim_{(x,y)\to(0,0)} \dfrac{x^2+xy}{x^2+y^2}$ は存在しない．

**証明** (1) $xy-2 = (x-1)(y-2) + 2(x-1) + (y-2)$ となるので，$(x-1)^2 + (y-2)^2$ が十分小さければ，$xy-2$ も十分小さくなる．具体的には，自然数 $m$ に対して，$0 < (x-1)^2 + (y-2)^2 < \dfrac{1}{16m^2}$ とすれば，$|x-1| < \dfrac{1}{4m}$, $|y-2| < \dfrac{1}{4m}$ より $|xy-2| \leq |x-1||y-2| + 2|x-1| + |y-2| < \dfrac{1}{m}$ となる．

(2) $x = y$ として，$x \to 0$ とすると，$\dfrac{x^2+xy}{x^2+y^2} = \dfrac{2x^2}{2x^2} = 1$ より，$\displaystyle\lim_{\substack{x=y\\x\to 0}} \dfrac{x^2+xy}{x^2+y^2} = 1$ となる．一方，$x = -y$ として，$x \to 0$ とすると，$\dfrac{x^2+xy}{x^2+y^2} = \dfrac{0}{2x^2} = 0$ より，$\displaystyle\lim_{\substack{x=-y\\x\to 0}} \dfrac{x^2+xy}{x^2+y^2} = 0$ となる．したがって，原点への点列 $(x,y)$ の近づけ方に依存して極限値が変わるので，$\displaystyle\lim_{(x,y)\to(0,0)} \dfrac{x^2+xy}{x^2+y^2}$ は存在しない．∎

**注意 4.1.4** $\displaystyle\lim_{x\to 0}\left(\lim_{y\to 0} \dfrac{x^2+xy}{x^2+y^2}\right) = \lim_{x\to 0} \dfrac{x^2}{x^2} = \lim_{x\to 0} 1 = 1$ であり，$\displaystyle\lim_{y\to 0}\left(\lim_{x\to 0} \dfrac{x^2+xy}{x^2+y^2}\right) = \lim_{y\to 0} \dfrac{0}{y^2} = \lim_{y\to 0} 0 = 0$ からわかるように，一般に，2 変数としての極限 $\displaystyle\lim_{(x,y)\to(a,b)} f(x,y)$ と $\displaystyle\lim_{x\to a}(\lim_{y\to b} f(x,y))$ および $\displaystyle\lim_{y\to b}(\lim_{x\to a} f(x,y))$ は一致しない．後者の 2 つの極限を**逐次 (ちくじ) 極限**という．

### ■逐次極限のグラフ上の意味■

定義域が $D$ である 2 変数関数 $z = f(x,y)$ に対し，集合 $\{(x,y,z) \mid z = f(x,y), (x,y) \in D\}$ を，関数 $z = f(x,y)$ の**グラフ**という．一般にグラフは，3 次元実空間 $\mathbb{R}^3$ 内の曲面である．

2 変数関数 $z = f(x,y)$ で，$y$ 座標を定数 $y = b$ にとると，1 変数関数 $g(x) = f(x,b)$ が得られる．$g(x)$ は，下の左図のように $z = f(x,y)$ が表す曲面と平面 $y = b$ が交わってできる平面 $y = b$ 上の曲線である．$Z = g(X)$ は，平面 $y = b$ を座標平面にして，下の右図のように 1 変数関数のグラフとみなすことができる．

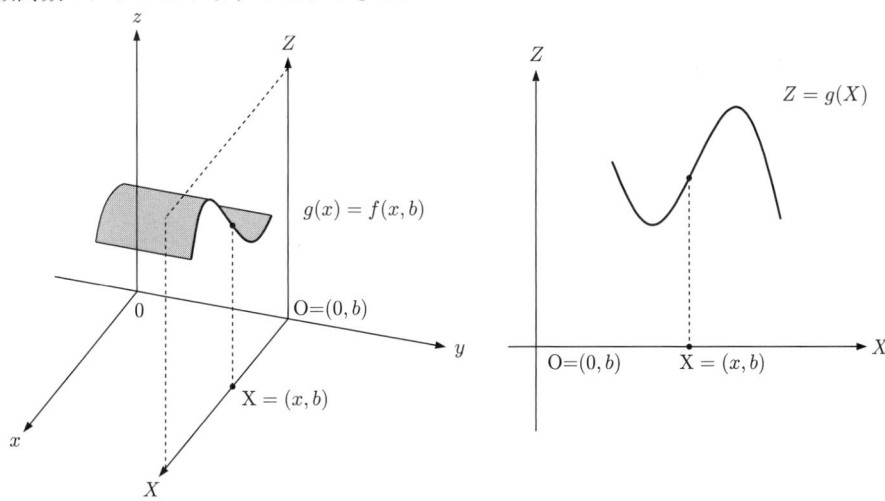

したがって，逐次極限 $\lim_{x \to a} f(x,y)$ は，$y$ を定数と考えて，極限 $\lim_{x \to a} g(x)$ をとったもので，グラフ上でみると，上の左図のように平面 $y = b$ 上の曲線に沿って $x = a$ での極限をとったものである．このように，逐次極限は，軸方向に沿って極限をとったものであり，沿う軸方向にしたがって「$x$ 軸方向への極限」および「$y$ 軸方向への極限」と呼ばれる．

関数の極限の性質は，基本的には数列の極限の性質を関数の形に述べたもので，定理 1.1.8 と定理 1.1.10 がもとになっている．このことから，1 変数と同様に，2 変数関数に関しても次の定理が成立する．

---

**定理 4.1.5** $\lim_{(x,y) \to (a,b)} f(x,y) = \alpha$, $\lim_{(x,y) \to (a,b)} g(x,y) = \beta$ であるとき，次の式が成立する．

(1) $\lim_{(x,y) \to (a,b)} \{cf(x,y) + dg(x,y)\} = c\alpha + d\beta$

(2) $\lim_{(x,y) \to (a,b)} f(x,y)g(x,y) = \alpha\beta$

(3) $\lim_{(x,y) \to (a,b)} \dfrac{f(x,y)}{g(x,y)} = \dfrac{\alpha}{\beta}$

ただし，(1) では $c, d$ は定数，(3) では $\beta \neq 0$ とする．

---

**定理 4.1.6**（関数に関する「はさみうちの原理」） 2 変数関数 $f(x,y), g(x,y), h(x,y)$ が，点 $(a,b)$ を含むある領域の任意の点 $(x,y)$ で，

(i) $(x,y) \neq (a,b)$ のとき，$f(x,y) \leqq h(x,y) \leqq g(x,y)$

(ii) $\lim_{(x,y) \to (a,b)} f(x,y) = \lim_{(x,y) \to (a,b)} g(x,y) = \alpha$

を満たせば，$\lim_{(x,y) \to (a,b)} h(x,y) = \alpha$ である．

---

**定義 4.1.7**（連続関数） 2 変数関数 $f(x,y)$ と定義域 $D$ の点 $(a,b)$ に対し，

$\lim_{(x,y) \to (a,b)} f(x,y) = f(a,b)$ が成立するとき，2 変数関数 $f(x,y)$ は点 $(a,b)$ で **連続** という．定義域 $D$ の各点で連続のとき，**連続関数** という．

---

**注意 4.1.8** 1 変数関数の連続性に関する注意 1.2.13 と同様に，2 変数関数 $f(x,y)$ においても，$f(x,y)$ が連続とは，**関数 $f$ と極限 $\lim$ をとる順番が入れ替えられる**，すなわち，記号上で

$$\lim f(*) = f(\lim *)$$

という計算ができることを意味している．

極限の性質から 2 変数の連続関数に対しても，1 変数と同様に次の定理が成立する．

**定理 4.1.9** 2変数関数 $f(x,y)$, $g(x,y)$ が点 $(a,b)$ で連続であるとき，次の関数も点 $(a,b)$ で連続である．

(1) 関数の和と差 $f(x,y) \pm g(x,y)$

(2) 関数の定数倍 $kf(x,y)$ （$k$ は定数）

(3) 関数の積 $f(x,y)g(x,y)$

(4) 関数の商 $\dfrac{f(x,y)}{g(x,y)}$ （ただし，$g(a,b) \neq 0$）

この定理より，1変数関数のときと同様に初等関数の加減乗除および合成関数で作られる2変数関数は連続関数であることがわかる．

**定理 4.1.10**（最大値・最小値の存在） 2変数関数が有界閉領域で連続なら，この領域内の点で最大値および最小値をとる．

▌極座標を用いた2変数関数の極限の計算▐

極限の計算で，$(x,y) \to (a,b)$ のとき，極座標表示
$$x - a = r\cos\theta, \quad y - b = r\sin\theta$$
を用いると，2変数関数の極限は次のように表される．
$$\lim_{(x,y)\to(a,b)} f(x,y) = \lim_{r\to 0} f(a + r\cos\theta, b + r\sin\theta)$$
次の例のように，極座標を用いて極限を計算する方法はよく用いられる．

**例題 4.1.11** 次の極限が存在するか調べ，存在する場合は極限値を求めよ．

(1) $\displaystyle\lim_{(x,y)\to(0,0)} \dfrac{xy}{\sqrt{x^2+y^2}}$

(2) $\displaystyle\lim_{(x,y)\to(0,0)} (x+y)\log|x+y|$

(3) $\displaystyle\lim_{(x,y)\to(0,0)} (2x+3y)\log|x+y|$

**解** $x = r\cos\theta, y = r\sin\theta$ とする．

(1) $\displaystyle\lim_{(x,y)\to(0,0)} \dfrac{xy}{\sqrt{x^2+y^2}} = \lim_{r\to 0} \dfrac{r^2(\cos\theta\sin\theta)}{r} = \lim_{r\to 0} r(\cos\theta\sin\theta)$ である．ここで，$r|\cos\theta\sin\theta| \leqq r$ より，$\displaystyle\lim_{r\to 0} r(\cos\theta\sin\theta) = 0$ となる．

(2) $(x+y)\log|x+y| = r(\cos\theta+\sin\theta)\log r|\cos\theta+\sin\theta|$ である．$|r(\cos\theta+\sin\theta)| = \sqrt{2}r\left|\sin\left(\theta+\dfrac{\pi}{4}\right)\right| \leqq \sqrt{2}r$ より，$\displaystyle\lim_{r\to 0} r(\cos\theta+\sin\theta) = 0$ である．したがって，$z = r(\cos\theta+\sin\theta)$ とすると $(x,y) \to (0,0)$ のとき $z \to 0$ より $\displaystyle\lim_{(x,y)\to(0,0)}(x+y)\log|x+y| = \lim_{z\to 0} z\log|z| = 0$ となる（例題 2.4.10 参照）．

(3) $y = -x + e^{\frac{-1}{|x|}}$ とすると，$(2x+3y)\log|x+y| = \dfrac{x - 3e^{\frac{-1}{|x|}}}{|x|}$ であり，右辺は $x \to +0$ のとき極限値 $1$ を，$x \to -0$ のとき極限値 $-1$ をとる．したがって，原点への点列 $(x,y)$ の近づけ方に依存して極限値が変わるので，$\displaystyle\lim_{(x,y)\to(0,0)}(2x+3y)\log|x+y|$ は存在しない． ∎

**注意 4.1.12** 上記の例題の (2) と (3) を比較してほしい．(3) を (2) と同様に計算して，

$$(2x+3y)\log|x+y| = r(2\cos\theta + 3\sin\theta)\log\sqrt{2}r\left|\sin\left(\theta+\frac{\pi}{4}\right)\right|$$
$$= (2\cos\theta + 3\sin\theta)\left(r\log r + r\log\sqrt{2} + r\log\left|\sin\left(\theta+\frac{\pi}{4}\right)\right|\right)$$

であるので，$r \to 0$ のとき，$r\log r \to 0, r\log\left|\sin\left(\theta+\frac{\pi}{4}\right)\right| \to 0$ として，極限値を 0 と間違った結論を出す場合が見うけられる．

注意すべきことは，(2) のように，関数の極限を求めるにあたって $r \to 0$ のときに，**$r$ のみに依存して極限値が決まることを確認する必要がある**．

上記の間違いは，この確認を怠っているところに起因している．(3) の式では，真数条件より $x+y \neq 0$ なので，$\theta \neq \frac{3}{4}\pi + n\pi$ ($n$ は整数) である．したがって，$r\log\left|\sin\left(\theta+\frac{\pi}{4}\right)\right|$ の式において，$\log\left|\sin\left(\theta+\frac{\pi}{4}\right)\right|$ を定数のように扱ってはならないことに注意する必要がある．すなわち，$r\log\left|\sin\left(\theta+\frac{\pi}{4}\right)\right| \to 0$ とはならないのである．この点は間違えやすいので，細心の注意を払ってほしい．<u>一般に，$r(\theta \text{のみの式}) \to 0$ とはならない</u>ので，正確に式を評価して 0 になるか否かの結論を出す必要がある．

## 演習問題 4–1

1. 次の極限が存在するか調べ，存在する場合は極限値を求めよ．

   (1) $\displaystyle\lim_{(x,y)\to(0,0)} \frac{x^3+y^3}{x+y}$ 　　(2) $\displaystyle\lim_{(x,y)\to(0,0)} \frac{4x+y}{x+3y}$ 　　(3) $\displaystyle\lim_{(x,y)\to(0,0)} \frac{x^2}{x^2+y^2}$

   (4) $\displaystyle\lim_{(x,y)\to(0,0)} \frac{xy(x+y)}{x^4+x^2y+xy^2+y^4}$ 　　(5) $\displaystyle\lim_{(x,y)\to(0,0)} \frac{3xy}{\sqrt{x^2+y^2}}$

   (6) $\displaystyle\lim_{(x,y)\to(0,0)} \frac{x+y}{\sqrt{x^2+y^2}}$ 　　(7) $\displaystyle\lim_{(x,y)\to(0,0)} \frac{\sin(x+y)}{2(x+y)}$

   (8) $\displaystyle\lim_{(x,y)\to(0,0)} xy\sin\frac{1}{\sqrt{x^2+y^2}}$ 　　(9) $\displaystyle\lim_{(x,y)\to(0,0)} \frac{x+y}{e^{x+y}-1}$

   (10) $\displaystyle\lim_{(x,y)\to(0,0)} (x+2y)\log|x+y|$

2. 次の 2 変数関数 $f(x,y)$ の原点 $(0,0)$ での連続性を調べよ．

   (1) $f(x,y) = \begin{cases} \dfrac{x^2+y^2}{xy} & (xy \neq 0) \\ 0 & (xy = 0) \end{cases}$

   (2) $f(x,y) = \begin{cases} \dfrac{\sin(x+y)}{2x+y} & (y \neq -2x) \\ 0 & (y = -2x) \end{cases}$

   (3) $f(x,y) = \begin{cases} \dfrac{\sin(3xy)}{\sqrt{x^2+y^2}} & (x,y) \neq (0,0) \\ 0 & (x,y) = (0,0) \end{cases}$

## 4.2 偏微分と全微分

ここでは，2変数関数を各変数についての1変数関数としてとらえていき，微分を考えることにする．

### 4.2.1 偏微分

ある領域 $D$ で定義された，2変数関数 $z = f(x, y)$ において $y = b$ とすると，$h_b(x) = f(x, b)$ は $x$ の1変数関数になる．1変数関数 $h_b(x)$ の $x = a$ での微分係数 $\dfrac{dh_b}{dx}(a)$ を $\dfrac{\partial f}{\partial x}(a, b)$ または，$\dfrac{\partial f(a, b)}{\partial x}$ と表し，点 $(a, b)$ での $x$ に関する**偏微分係数**という．すなわち，次の式で与えられる．

$$\frac{\partial f}{\partial x}(a, b) = \lim_{\Delta x \to 0} \frac{f(a + \Delta x, b) - f(a, b)}{\Delta x}$$

同様に，$x = a$ と $x$ を定数として，$y$ の1変数関数 $f(a, y)$ についての微分を考え，点 $(a, b)$ での $y$ に関する偏微分係数 $\dfrac{\partial f}{\partial y}(a, b)$ が定義される．点 $(a, b)$ で，$x$ および $y$ に関する偏微分係数が存在するとき，$f(x, y)$ は点 $(a, b)$ で**偏微分可能**という．領域 $D$ 内の点 $(a, b)$ に偏微分係数 $\dfrac{\partial f}{\partial x}(a, b)$ を対応させる関数を $x$ に関する**偏導関数**といい，$\dfrac{\partial f}{\partial x}(x, y)$ あるいは $f_x(x, y)$ と表す．$y$ に関する偏導関数も同様に定義され，$\dfrac{\partial f}{\partial y}(x, y)$ あるいは $f_y(x, y)$ と表す．

**例題 4.2.1** $z = f(x, y) = x^3 + 2x^2 y - 4xy^3 + y^5$ の偏導関数を求めよ．

**解** $\dfrac{\partial f}{\partial x}(x, y)$ は $y$ を定数と考え，$x$ の関数として $f(x, y)$ を $x$ で微分したものなので，$\dfrac{\partial f}{\partial x}(x, y) = 3x^2 + 4xy - 4y^3$ である．同様に $\dfrac{\partial f}{\partial y}(x, y) = 2x^2 - 12xy^2 + 5y^4$ となる． ∎

■ **偏導関数の図形的意味** ■

$h_b(x) = f(x, b)$ は前節で見たように，曲面 $z = f(x, y)$ と平面 $y = b$ の交わりからなる曲線である．平面 $y = b$ を下の右図のように $X$ 軸と $Z$ 軸を座標平面として考えると，この平面上の曲線 $Z = h_b(X)$ を表している．この曲線上の $X = a$ での接線の傾きが偏微分係数 $\dfrac{\partial f}{\partial x}(a, b)$ である．したがって，この偏微分係数は，平面上の点 $(a, b, f(a, b))$ での $x$ 軸方向に沿った曲面上の曲線 $z = f(x, b)$ の接線の傾きである．

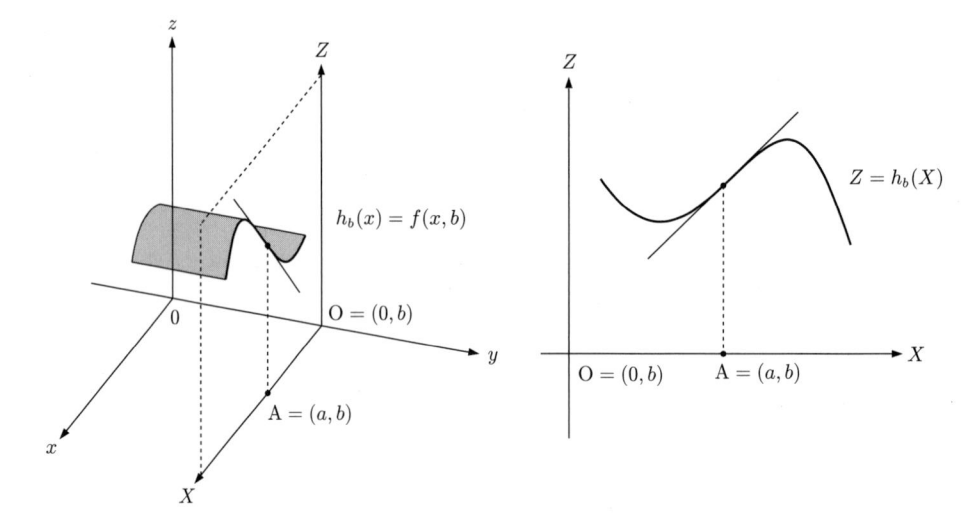

偏微分係数は1変数の微分であることから，1変数の微分の性質がそのまま成立する．次の定理も1変数の微分に関する定理 2.1.4 から得られるものである．

> **定理 4.2.2** 2つの関数 $f(x,y)$ と $g(x,y)$ がともに偏微分可能ならば，次の式が成立する．
> 
> (1) 偏微分の線形性
> $$\frac{\partial (bf(x,y) + cg(x,y))}{\partial x} = b\frac{\partial f(x,y)}{\partial x} + c\frac{\partial g(x,y)}{\partial x}$$
> 
> (2) 偏微分の積の公式
> $$\frac{\partial (f(x,y)g(x,y))}{\partial x} = \frac{\partial f(x,y)}{\partial x}g(x,y) + f(x,y)\frac{\partial g(x,y)}{\partial x}$$
> 
> (3) 偏微分の商の公式
> $$\frac{\partial \left(\frac{f(x,y)}{g(x,y)}\right)}{\partial x} = \frac{\frac{\partial f(x,y)}{\partial x}g(x,y) - f(x,y)\frac{\partial g(x,y)}{\partial x}}{\{g(x,y)\}^2}$$
> 
> ただし，(1) では $b,c$ は定数，(3) では $g(x,y) \neq 0$ とする．
> また，$y$ に関する偏微分の式も同様に成立する．

### 4.2.2 全微分

点 $(a,b)$ への極限をとるとき，座標の一方を固定して1変数関数としての極限をとることで微分を行うのが偏微分である．これに対し，この節では「2変数としての極限をとる」ことで定義される微分について考察する．

1変数関数の微分は，曲線の微小部分は線分であると考え，この微小線分を延長すると接線になると考え，微分 $dy, dx$ を軸方向の微小線分の増分と定義した．2変数関数としての微分も，この考え方を踏襲して定義を与えていく．

2変数関数 $f(x,y)$ の表す曲面 $z = f(x,y)$ の微小部分は微小な平面であると考え，これを延長したものが接平面であると考える．微小平面の各軸方向の増分を $dx, dy, dz$ と表し，$dz$ を $f(x,y)$ の**全微分**という．

点 $(a, b, f(a, b))$ を通る平面は，$z - f(a, b) = k(x - a) + \ell(y - b)$ と表される．微小平面の増分が $dz = z - f(a, b), dx = x - a, dy = y - b$ なので，平面の式は，$dz = kdx + \ell dy$ と表せる．この微小平面と平面 $y = b$ との交わりは，曲面 $z = f(x, y)$ と平面 $y = b$ の交わりである曲線 $f(x, b)$ の $x = a$ での接線である．一般論から，$k$ はこの平面の $x$ 軸方向の単位あたりの増分であるので，$k$ はこの接線の傾きである．したがって，偏微分係数の図形的な意味から $k = f_x(a, b)$ となる．これは，次のように計算でも確かめられる．

$$\frac{\partial f}{\partial x}(a, b) = \lim_{x \to a} \frac{z(x, b) - z(a, b)}{x - a}$$
$$= \lim_{x \to a} \frac{\{k(x - a) + \ell(b - b)\} - \{k(a - a) + \ell(b - b)\}}{x - a} = k$$

同様に $\ell = f_y(a, b)$ となる．したがって，次の重要な式が得られる．

$$dz = f_x dx + f_y dy$$

これは，図形的には次のようになっている．

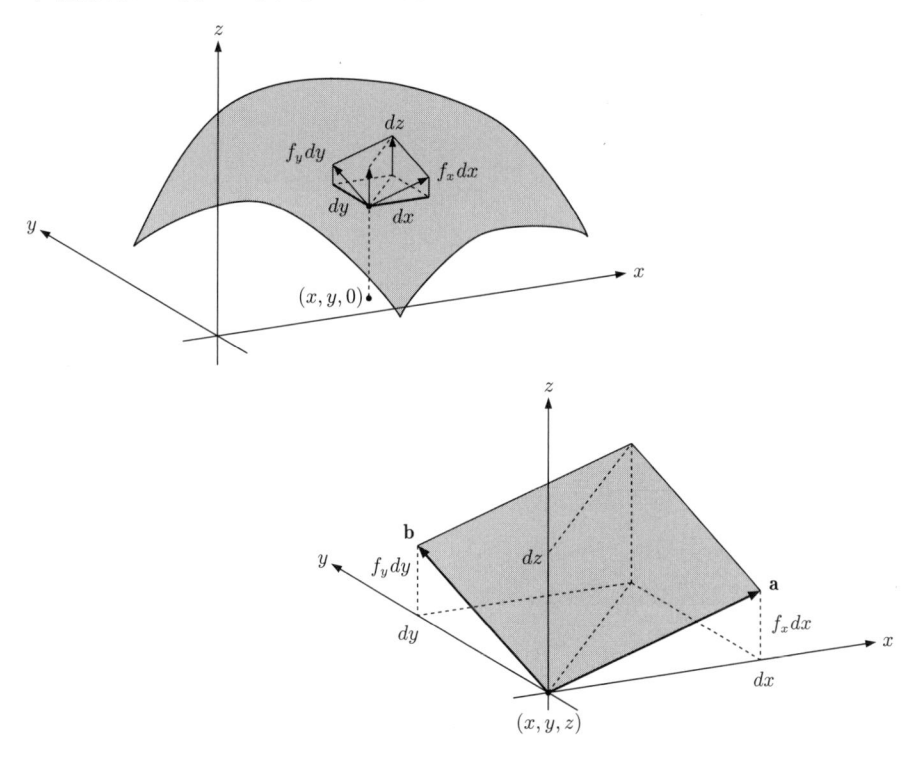

1 変数関数についての微分 $dy, dx$ は，理論的には考えられても直接的に図形として視覚化できるものでない．しかし，その比である微分係数 $\dfrac{dy}{dx}$ は平均変化率の極限として計算された．2 変数関数の全微分についても，同様の考察をしてみる．

点 $(a, b)$ から増分 $(\Delta x, \Delta y)$ をもつ点 $(a + \Delta x, b + \Delta y)$ を考え，これらの点の曲面上の点 $\mathrm{A}(a, b, f(a, b))$，$\mathrm{B}(a + \Delta x, b + \Delta y, f(a + \Delta x, b + \Delta y))$ および平面 $z - f(a, b) = k(x - a) + \ell(y - b)$ 上の点 $\mathrm{C}(a + \Delta x, b + \Delta y, f(a, b) + k\Delta x + \ell\Delta y)$ をとる．微小平面があれば，直線 AB は $(\Delta x, \Delta y) \to (0, 0)$ とすることにより，この微小平面に近づくと考えられる．そこで，これらの直線群が一定の平面に近づくなら，この平面が接平面をなし，接平面の

一部として微小平面が存在していると考えられる．これを定式化するため，三角形CABの角 $A$ が 0 に近づくこと，すなわち，直線 AB の平均変化率 $\dfrac{f(a+\Delta x,b+\Delta y)-f(a,b)}{\sqrt{\Delta x^2+\Delta y^2}}$ と直線 AC の平均変化率 $\dfrac{(k\Delta x+\ell\Delta y)}{\sqrt{\Delta x^2+\Delta y^2}}$ の極限が一致するという特徴に注目する．このことから，次のように全微分可能性を定義する．

> **定義 4.2.3** 2変数関数 $f(x,y)$ と $xy$ 平面上の点 $(a,b)$ とする．定数 $k,\ell$ があり，
> $$\lim_{(\Delta x,\Delta y)\to(0,0)}\left(\frac{f(a+\Delta x,b+\Delta y)-f(a,b)}{\sqrt{\Delta x^2+\Delta y^2}}-\frac{(k\Delta x+\ell\Delta y)}{\sqrt{\Delta x^2+\Delta y^2}}\right)=0$$
> が成立するとき，$f(x,y)$ は点 $(a,b)$ で**全微分可能**であるという．このとき，平面 $z-f(a,b)=k(x-a)+\ell(y-b)$ を，曲面 $z=f(x,y)$ の点 $(a,b)$ での**接平面**とよぶ．

定義の式において，$\varepsilon(\Delta x,\Delta y)=\dfrac{f(a+\Delta x,b+\Delta y)-f(a,b)-(k\Delta x+\ell\Delta y)}{\sqrt{\Delta x^2+\Delta y^2}}$ とおくと，全微分可能とは次の定理のように表される．

> **定理 4.2.4** 2変数関数 $f(x,y)$ が $(a,b)$ で全微分可能である必要十分条件は，定数 $k,\ell$ と関数 $\varepsilon(\Delta x,\Delta y)$ があり，
> $$f(a+\Delta x,b+\Delta y)-f(a,b)=k\Delta x+\ell\Delta y+\varepsilon(\Delta x,\Delta y)\sqrt{\Delta x^2+\Delta y^2}$$
> かつ $\lim_{(\Delta x,\Delta y)\to(0,0)}\varepsilon(\Delta x,\Delta y)=0$ が成立することである．

連続性・偏微分可能性・接平面について，上の議論を次の定理としてまとめておく．

> **定理 4.2.5** 2変数関数 $f(x,y)$ が点 $(a,b)$ で全微分可能なら，点 $(a,b)$ で連続かつ偏微分可能である．このとき，点 $(a,b,f(a,b))$ での接平面は，$z-f(a,b)=f_x(a,b)(x-a)+f_y(a,b)(y-b)$ で与えられる．

**証明** $f(a+\Delta x,b+\Delta y)-f(a,b)=k\Delta x+\ell\Delta y+\varepsilon(\Delta x,\Delta y)\sqrt{\Delta x^2+\Delta y^2}$ で，$\Delta y=0$ とすると $\lim_{\Delta x\to 0}\dfrac{f(a+\Delta x,b)-f(a,b)}{\Delta x}=k$，$\Delta x=0$ とすると $\lim_{\Delta y\to 0}\dfrac{f(a,b+\Delta y)-f(a,b)}{\Delta y}=\ell$ となるので，点 $(a,b)$ で偏微分係数が存在する．
また，$\lim_{(\Delta x,\Delta y)\to(0,0)}f(a+\Delta x,b+\Delta y)=f(a,b)$ より点 $(a,b)$ で連続となる． ∎

**例 4.2.6** 次の2変数関数は，原点で偏微分可能であるが全微分可能ではない．
$$f(x,y)=\begin{cases}\dfrac{xy}{x^2+y^2} & (x,y)\neq(0,0)\\ 0 & (x,y)=(0,0)\end{cases}$$

**証明** $f_x(0,0)=\lim_{\Delta x\to 0}\dfrac{f(\Delta x,0)-f(0,0)}{\Delta x}=0$ より，$x$ で偏微分可能である．同様に $y$ でも偏微分可能である．一方，例 4.1.3 と同様な方法で $f(x,y)$ は原点で不連続となるので，$f(x,y)$ は全微分可能でない． ∎

偏微分可能な関数が全微分可能になる十分条件として，次の重要な定理がある．

**定理 4.2.7** 偏微分可能な 2 変数関数 $f(x,y)$ の偏導関数 $f_x(x,y), f_y(x,y)$ が連続なら, $f(x,y)$ は全微分可能である.

**証明** 平均値の定理より,
$f(a+\Delta x, b+\Delta y) - f(a,b) = f(a+\Delta x, b+\Delta y) - f(a+\Delta x, b) + f(a+\Delta x, b) - f(a,b)$
$= f_y(a+\Delta x, b+\theta_2\Delta y)\Delta y + f_x(a+\theta_1\Delta x, b)\Delta x$ となる $0 < \theta_1, \theta_2 < 1$ がある.
$$\varepsilon(\Delta x, \Delta y) = \frac{(f_y(a+\Delta x, b+\theta_2\Delta y) - f_y(a,b))\Delta y + (f_x(a+\theta_1\Delta x, b) - f_x(a,b))\Delta x}{\sqrt{(\Delta x)^2 + (\Delta y)^2}}$$
であるから,
$$|\varepsilon(\Delta x, \Delta y)| \leq |f_y(a+\Delta x, b+\theta_2\Delta y) - f_y(a,b)| + |f_x(a+\theta_1\Delta x, b) - f_x(a,b)|$$
であり, $f_x(x,y), f_y(x,y)$ が連続より, $(\Delta x, \Delta y) \to (0,0)$ のとき右辺の各項は 0 になるので $\varepsilon(\Delta x, \Delta y) \to 0$ がわかり全微分可能となる. ∎

## 演習問題 4−2

1. 次の 2 変数関数 $f(x,y)$ の偏導関数 $f_x(x,y)$ および $f_y(x,y)$ を求めよ.
   (1) $f(x,y) = x^3 + 3x^2y - 5xy^2 + 2y^3$  (2) $f(x,y) = (x^2 + xy + 1)(x^3 + xy^2 + y^3)$
   (3) $f(x,y) = \dfrac{x}{y}$   (4) $f(x,y) = \dfrac{x-y}{x+y}$   (5) $f(x,y) = \dfrac{xy+3}{x^2+y^2+1}$
   (6) $f(x,y) = e^x \sin y$

2. 偏微分係数の定義にしたがって, $f(x,y) = x^2y$ の偏微分係数 $f_x(a,b)$ および $f_y(a,b)$ を求めよ.

3. 全微分の定義にしたがって, $f(x,y) = x + y^2$ が全微分可能であることを示せ.

4. 次の式で定義される 2 変数関数
$$f(x,y) = \begin{cases} \dfrac{2y}{x^2+y^2} & (x,y) \neq (0,0) \\ 0 & (x,y) = (0,0) \end{cases}$$
の原点における偏微分可能性を調べよ.

5. 次の曲面 $z = f(x,y)$ 上の点 $(1, 2, f(1,2))$ での接平面および $xz$-平面に平行な接線を求めよ.
   (1) $f(x,y) = xy$   (2) $f(x,y) = x^3 + 2xy^2 - y^3$   (3) $f(x,y) = (x+y)e^{x-y}$
   (4) $f(x,y) = \cos x^2 y\pi$         (5) $f(x,y) = \dfrac{\sin\frac{\pi}{4}(x+y)}{x+y}$
   (6) $f(x,y) = \log(1 + x^2 + y^2)$       (7) $f(x,y) = (\sqrt{x} + \sqrt{y} - 2)^2$

## 4.3 合成関数の微分法

1変数関数では全微分 $dx, dy$ に対し，$\dfrac{dy}{dx}$ は，接線の傾きである微分係数になってることから，種々の微分法の公式が得られた．2変数関数でも同様に考え，微分法の公式が導ける．この節では，常に2変数関数 $z = f(x, y)$ は全微分可能と仮定する．

2変数関数の合成関数を考えるとき，次のような合成の方法がある．

(1) 2変数関数 $f(x, y)$ と1変数関数 $x = x(t), y = y(t)$ の合成関数 $z(t) = f(x(t), y(t))$

(2) 1変数関数 $g(t)$ と2変数関数 $t = f(x, y)$ の合成関数 $z(x, y) = g(f(x, y))$

(3) 2変数関数 $f(x, y)$ と2変数関数 $x = x(s, t), y = y(s, t)$ の合成関数
$z(s, t) = f(x(s, t), y(s, t))$

上の3つの場合について，おのおのの合成関数の微分法の公式を求める．

### 4.3.1 2変数関数と1変数関数の合成関数の微分法

**注意 4.3.1 ($z(t)$ の図形的意味)**　合成関数 $z(t) = f(x(t), y(t))$ は，図形として下図のような曲面 $z = f(x, y)$ 上の曲線 $\{(x(t), y(t), f(x(t), y(t))) | t \in \mathbb{R}\}$ を表している．

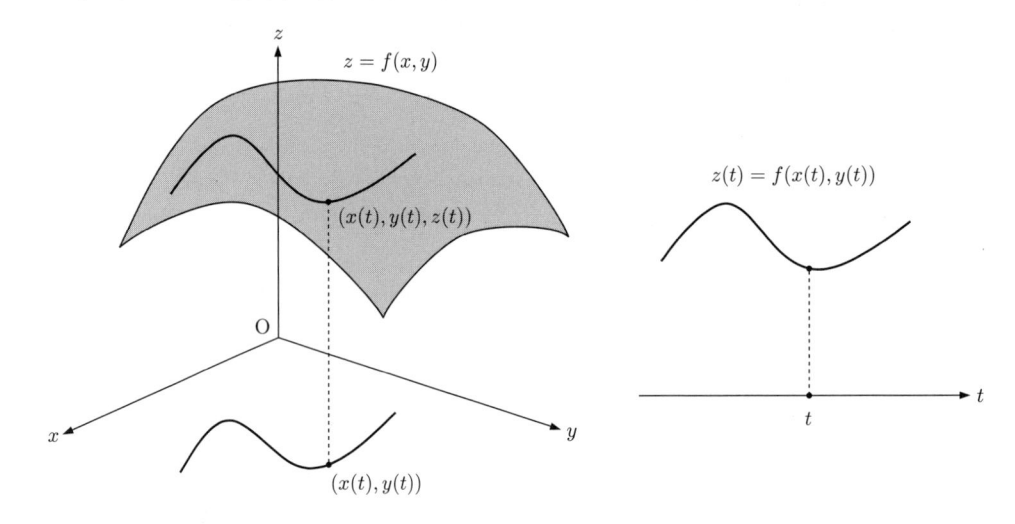

2変数関数 $f(x, y)$ の全微分は，$df = f_x dx + f_y dy$ で与えられる．また，$x(t), y(t)$ について微分 $dx, dy, dt$ を考えると $df$ を $dt$ で割ることで，$\dfrac{df}{dt} = f_x \dfrac{dx}{dt} + f_y \dfrac{dy}{dt}$ をうる．そこで，次の定理が成立する．

**定理 4.3.2** 2変数関数 $f(x,y)$ が $(a,b)$ で全微分可能, $x=x(t), y=y(t)$ は $t=t_0$ で微分可能で $a=x(t_0), b=y(t_0)$ とすると, 合成関数 $z(t)=f(x(t),y(t))$ も $t=t_0$ で微分可能で, 次の式が成立する.

$$\frac{dz}{dt}(t_0) = f_x(a,b)\frac{dx}{dt}(t_0) + f_y(a,b)\frac{dy}{dt}(t_0)$$

特に, 合成関数の導関数は,

$$z'(t) = f_x(x,y)x'(t) + f_y(x,y)y'(t)$$

で与えられる.

**例題 4.3.3** $f(x,y) = x^2 + xy + y^2$ と $x = x(t) = e^{t^2}$, $y = y(t) = \sin t$ の合成関数 $z(t) = f(x(t), y(t))$ の導関数を求めよ.

**解** $f_x(x,y) = 2x+y, f_y(x,y) = x+2y$ と $x'(t) = 2te^{t^2}, y'(t) = \cos t$ から, 合成関数の微分法より, $z'(t) = f_x(x,y)x'(t) + f_y(x,y)y'(t) = (2x+y)2te^{t^2} + (x+2y)\cos t = (2e^{t^2} + \sin t)2te^{t^2} + (e^{t^2} + 2\sin t)\cos t$ となる.

**注意 4.3.4** ($z'(t)$ の図形的意味) 2変数関数 $f(x,y)$ と1変数関数 $x(t), y(t)$ の合成関数 $z(t) = f(x(t), y(t))$ が表す図形は, 前図のように, 曲面 $z = f(x,y)$ 上の曲線 $\{(x(t), y(t), z(t))|\ t \in \mathbb{R}\}$ であった. したがって, $z'(t)$ は, 下図のように, この曲線に沿って作られる接線の傾きを表している.

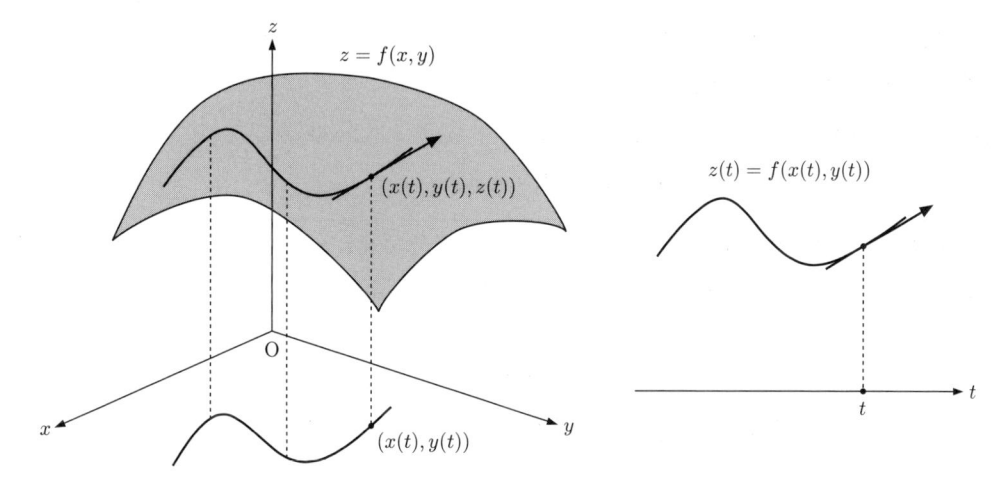

特に $(x(t), y(t))$ が $(t,b)$ と $(a,t)$ の場合が, おのおの偏微分係数 $f_x(t,b), f_y(a,t)$ である.

### 4.3.2 1変数関数と2変数関数の合成関数の微分法

1変数関数 $g(t)$ と2変数関数 $t = f(x,y)$ の合成関数 $z(x,y) = g(f(x,y))$ の微分について調べてみる. 1変数関数 $g(t)$ の全微分は $dg = g'(t)\,dt$ であり, 2変数関数 $t(x,y)$ の全微分は $dt = t_x\,dx + t_y\,dy$ より, $dg = g'(t)t_x\,dx + g'(t)t_y\,dy$ となる. $dg$ での $dx, dy$ の係数が $x, y$ おのおのの偏微分係数であったことから次の定理が成立する.

**定理 4.3.5** 1変数関数 $g(t)$ が $t = t_0$ で微分可能, 2変数関数 $t = f(x,y)$ が $(a,b)$ で全微分可能で, $t_0 = f(a,b)$ とすると, 合成関数 $z(x,y) = g(f(x,y))$ も $(a,b)$ で全微分可能である. また, $z(x,y)$ の点 $(a,b)$ での偏微分係数は,
$$\frac{\partial z}{\partial x}(a,b) = \frac{dg}{dt}(t_0)\frac{\partial t}{\partial x}(a,b), \qquad \frac{\partial z}{\partial y}(a,b) = \frac{dg}{dt}(t_0)\frac{\partial t}{\partial y}(a,b)$$
で与えられる. 特に, 合成関数の偏導関数は,
$$z_x(x,y) = g'(t)t_x(x,y), \qquad z_y(x,y) = g'(t)t_y(x,y)$$
となる.

**例題 4.3.6** $g(t) = e^t \cos t^2$ と $t = t(x,y) = x^2 + y^2$ の合成関数 $z(x,y) = g(t(x,y))$ の偏導関数を求めよ.

**解** $g'(t) = e^t \cos t^2 - 2te^t \sin t^2$ と $t_x(x,y) = 2x, t_y(x,y) = 2y$ より, 合成関数の微分法から $z_x(x,y) = g'(t)t_x(x,y) = (e^t \cos t^2 - 2te^t \sin t^2)2x$ となる.
したがって, $z_x(x,y) = 2x(e^{x^2+y^2}\cos(x^2+y^2)^2 - 2(x^2+y^2)e^{x^2+y^2}\sin(x^2+y^2)^2)$ となる.
同様に, $z_y(x,y) = 2y(e^{x^2+y^2}\cos(x^2+y^2)^2 - 2(x^2+y^2)e^{x^2+y^2}\sin(x^2+y^2)^2)$ となる.

### 4.3.3 2変数関数と2変数関数の合成関数の微分法

2変数関数 $f(x,y)$ と2変数関数 $x = x(s,t), y = y(s,t)$ の合成関数 $z(s,t) = f(x(s,t), y(s,t))$ の微分については, $s, t$ の一方を定数と考えると, 定理 4.3.2 が適用できる. この場合, 2変数関数を1変数関数とみなして微分をしているので, 定理 4.3.2 の記号の $\dfrac{df}{dt}$ でなく, $\dfrac{\partial f}{\partial t}$ を用いる必要があることに注意すれば, 次の定理が成立する.

**定理 4.3.7** 2変数関数 $f(x,y)$ が $(a,b)$ で全微分可能, $x = x(s,t), y = y(s,t)$ は $(s,t) = (s_0, t_0)$ で全微分可能で $a = x(s_0, t_0), b = y(s_0, t_0)$ とすると, 合成関数 $z(s,t) = f(x(s,t), y(s,t))$ も $(s,t) = (s_0, t_0)$ で全微分可能である. また, 合成関数 $z(s,t) = f(x(s,t), y(s,t))$ の $(s_0, t_0)$ での偏微分係数は,
$$\frac{\partial f}{\partial s}(s_0, t_0) = f_x(a,b)\frac{\partial x}{\partial s}(s_0, t_0) + f_y(a,b)\frac{\partial y}{\partial s}(s_0, t_0)$$
$$\frac{\partial f}{\partial t}(s_0, t_0) = f_x(a,b)\frac{\partial x}{\partial t}(s_0, t_0) + f_y(a,b)\frac{\partial y}{\partial t}(s_0, t_0)$$
で与えられる. 特に, 合成関数の偏導関数は,
$$z_s(s,t) = f_x(x,y)x_s(s,t) + f_y(x,y)y_s(s,t)$$
$$z_t(s,t) = f_x(x,y)x_t(s,t) + f_y(x,y)y_t(s,t)$$
となる.

**例題 4.3.8** $f(x,y) = x^y$ と $x = x(s,t) = s^2 + t^2, y = y(s,t) = \cos st$ の合成関数 $z(s,t) = f(x(s,t), y(s,t))$ の偏導関数を求めよ.

**解** $f_x(x,y) = yx^{y-1}, f_y(x,y) = x^y \log x$ と $x_s(s,t) = 2s, x_t(s,t) = 2t$ および $y_s(s,t) =$

$-t\sin st$, $y_t(s,t) = -s\sin st$ より，合成関数の微分法から，

$$z_s(s,t) = f_x(x,y)x_s(s,t) + f_y(x,y)y_s(s,t)$$
$$= yx^{y-1}(2s) + x^y(\log x)(-t\sin st)$$
$$= 2s(s^2+t^2)^{\cos st-1}\cos st - t(s^2+t^2)^{\cos st}(\sin st)\log(s^2+t^2)$$

となる．同様に，

$$z_t(s,t) = f_x(x,y)x_t(s,t) + f_y(x,y)y_t(s,t)$$
$$= yx^{y-1}2t + x^y(\log x)(-s\sin st)$$
$$= 2t(s^2+t^2)^{\cos st-1}\cos st - s(s^2+t^2)^{\cos st}(\sin st)\log(s^2+t^2)$$

となる． ∎

## 演習問題 4–3

1. 次の2変数関数 $f(x,y)$ の偏導関数 $f_x(x,y)$ および $f_y(x,y)$ を求めよ．

    (1) $f(x,y) = (x^3 - 2xy + y^3)^4$    (2) $f(x,y) = \dfrac{(x^2+y)^2}{(x+y)^3}$    (3) $f(x,y) = (x^2+y^2)^{\frac{2}{3}}$

    (4) $f(x,y) = \dfrac{xy}{\sqrt{x^2+y^2+1}}$    (5) $f(x,y) = e^{x^2+y+1}$    (6) $f(x,y) = \log\dfrac{x^2}{x^2+y^2}$

    (7) $f(x,y) = \sin(x^2+x+y^2)$    (8) $f(x,y) = \sin^2(x+y)\cos^3(x^2+y^2)$

    (9) $f(x,y) = \sin^{-1}\dfrac{y}{x}$    (10) $f(x,y) = \tan^{-1}\sqrt{x^2+y^2}$

    (11) $f(x,y) = \cos\log(x^2+y^2+1)$

2. 次の関数の合成関数 $z(t) = f(x(t), y(t))$ の導関数 $z'(t)$ を，2変数関数の合成関数の公式 (定理 4.3.2) を用いて求めよ．また，$f(x,y)$ に $x(t), y(t)$ を代入し，1変数関数としての微分を行い $z'(t)$ を直接計算し，両者が一致していることを確かめよ．

    (1) $f(x,y) = x^2 + y^2 + 1$,   $x(t) = 2\cos t$, $y(t) = 3\sin t$

    (2) $f(x,y) = \sin xy$,   $x(t) = e^{2t}$, $y(t) = 3e^{-t}$

3. 次の関数の合成関数 $z(x,y) = g(t(x,y))$ の偏導関数を，2変数関数の合成関数の公式 (定理 4.3.5) を用いて求めよ．また，$g(t)$ に $t(x,y)$ を代入し，2変数関数として偏微分 $z_x(x,y), z_y(x,y)$ を計算して，両者が一致していることを確かめよ．

    (1) $g(t) = e^{t^2}$,   $t(x,y) = \sin xy$

    (2) $g(t) = t^2 + t + 1$,   $t(x,y) = (x+y)^3$

4. 次の関数の合成関数 $z(s,t) = f(x(s,t), y(s,t))$ の偏導関数を，2変数関数の合成関数の公式 (定理 4.3.7) を用いて求めよ．また，$f(x,y)$ に $x(s,t), y(s,t)$ を代入し，2変数関数として偏微分 $z_s(s,t), z_t(s,t)$ を計算して，両者が一致していることを確かめよ．

    (1) $f(x,y) = x^2 + 2xy - y^2$,   $x(s,t) = e^{s+t}$, $y(s,t) = e^{s-t}$

    (2) $f(x,y) = \sin\sqrt{x^2+y^2}$,   $x(s,t) = \dfrac{1}{s+t}$, $y(s,t) = \dfrac{1}{s-t}$

5. (1) 1変数関数 $f(t)$ と $t(x,y) = ax + by$ の合成関数 $z(x,y) = f(ax+by)$ について，次の等式が成立することを示せ．

    $$b\frac{\partial z}{\partial x} = a\frac{\partial z}{\partial y}$$

(2) 2変数関数 $f(x,y)$ と $x(r,\theta) = r\cos\theta$, $y(r,\theta) = r\sin\theta$ の合成関数 $z(r,\theta) = f(r\cos\theta, r\sin\theta)$ について,次の等式が成立することを示せ.
$$\left(\frac{\partial f}{\partial x}\right)^2 + \left(\frac{\partial f}{\partial y}\right)^2 = \left(\frac{\partial z}{\partial r}\right)^2 + \frac{1}{r^2}\left(\frac{\partial z}{\partial \theta}\right)^2$$

## 4.4 高次偏導関数とテイラーの定理

Taylor の定理は,1変数関数を調べたり計算するのに有用な定理であった.この節では2変数関数についても無限級数あるいは多項式近似を考え,Taylor の定理を2変数関数に拡張する.しかし,2変数における Taylor の定理は,基本的には1変数の Taylor の定理を2変数に書き換えたものであり,本質は1変数の Taylor の定理そのものである.

### 4.4.1 高次偏導関数

2変数関数 $f(x,y)$ の偏導関数 $\dfrac{\partial f}{\partial x}(x,y), \dfrac{\partial f}{\partial y}(x,y)$ がともに偏微分可能なとき,おのおのの偏導関数の偏導関数を考えることができる.これを $f(x,y)$ の **2次偏導関数** または **2階偏導関数** という.2次偏導関数は次の記号などを用いて表される.

$$\frac{\partial}{\partial x}\left(\frac{\partial f}{\partial x}\right)(x,y) = \frac{\partial^2 f}{\partial x^2}(x,y) = f_{xx}(x,y), \quad \frac{\partial}{\partial x}\left(\frac{\partial f}{\partial y}\right)(x,y) = \frac{\partial^2 f(x,y)}{\partial x \partial y} = f_{yx}(x,y),$$

$$\frac{\partial}{\partial y}\left(\frac{\partial f}{\partial x}\right)(x,y) = \frac{\partial^2 f(x,y)}{\partial y \partial x} = f_{xy}(x,y), \quad \frac{\partial}{\partial y}\left(\frac{\partial f}{\partial y}\right)(x,y) = \frac{\partial^2 f(x,y)}{\partial y^2} = f_{yy}(x,y)$$

偏微分の順序によって文字の順番が変わるので注意が必要である.また,次の例のように一般には $f_{xy}(x,y)$ と $f_{yx}(x,y)$ は一致しない.

**例題 4.4.1** 2変数関数を
$$f(x,y) = \begin{cases} \dfrac{x^3 y}{x^2+y^2} & (x,y) \neq (0,0) \\ 0 & (x,y) = (0,0) \end{cases}$$
とすると,$f_{xy}(0,0) = 0, f_{yx}(0,0) = 1$ を示せ.

**解** $(x,y) \neq (0,0)$ で $f_x(x,y) = \dfrac{x^4 y + 3x^2 y^3}{(x^2+y^2)^2}, f_y(x,y) = \dfrac{x^5 - y^2 x^3}{(x^2+y^2)^2}$ かつ $f_x(0,0) = f_y(0,0) = 0$ であるので,$f_x(0,y) = 0, f_y(x,0) = x$ から $f_{xy}(0,0) = \displaystyle\lim_{\Delta y \to 0} \dfrac{f_x(0,\Delta y) - f_x(0,0)}{\Delta y} = 0$, $f_{yx}(0,0) = \displaystyle\lim_{\Delta x \to 0} \dfrac{f_y(\Delta x, 0) - f_y(0,0)}{\Delta x} = 1$ となる. ∎

$f_{xy}(x,y)$ と $f_{yx}(x,y)$ が一致する場合の判定法として次の重要な定理がある.

**定理 4.4.2** 2変数関数 $f(x,y)$ が2次までの偏導関数をもち,$f_{xy}(x,y)$ と $f_{yx}(x,y)$ が連続であるとする.このとき,$f_{xy}(x,y) = f_{yx}(x,y)$ である.

厳密には,次のようなより弱い条件のもとで上の定理が成立する.

> **定理 4.4.3**
> (1) 2変数関数 $f(x,y)$ について，偏導関数 $f_x(x,y), f_y(x,y), f_{yx}(x,y)$ が存在し，$f_{yx}(x,y)$ が連続なら，$f_{xy}(x,y)$ も存在して $f_{xy}(x,y) = f_{yx}(x,y)$ である．
> (2) 2変数関数 $f(x,y)$ について，偏導関数 $f_x(x,y), f_y(x,y), f_{xy}(x,y)$ が存在し，$f_{xy}(x,y)$ が連続なら，$f_{yx}(x,y)$ も存在して $f_{xy}(x,y) = f_{yx}(x,y)$ である．

**証明** 2つの命題 (1) および (2) は，$x$ と $y$ が入れ替わっているだけなので (1) のみを示す．偏微分の定義式より計算をすると

$$f_{xy}(x,y) = \lim_{\Delta y \to 0} \frac{f_x(x, y+\Delta y) - f_x(x,y)}{\Delta y}$$

$$= \lim_{\Delta y \to 0} \frac{\lim_{\Delta x \to 0} \frac{f(x+\Delta x, y+\Delta y) - f(x, y+\Delta y)}{\Delta x} - \lim_{\Delta x \to 0} \frac{f(x+\Delta x, y) - f(x,y)}{\Delta x}}{\Delta y}$$

$$= \lim_{\Delta y \to 0} \lim_{\Delta x \to 0} \frac{f(x+\Delta x, y+\Delta y) - f(x, y+\Delta y) - f(x+\Delta x, y) + f(x,y)}{\Delta x \Delta y}$$

になる．ここで，$\varphi(y) = f(x+\Delta x, y) - f(x,y)$ とおくと，上記の分子の式は，

$$f(x+\Delta x, y+\Delta y) - f(x, y+\Delta y) - f(x+\Delta x, y) + f(x,y) = \varphi(y+\Delta y) - \varphi(y)$$

となるので，$y$ の1変数関数としての平均値の定理より，$\varphi(y+\Delta y) - \varphi(y) = \Delta y \varphi'(y + \theta_2 \Delta y)$ となる $0 < \theta_2 < 1$ がある．再度 $f_y(x,y)$ に $x$ の1変数関数としての平均値の定理を用いて

$$\varphi'(y + \theta_2 \Delta y) = f_y(x+\Delta x, y + \theta_2 \Delta y) - f_y(x, y + \theta_2 \Delta y) = \Delta x f_{yx}(x + \theta_1 \Delta x, y + \theta_2 \Delta y)$$

となる $0 < \theta_1 < 1$ がある．したがって，

$$\lim_{\Delta y \to 0} \lim_{\Delta x \to 0} \frac{f(x+\Delta x, y+\Delta y) - f(x, y+\Delta y) - f(x+\Delta x, y) + f(x,y)}{\Delta x \Delta y}$$
$$= \lim_{\Delta y \to 0} \lim_{\Delta x \to 0} f_{yx}(x + \theta_1 \Delta x, y + \theta_2 \Delta y) = f_{yx}(x,y)$$

となり $f_{xy}(x,y) = f_{yx}(x,y)$ である． ∎

**注意 4.4.4** 先の例題 4.4.1 で，2階偏導関数 $f_{xy}(x,y)$ と $f_{yx}(x,y)$ が一致しない理由は，上記定理の2次偏導関数 $f_{xy}(x,y)$ の原点での不連続性が原因であると考えられる．

2次偏導関数がさらに偏微分可能であるとき，3次偏導関数を考えることができる．同様に，$f(x,y)$ を順次 $n$ 回微分して得られる関数を，$f(x,y)$ の **$n$ 次偏導関数** または **$n$ 階偏導関数** と呼ぶ．$n$ 次偏導関数がすべて存在するとき，$f(x,y)$ は **$n$ 回偏微分可能** であるという．また，任意の自然数 $n$ に対して $n$ 次偏導関数が存在するとき，$f(x,y)$ は **無限回偏微分可能** であるという．

$n$ 次偏導関数は $2^n$ 種類あり，偏微分する順序に依存して異なる関数になるので，偏導関数を表す記号には工夫が必要で，次のようにする．

$x$ または $y$ の記号の列を $x_1, x_2, \cdots, x_n$ とする．$f(x,y)$ を，$x_1$ で偏微分し次に $x_2$ で偏微分し，順次 $x_n$ まで偏微分する．こうして順次偏微分してできた偏導関数を，

$$\frac{\partial^n f}{\partial x_n \cdots \partial x_2 \partial x_1}(x,y) \quad \text{あるいは} \quad f_{x_1 x_2 \cdots x_n}(x,y)$$

と表す．

### 4.4.2 2変数関数のテイラー展開

$t$ を媒介変数として，$xy$ 平面の点 $A(a,b)$ を通り，数ベクトル $(k,\ell)$ に平行な直線のベクトル方程式 $(x,y) = (a,b) + t(k,\ell) = (a+tk, b+t\ell)$ を考える．2変数関数 $f(x,y)$ にこの直線上の点の座標を代入すると，$z(t) = f(a+tk, b+t\ell)$ は $t$ の1変数関数となる．この関数 $z(t)$ は，図形としては，下の左図のように曲面 $z = f(x,y)$ 上の曲線 $\{(a+tk, b+t\ell, f(a+tk, b+t\ell)) \mid t \in \mathbb{R}\}$ である．

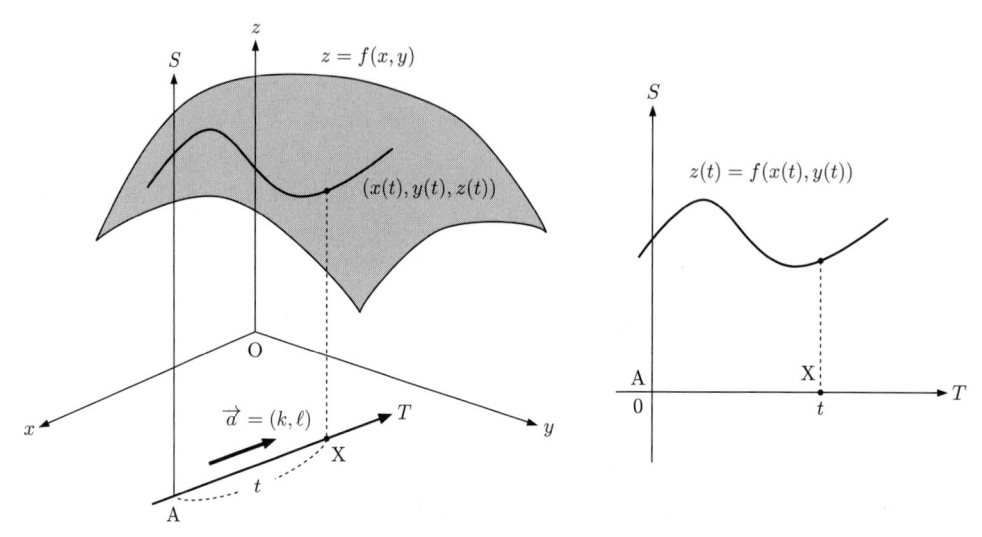

点 A を通り $xy$ 平面に垂直な直線を $s$ 軸に，ベクトル方程式で表された直線を $t$ 軸にもつ座標平面を考えると，この曲線は上の右図のように座標平面上で $s = z(t)$ と表される曲線である．1変数関数 $z(t)$ の $t = 0$ に関する Taylor 展開の式は，

$$z(t) = z(0) + z'(0)t + \frac{z''(0)}{2!}t^2 + \cdots + \frac{z^{(n)}(0)}{n!}t^n + R_{n+1}$$

と表された．ここで，$R_{n+1} = \dfrac{z^{(n+1)}(\theta t)}{(n+1)!} t^{n+1}$ $(0 < \theta < 1)$ は剰余項である．上記の式を，$f(x,y)$ を用いて表してみよう．そのために次の記号を導入する．
$D = k\dfrac{\partial}{\partial x} + \ell\dfrac{\partial}{\partial y}$ とし，自然数 $n$ に対し，

$$D^n f(x,y) = \sum_{i=0}^{n} {}_nC_i k^{n-i} \ell^i \frac{\partial^n f}{\partial x^{n-i} \partial y^i}(x,y)$$

とすると，Leibniz の定理 (定理 2.3.2) と同様に帰納法を用いて次のことがわかる．

> **定理 4.4.5** 2変数関数 $f(x,y)$ が連続な $n+1$ 次偏導関数をもつとき，合成関数 $z(t) = f(a+kt, b+\ell t)$ の $n$ 次導関数は次の式で与えられる．
> $$\frac{d^n z}{dt^n}(t) = D^n f(a+kt, b+\ell t)$$

上記の内容をまとめて，$z(t)$ は，
$$z(t) = \sum_{i=0}^{n} \frac{1}{i!} \left( \left[ \left( k\frac{\partial}{\partial x} + \ell\frac{\partial}{\partial y} \right)^i f \right](a,b) \right) t^i + R_{n+1}$$
と表される．

**注意 4.4.6** 上記の式で煩雑さを避けるため，以後は括弧 ([ ]) を外して書くことにする．このとき，$\left( k\frac{\partial}{\partial x} + \ell\frac{\partial}{\partial y} \right)^i f(a,b)$ の式の意味を正確に理解してほしい．この式は，定数 $f(a,b)$ を偏微分しているのでなく，偏導関数に $(a,b)$ を代入しているのである．

特に，$t=1$ とおくと
$$z(1) = f(a+k, b+\ell) = \sum_{i=0}^{n} \frac{1}{i!} \left( k\frac{\partial}{\partial x} + \ell\frac{\partial}{\partial y} \right)^i f(a,b) + R_{n+1}$$
となる．このことから次の定理が成立する．

> **定理 4.4.7 (2変数関数の Taylor(テイラー) の定理)** 2変数関数 $f(x,y)$ が点 $(a,b)$ を含む領域で連続な $n+1$ 次偏導関数をもつとすると，ある $\theta\ (0 < \theta < 1)$ があり
> $$f(a+k, b+\ell) = \sum_{i=0}^{n} \frac{1}{i!} \left( k\frac{\partial}{\partial x} + \ell\frac{\partial}{\partial y} \right)^i f(a,b) + R_{n+1}$$
> となる．ここで，$R_{n+1}$ は剰余項で次の式で表される．
> $$R_{n+1} = \frac{1}{(n+1)!} \left( k\frac{\partial}{\partial x} + \ell\frac{\partial}{\partial y} \right)^{n+1} f(a+k\theta, b+\ell\theta)$$
> さらに，$x = a+k, y = b+\ell$ とおくと次の形となる．
> $$f(x,y) = \sum_{i=0}^{n} \frac{1}{i!} \left( (x-a)\frac{\partial}{\partial x} + (y-b)\frac{\partial}{\partial y} \right)^i f(a,b) + R_{n+1}$$
> ここで，$R_{n+1}$ は剰余項で次の式で表される．
> $$R_{n+1} = \frac{1}{(n+1)!} \left( (x-a)\frac{\partial}{\partial x} + (y-b)\frac{\partial}{\partial y} \right)^{n+1} f(a+(x-a)\theta, b+(y-b)\theta)$$

**例 4.4.8** 2変数関数の Taylor の定理で $n=2$ の場合を具体的に書くと次の式になる．
$$\begin{aligned} f(x,y) &= f(a,b) + f_x(a,b)(x-a) + f_y(a,b)(y-b) \\ &\quad + \frac{1}{2}\left( f_{xx}(a,b)(x-a)^2 + 2f_{xy}(a,b)(x-a)(y-b) + f_{yy}(a,b)(y-b)^2 \right) + R_3 \end{aligned}$$

第 4 章 多変数関数の微分法

> **定理 4.4.9 (2 変数関数の Maclaurin(マクローリン) の定理)** 2 変数関数 $f(x,y)$ が原点を含む領域で連続な $n+1$ 次偏導関数をもつとすると，ある $\theta\,(0<\theta<1)$ があり
> $$f(k,\ell) = \sum_{i=0}^{n} \frac{1}{i!}\left(k\frac{\partial}{\partial x}+\ell\frac{\partial}{\partial y}\right)^i f(0,0) + R_{n+1}$$
> となる．ここで，$R_{n+1}$ は剰余項で次の式で表される．
> $$R_{n+1} = \frac{1}{(n+1)!}\left(k\frac{\partial}{\partial x}+\ell\frac{\partial}{\partial y}\right)^{n+1} f(k\theta,\ell\theta)$$
> さらに，$k=x,\ell=y$ とおくと次の形となる．
> $$f(x,y) = \sum_{i=0}^{n} \frac{1}{i!}\left(x\frac{\partial}{\partial x}+y\frac{\partial}{\partial y}\right)^i f(0,0) + R_{n+1}$$
> $$R_{n+1} = \frac{1}{(n+1)!}\left(x\frac{\partial}{\partial x}+y\frac{\partial}{\partial y}\right)^{n+1} f(x\theta,y\theta)$$

Taylor の定理における等式を，$(x,y)=(a,b)$ における 第 $n+1$ 次 **Taylor (テイラー)** 展開，Maclaurin の定理における等式を第 $n+1$ 次 **Maclaurin (マクローリン)** 展開とよぶ．

特に，$n$ を大きくしたとき剰余項が $0$ に近づく，すなわち，$\lim_{n\to\infty} R_n = 0$ のとき，
$$f(x,y) = \sum_{i=0}^{\infty} \frac{1}{i!}\left((x-a)\frac{\partial}{\partial x}+(y-b)\frac{\partial}{\partial y}\right)^i f(a,b)$$
$$f(x,y) = \sum_{i=0}^{\infty} \frac{1}{i!}\left(x\frac{\partial}{\partial x}+y\frac{\partial}{\partial y}\right)^i f(0,0)$$
が成立する．これらをおのおの **Taylor** 展開および **Maclaurin** 展開とよぶ．

**例題 4.4.10** 2 変数関数 $f(x,y) = \sin\pi(1+x-y)$ の第 2 次 Maclaurin 展開を求めよ．

**解** $f(x,y)$ の偏導関数を計算すると，
$$f_x(x,y) = \pi\cos\pi(1+x-y),\ f_y(x,y) = -\pi\cos\pi(1+x-y),$$
$$f_{xx}(x,y) = -\pi^2\sin\pi(1+x-y),\ f_{xy}(x,y) = f_{yx}(x,y) = \pi^2\sin\pi(1+x-y),$$
$$f_{yy}(x,y) = -\pi^2\sin\pi(1+x-y)$$
となる．したがって，$f(0,0)=0, f_x(0,0)=-\pi, f_y(0,0)=\pi$ より，
$$f(x,y) = f(0,0) + \frac{1}{1!}(xf_x(0,0)+yf_y(0,0)) + R_2 = (-x+y)\pi + R_2$$
となる．ここで，剰余項は
$$R_2 = \frac{1}{2!}(x^2 f_{xx}(x\theta,y\theta) + 2xy f_{xy}(x\theta,y\theta) + y^2 f_{yy}(x\theta,y\theta))$$
$$= \frac{\pi^2}{2}(-x^2\sin\pi(1+(x-y)\theta) + 2xy\sin\pi(1+(x-y)\theta) - y^2\sin\pi(1+(x-y)\theta))$$
$$= \frac{-\pi^2(x-y)^2\sin\pi(1+(x-y)\theta)}{2} = \frac{\pi^2(x-y)^2\sin\pi(x-y)\theta}{2}$$
である．

2 変数関数の Maclaurin 展開は，2 変数関数と 1 変数関数の合成関数を作り 1 変数関数の Maclaurin 展開を用いて構成された．この構成をたどって，次の例のように 1 変数関数の Maclaurin 展開を利用して 2 変数関数の Maclaurin 展開を簡単に求めることが可能である．

**例題 4.4.11** 2変数関数 $f(x,y) = e^{x+y}$ の Maclaurin 展開を求めよ.

**解** $f(x,y) = e^{x+y}$ を $g(t) = e^t$, $t(x,y) = x+y$ の合成関数 $f(x,y) = g(t(x,y))$ と考える. $g(t)$ の Maclaurin 展開は,
$$g(t) = 1 + t + \frac{1}{2!}t^2 + \cdots + \frac{1}{n!}t^n + \cdots$$
より, $t = x+y$ を代入して次の Maclaurin 展開をうる.
$$f(x,y) = g(t(x,y)) = 1 + (x+y) + \frac{1}{2!}(x+y)^2 + \cdots + \frac{1}{n!}(x+y)^n + \cdots$$

**例題 4.4.12** 2変数関数 $f(x,y) = e^{x+y}\sin(xy)$ の Maclaurin 展開を3次の項まで求めよ.

**解** $e^t$ および $\sin s$ の Maclaurin 展開は, おのおの
$$e^t = 1 + t + \frac{1}{2!}t^2 + \cdots, \quad \sin s = s - \frac{1}{3!}s^3 + \cdots$$
より, $t = x+y$, $s = xy$ を代入して
$$\begin{aligned} f(x,y) &= e^{x+y}\sin(xy) \\ &= \left(1 + (x+y) + \frac{1}{2!}(x+y)^2 + \cdots\right)\left(xy - \frac{1}{3!}(xy)^3 + \cdots\right) \\ &= (1 + x + y)xy + \cdots \end{aligned}$$
をうる. したがって, $xy + x^2y + xy^2$ が3次までの項である.

### 4.4.3 陰関数定理

2変数関数 $f(x,y) = x^2 + y^2 - 2$ に対し, 方程式 $f(x,y) = 0$ を満たす $y$ は $y = \pm\sqrt{2-x^2}$ と表され, $y$ は $x$ の関数にならない. しかし, $(x,y) = (1,1)$ の周辺のみで考えると, 関数 $y = \varphi(x) = \sqrt{2-x^2}$ は, 方程式 $f(x, \varphi(x)) = 0$ を満たす. 同様に, 関数 $x = \varphi(y) = \sqrt{2-y^2}$ は, 方程式 $f(\varphi(y), y) = 0$ を満たす.

このように, 2変数関数 $f(x,y)$ に対し, 方程式 $f(x,y) = 0$ を満たす $y$ を $x$ の定義域全体で1つの $x$ の関数として表すことは一般にはできない. しかし, 上記の例のように1点を固定し, その周辺で局所的にある関数 $y = \varphi(x)$ があり $f(x, \varphi(x)) = 0$ を満たす場合がある. このとき, $y = \varphi(x)$ を方程式 $f(x,y) = 0$ から定まる**陰関数**という. 同様に, ある関数 $x = \varphi(y)$ があって, $f(\varphi(y), y) = 0$ を満たす場合, $x = \varphi(y)$ も方程式 $f(x,y) = 0$ から定まる陰関数という.

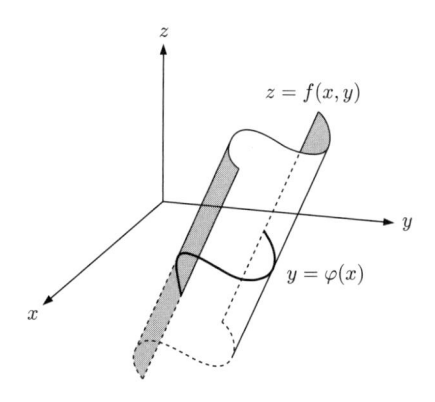

$f(x,y)$ が多項式などの場合を考えてみればわかるように，$f(x,y)$ が与えられても，陰関数を具体的に記述することは難しい．そこで，次の陰関数の存在を示す定理は有用である．

> **定理 4.4.13 (陰関数定理)** 2 変数関数 $f(x,y)$ は，ある領域 $D$ で連続な偏導関数をもつとする．領域内の点 $(a,b)$ において，$f(a,b)=0$ かつ $f_y(a,b) \neq 0$ なら，$a$ を含むある開区間で定義された連続な関数 $y=\varphi(x)$ がただ 1 つあり，
> $$f(x,\varphi(x))=0, \quad b=\varphi(a), \quad (x,\varphi(x)) \in D$$
> を満たす．さらに，$y=\varphi(x)$ は微分可能で導関数は
> $$\varphi'(x) = -\frac{f_x(x,\varphi(x))}{f_y(x,\varphi(x))}$$
> で与えられる．

**注意** 4.4.14 上記の定理の仮定 $f_y(a,b) \neq 0$ を，$f_x(a,b) \neq 0$ とした場合は，$b$ を含むある閉区間で定義された関数 $x=\psi(y)$ がただ 1 つあり，
$$f(\psi(y),y)=0, \quad a=\psi(b), \quad (\psi(y),y) \in D$$
を満たす．さらに，$x=\psi(y)$ は微分可能で，導関数は
$$\psi'(y) = -\frac{f_y(\psi(y),y)}{f_x(\psi(y),y)}$$

で与えられる．

**証明** 後半は $f(x,\varphi(x))=0$ に定理 4.3.2 を適用して，$0=f_x(x,\varphi(x))+f_y(x,\varphi(x))\varphi'(x)$ から求まる．

前半の証明を与える．$xy$ 平面で $(a,b)$ を中心とする半径 $r$ の円をとる．$f_y(a,b) \neq 0$ なので，$f_y(a,b) > 0$ と仮定してよい．負の場合も同様にできる．

証明は少々複雑なので，下図を参照しながら証明を追ってもらいたい．

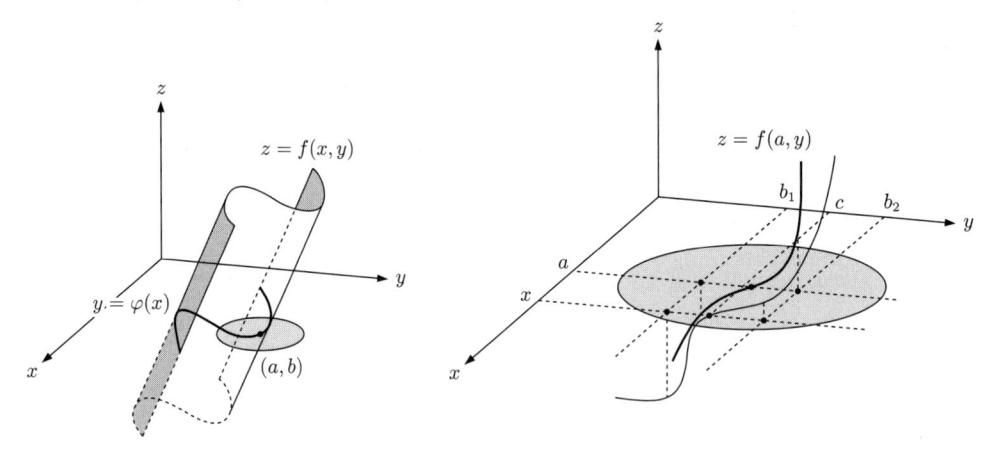

$y$ の 1 変数関数 $f(a,y)$ の $y=b$ での微分係数が正より，$y=b$ の近傍では $f(a,y)$ は $y$ に関して単調増加である．したがって，この円内の点 $(a,b_1), (a,b_2), b_1 < b_2$ で $f(a,b_1) < f(a,b) = 0 < f(a,b_2)$ を満たす点がある．$x$ の関数 $f(x,b_1), f(x,b_2)$ は $x$ に関して連続より，$x=a$ を含むある閉区間 $[a-\Delta a, a+\Delta a]$ でおのおの $f(a,b_1), f(a,b_2)$ と同符号である．すなわち，$f(x,b_1) < 0 < f(x,b_2)$ となる．$x$ を固定して $y$ の関数 $f(x,y)$ に中間値の定理を適用すると，$f(x,c)=0$ となる $b_1 < c < b_2$ がある．単調増加より，この $c$ はただ 1 つしかないので，$c=\varphi(x)$ は $x$ の関数となる．$\varphi(x)$ の決め方から，$f(x,\varphi(x))=0, a-\Delta a \leqq x \leqq a+\Delta a, b=\varphi(a)$ となる．

次に，$y=\varphi(x)$ が $[a-\Delta a, a+\Delta a]$ で微分可能であることを示す．そのために $y=\varphi(x)$ が連続であることを最初に示す．

$a - \Delta a \leqq x + \Delta x \leqq a + \Delta a$ となるように $\Delta x$ をとると $f(x + \Delta x, \varphi(x + \Delta x)) = 0$ であるので，(恒等的に $0$ の関数の極限として) $\lim_{\Delta x \to 0} f(x + \Delta x, \varphi(x + \Delta x)) = 0$ をうる．$f(x, y)$ が連続より $\lim_{\Delta x \to 0} f(x + \Delta x, \varphi(x + \Delta x)) = f(\lim_{\Delta x \to 0}(x + \Delta x), \lim_{\Delta x \to 0} \varphi(x + \Delta x)) = f(x, \lim_{\Delta x \to 0} \varphi(x + \Delta x))$ である．(連続の定義および注意 4.1.8 を参照) したがって，$f(x, \lim_{\Delta x \to 0} \varphi(x + \Delta x)) = 0$ となる．先の議論で，$f(x, y)$ は $y$ の関数として単調増加より，$f(x, y) = 0$ となる $y$ は $y = \varphi(x)$ ただ 1 つだけであった．したがって，$\varphi(x) = \lim_{\Delta x \to 0} \varphi(x + \Delta x)$ となり連続である．

連続性を用いて微分可能性を示す．$f(x, y)$ は連続な偏導関数をもつので，定理 4.2.7 より全微分可能である．したがって，

$$0 = f(x + \Delta x, \varphi(x + \Delta x)) - f(x, \varphi(x))$$
$$= f_x(x, \varphi(x))\Delta x + f_y(x, \varphi(x))\Delta y + \varepsilon(\Delta x, \Delta y)\sqrt{(\Delta x)^2 + (\Delta y)^2}$$

となり，$(\Delta x, \Delta y) \to (0, 0)$ のとき $\varepsilon(\Delta x, \Delta y) \to 0$ となる．

この式を $\Delta x$ で割って，$f_x(x, \varphi(x)) + f_y(x, \varphi(x))\dfrac{\Delta y}{\Delta x} = -\varepsilon(\Delta x, \Delta y)\sqrt{1 + \left(\dfrac{\Delta y}{\Delta x}\right)^2}$ となる．これを 2 乗し $\dfrac{\Delta y}{\Delta x}$ で整理して 2 次方程式を解くと，$\dfrac{\Delta y}{\Delta x}$ は次の式になる．

$$\frac{-f_x(x, \varphi(x))f_y(x, \varphi(x)) \pm \sqrt{\varepsilon(\Delta x, \Delta y)^2\{f_y(x, \varphi(x))^2 + f_x(x, \varphi(x))^2 - \varepsilon(\Delta x, \Delta y)^2\}}}{f_y(x, \varphi(x))^2 - \varepsilon(\Delta x, \Delta y)^2}$$

したがって，

$$\lim_{\Delta x \to 0} \frac{\Delta y}{\Delta x} = -\frac{f_x(x, \varphi(x))f_y(x, \varphi(x))}{f_y(x, \varphi(x))^2} = -\frac{f_x(x, \varphi(x))}{f_y(x, \varphi(x))}$$

となり，微分係数が存在するので微分可能性が示された． ∎

**注意 4.4.15** (**1 変数の合成関数の微分法と陰関数の微分法**) $x^2 + y^2 = 2$ から 1 変数の合成関数の微分法を用いて，$2x + 2yy' = 0$ より $y' = \dfrac{-x}{y}$ として導関数を計算することができる．しかし，これは前提として「$y$ が $x$ の関数」になっているとして計算が可能なのである．一般に方程式が与えられても，$y$ が $x$ の関数になる保証はないので，1 変数の合成関数の微分法をそのまま使うのは問題がある．これに対し，2 変数関数 $f(x, y) = x^2 + y^2 - 2$ を考え，この曲面における $f(x, y) = 0$ で表された $xy$ 平面上の曲線である陰関数を考える方が，図形的にも意味が明白であり，関数を扱うことで微分を求めるという意味で自然な方法と言える．

**例題 4.4.16** 曲線 $x^2 + y^3 - 3xy = 0$ の接線について調べよ．

**解** $f(x, y) = x^2 + y^3 - 3xy$ とする．$f_y = 3(y^2 - x) = 0$ となる曲線上の点は，

$$\begin{cases} x^2 + y^3 - 3xy = 0 \\ y^2 - x = 0 \end{cases}$$

を満たすので，$(x, y) = (0, 0), (4, 2)$ の 2 点である．よって，定理 4.4.13 より，この 2 点以外の点で陰関数 $y = \varphi(x)$ が存在し，接線の傾きは $\dfrac{dy}{dx} = \dfrac{-f_x}{f_y} = \dfrac{-2x + 3y}{3(y^2 - x)}$ となる．

同様に，$f_x = 2x - 3y \neq 0$ のときは陰関数 $x = \psi(y)$ が存在し接線の傾きは $\dfrac{dx}{dy} = \dfrac{-f_y}{f_x} = \dfrac{3(x - y^2)}{2x - 3y}$ となる． ∎

**注意 4.4.17** 上の例では，$y^2 = x, 2x = 3y$ のとき接線の存在は不明である．この 2 つの式を満たすのは $(x, y) = (0, 0), \left(\dfrac{9}{4}, \dfrac{3}{2}\right)$ の 2 点のみで，この点での接線を調べればよい．この場合のような考察には一般論はなく，与えられた曲線固有の考察が必要である．実際，$\left(\dfrac{9}{4}, \dfrac{3}{2}\right)$ は，曲線の式を満たさないので

この曲線上の点ではない．原点付近では，この曲線は 2 つの曲線 $x = \dfrac{3y \pm \sqrt{9y^2 - 4y^3}}{2}$ からなっており，原点はこの 2 つの曲線の交点で，おのおのの曲線の接線として原点で 2 本の接線が引ける．

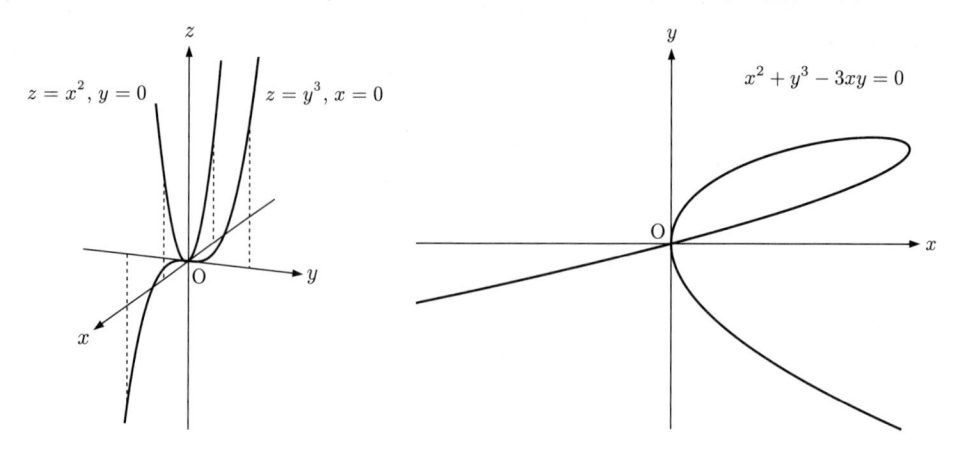

一般に $f(a,b) = f_x(a,b) = f_y(a,b) = 0$ となる点 $(a,b)$ を，曲線 $f(x,y) = 0$ の**特異点**と呼ぶ．特異点では，接線などの図形的な状況は複雑である．また，物理的にも定常状態でない場合が特異点として表されることが多い．その意味で特異点の考察は，難しいと同時に数学的にも物理的にも非常に興味ある対象である．

## 演 習 問 題 4–4

1. 次の 2 変数関数 $f(x,y)$ の 2 次導関数 $f_{xx}(x,y), f_{xy}(x,y)$ および $f_{yy}(x,y)$ を求めよ．

   (1) $f(x,y) = x^4 - 3x^2 y + 4xy^2 - y^4$  (2) $f(x,y) = \dfrac{x+y}{x^3 + xy^2 - 2y^3}$

   (3) $f(x,y) = (x^2 + y^2)^{\frac{2}{3}}$  (4) $f(x,y) = e^{\frac{y}{x}}$  (5) $f(x,y) = \log|\sin(x^2 + y)|$

2. 2 変数関数 $f(x,y)$ と $x(r,\theta) = r\cos\theta, y(r,\theta) = r\sin\theta$ の合成関数 $z(r,\theta) = f(r\cos\theta, r\sin\theta)$ および，**Laplacian**(ラプラシアン) $\Delta f = \dfrac{\partial^2 f}{\partial x^2} + \dfrac{\partial^2 f}{\partial y^2}$ について，
$$\Delta f = \dfrac{\partial^2 z}{\partial r^2} + \dfrac{1}{r^2}\dfrac{\partial^2 z}{\partial \theta^2} + \dfrac{1}{r}\dfrac{\partial z}{\partial r}$$
が成立することを示せ．

3. 2 変数関数 $f(x,y) = \sin(x+y)$ と $x(t) = 2t - 1, y(t) = 3t + 1$ の合成関数を $z(t) = f(2t-1, 3t+1)$ とするとき，$z(t)$ の $n$ 次導関数 $z^{(n)}(t)$ を 2 変数関数の偏微分を用いて求めよ．

4. 次の 2 変数関数 $f(x,y)$ の Maclaurin 展開を 1 変数関数の Maclaurin 展開を用いて求めよ．

   (1) $f(x,y) = \dfrac{1}{1 + 2x + y^2}$  (2) $f(x,y) = \sqrt{1 - x^2 - y^2}$
   (3) $f(x,y) = xe^{x+y}$  (4) $f(x,y) = \log\sqrt{1 + x^2 + y^2}$
   (5) $f(x,y) = \sin(x+y)$  (6) $f(x,y) = xy\sin(x^2 + y^2)$

5. 次の2変数関数 $f(x,y)$ の Maclaurin 展開を3次の項まで求めよ．

   (1) $f(x,y) = \dfrac{xy}{x+y+xy+1}$     (2) $f(x,y) = \dfrac{1}{1+x^2+y^2}$

   (3) $f(x,y) = e^{x+y}\sin(x+y)$     (4) $f(x,y) = xy\cos(x^2+y^2)$

   (5) $f(x,y) = \tan^{-1}(x+y)$     (6) $f(x,y) = \log(1+x^2+xy+y^2)$

6. (1) 1変数関数 $f(u), g(v)$ の和である2変数関数 $f(u)+g(v)$ と $u(x,y)=x+cy, v(x,y)=x-cy$ の合成関数を $z(x,y)=f(x+cy)+g(x-cy)$ とすると，$z(x,y)$ は**波動方程式** $\dfrac{\partial^2 z}{\partial x^2} = \dfrac{1}{c^2}\dfrac{\partial^2 z}{\partial y^2}$ を満たすことを示せ．

   (2) 2変数関数 $F(x,y)$ と $u(x,y)=x+cy, v(x,y)=x-cy$ の合成関数を $G(u,v)=F\left(\dfrac{u+v}{2},\dfrac{u-v}{2c}\right)$ とする．

   (i) $F(x,y)$ が波動方程式 $\dfrac{\partial^2 F}{\partial x^2} = \dfrac{1}{c^2}\dfrac{\partial^2 F}{\partial y^2}$ を満たすとすると，$\dfrac{\partial^2 G}{\partial u \partial v}=0$ が成立することを示せ．

   (ii) $f(u)=\displaystyle\int \dfrac{\partial G}{\partial u}du$ とおくと，$G(u,v)=f(u)+g(v)$ となることを示せ．

7. 次の式で定まる陰関数が存在するか判定し，存在する場合は陰関数の導関数を求めよ．

   (1) $x^2+xy-y^2+2=0$     (2) $x^2-y^2+x^2y^2=0$     (3) $5x^2+8y^2-5=0$

   (4) $x^3-3xy+y^3=0$     (5) $x^{\frac{1}{3}}+y^{\frac{1}{3}}=1$     (6) $e^{x+y}=x^2+y^2$

   (7) $\log(x^2+y^2)=\tan^{-1}\dfrac{y}{x}$

## 4.5　2変数関数の極値とラグランジュの未定乗数法

### 4.5.1　2変数関数の極大・極小

1変数関数の場合と同様に，2変数関数に対しても極大値および極小値の概念が次のように定義される．

**定義 4.5.1**　(1) 2変数関数 $f(x,y)$ が，$(x,y)=(a,b)$ の近傍で $f(x,y)>f(a,b)$ となっているとき，$f(x,y)$ は点 $(a,b)$ で **極小値** $f(a,b)$ をもつという．
(2) 2変数関数 $f(x,y)$ が，$(x,y)=(a,b)$ の近傍で $f(x,y)<f(a,b)$ となっているとき，$f(x,y)$ は点 $(a,b)$ で **極大値** $f(a,b)$ をもつという．
極大値および極小値をあわせて，**極値** という．

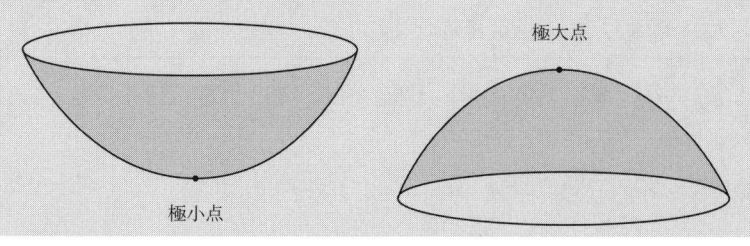

**注意** 4.5.2　2変数関数の極大および極小については1変数関数の場合と様子が異なる．下図のような $z=x^2-y^2$ が表す曲面のように，$y=0$ とした曲面上の曲線は $z=x^2$ で表され，原点はこの曲線上の極小点である．一方 $x=0$ とした曲面上の曲線は $z=-y^2$ で表され，原点はこの曲線上の極大点となっ

ている．このように，1点が曲面上の2つの曲線上でおのおの極大かつ極小となる場合がある．このような点を**鞍点**という．

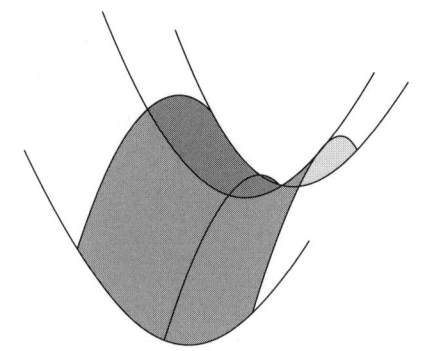

2変数関数 $f(x,y)$ が点 $(a,b)$ で極値を取る場合，$f(a,b)$ は曲面 $z = f(x,y)$ 上の2つの曲線 $z = f(x,b)$ および $z = f(a,y)$ の極値でもある．そこで，1変数関数についての極値に関する定理 2.6.2(1) より次の定理が成立する．

> **定理 4.5.3** 2変数関数 $f(x,y)$ が点 $(a,b)$ において偏微分可能で極値をとるならば，$f_x(a,b) = f_y(a,b) = 0$ である．

上記の定理の逆が不成立であるのは1変数関数の場合と同様である．微分係数が0の場合，1変数関数では定理 2.6.2 あるいは定理 2.6.3 で調べたように，1次あるいは2次導関数の符号変化で極値となっているか否かの判定ができた．

2変数関数に関しても，2次偏導関数を用いて極値であるかの判定法を求めてみる．

> **定義 4.5.4** 連続な2次偏導関数をもつ2変数関数 $f(x,y)$ に対し，
> $$\Delta(x,y) = f_{xx}(x,y)f_{yy}(x,y) - (f_{xy}(x,y))^2$$
> を，$f(x,y)$ の**判別式**という．

判別式を用いて，極値の判定法は次のように与えられる．

> **定理 4.5.5 (2変数関数の極大・極小判定法)** 2変数関数 $f(x,y)$ が，点 $(a,b)$ の近傍で連続な2次偏導関数をもち $f_x(a,b) = f_y(a,b) = 0$ とする．
> (1) $\Delta(a,b) > 0$ かつ $f_{xx}(a,b) > 0$ なら $f(a,b)$ は極小値である．
> (2) $\Delta(a,b) > 0$ かつ $f_{xx}(a,b) < 0$ なら $f(a,b)$ は極大値である．
> (3) $\Delta(a,b) < 0$ なら $f(a,b)$ は極値でない．

**注意 4.5.6** $\Delta(a,b) = 0$ の場合は，一般的には極値をとるか否か判定できない．与えられた関数を個々に調べる必要がある．

**証明** 2変数関数の Taylor の定理より，$0 < \theta < 1$ があり
$$f(x,y) = f(a,b) + \left((x-a)\frac{\partial}{\partial x} + (y-b)\frac{\partial}{\partial y}\right)f(a,b)$$
$$+ \frac{1}{2!}\left((x-a)\frac{\partial}{\partial x} + (y-b)\frac{\partial}{\partial y}\right)^2 f(a+(x-a)\theta, b+(y-b)\theta)$$

となり，仮定から $f_x(a,b) = f_y(a,b) = 0$ なので，

$$2(f(x,y) - f(a,b)) = \left((x-a)\frac{\partial}{\partial x} + (y-b)\frac{\partial}{\partial y}\right)^2 f(a+(x-a)\theta, b+(y-b)\theta)$$

となる．右辺を $x-a$ の 2 次式と考えると，この 2 次式の判別式は，

$$\frac{-1}{4}\Delta(a+(x-a)\theta, b+(y-b)\theta)(y-b)^2$$

である．判別式が常に正または負のとき，左辺の式 $f(x,y) - f(a,b)$ が常に正または負なので，$f(x,y) > f(a,b)$ または $f(x,y) < f(a,b)$ が点 $(a,b)$ の近傍で成立する．したがって，判別式の正負が点 $(a,b)$ で極小または極大を与えることを意味するので，判別式の正負を調べる．

点 $(a,b)$ の近傍で $f(x,y)$ は連続な 2 次偏導関数をもつことから，$\Delta(a+(x-a)\theta, b+(y-b)\theta)$ の正負は，$\Delta(a,b)$ の正負と一致する．したがって，$\Delta(a,b) > 0$ のときは，$x-a$ の 2 次式は一定符号をもち $(x-a)^2$ の係数 $f_{xx}(a+(x-a)\theta, b+(y-b)\theta)$ の正負で符号が決まる．同様な理由で，この正負は $f_{xx}(a,b)$ の正負と同じなので，上記が成立する．

また，$\Delta(a,b) < 0$ のときは点 $(a,b)$ の近傍で $(x,y)$ を動かしたとき，$f(x,y) - f(a,b)$ の符号が変化するので，$f(a,b)$ は極値ではない． ∎

**例題 4.5.7** 2 変数関数 $f(x,y) = x^3 - x^2 - 8xy + 2y^2 + 4$ の極値を求めよ．

**解** 1次偏導関数を計算して，$f_x(x,y) = 3x^2 - 2x - 8y = 0$, $f_y(x,y) = -8x + 4y = 4(y-2x) = 0$ となる点を求める．第2式より $y = 2x$ となり，これを第1式に代入して計算すると $(x,y) = (0,0), (6,12)$ となる．2次偏導関数は $f_{xx}(x,y) = 6x - 2, f_{yy}(x,y) = 4, f_{xy}(x,y) = -8$ となるので，判別式は $\Delta(x,y) = 4(6x-2) - 64 = 24x - 72$ となり，$(0,0)$ では $\Delta(0,0) = -72 < 0$ で極値はとらず，$(6,12)$ では $\Delta(6,12) = 72 > 0, f_{xx}(6,12) = 34 > 0$ から極小値 $f(6,12) = -104$ をとる． ∎

### 4.5.2 ラグランジュの未定乗数法

2 変数関数を $f(x,y) = x^2 + y^2$ とする．回転放物面 $z = f(x,y)$ と，平面 $z = x + y + 2$ が交わってできる曲線 (楕円) を考える．この曲線は，図形としては下図のように，放物面を平面で切り取ってできる曲線である．この曲線上の極値，すなわち，この曲線上を点 $(x,y)$ が動くときの関数 $f(x,y)$ の極値は，回転放物面の極値とはなっていないので，この条件下での極値を与える点は，$f_x(x,y) = f_y(x,y) = 0$ を解くことでは求められない．この例の条件 $x + y + 2 = 0$ のような，ある条件のもとでの関数の極値を求める方法を考えてみる．まず，次の例で極値の求め方を探ってみる．

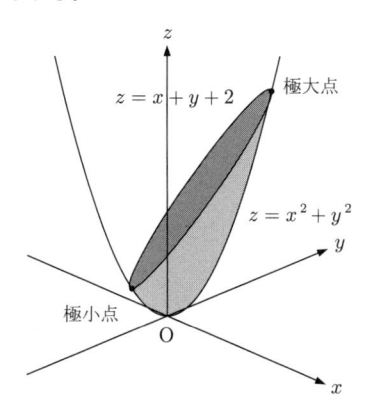

**例題 4.5.8** $x^2 + y^2 = 1$ を満たす点 $(x, y)$ での $xy$ の最大値と最小値を求めよ.

**解** $k = xy$ とおくと, 曲線 $x^2 + y^2 = 1$ および $k = xy$ は, $k$ の値を変えることにより, 下の図のようになる.

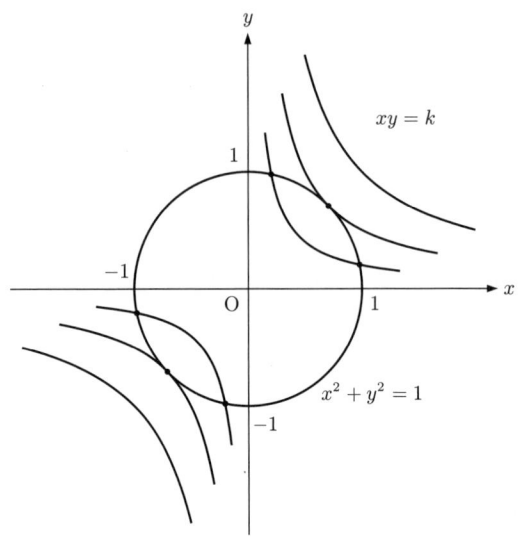

この2つの曲線に交点がある場合, この交点の座標を $xy$ に代入した値が $k$ である. $k$ を大きくすると, 双曲線 $k = xy$ は原点から離れていく. これに伴って, 双曲線が円と2点で交わった状態から, 円から抜け出し交点がなくなっていく. この途中で円と双曲線が接する場合が生じ, この点で $k$ の最大値を与えることになる. 同様に最小値は, $k$ を負で小さくしていく状態を考え, 第2象限および第4象限で接するときの $k$ となる. このことから, 最大値および最小値を与える点では, 2つの曲線が共通の接線をもつことがわかる.

そこで, おのおのの曲線の交点における接線の傾きを求める. $f(x, y) = xy$, $\varphi(x, y) = x^2 + y^2 - 1$ とおくと, 陰関数の微分法より $y' = \dfrac{-f_x}{f_y} = -\dfrac{\varphi_x}{\varphi_y}$ をうる. したがって, 連立方程式
$$\varphi(x, y) = 0, \ f_x \varphi_y - f_y \varphi_x = 0$$
を解くことで極値を与える点を求めることができる.

実際に式を入れると, $x^2 + y^2 - 1 = 0$, $y^2 - x^2 = 0$ であるので, $(x, y) = \left(\pm \dfrac{1}{\sqrt{2}}, \pm \dfrac{1}{\sqrt{2}}\right)$ が極値を与える点の候補である. 連続関数は, 有界閉領域で必ず最大値と最小値をもつので, これらの関数値で最大のものが最大値, 最小のものが最小値である. 実際, $f\left(\dfrac{1}{\sqrt{2}}, \dfrac{1}{\sqrt{2}}\right) = f\left(-\dfrac{1}{\sqrt{2}}, -\dfrac{1}{\sqrt{2}}\right) = \dfrac{1}{2}$ が最大値で, $f\left(\dfrac{1}{\sqrt{2}}, -\dfrac{1}{\sqrt{2}}\right) = f\left(-\dfrac{1}{\sqrt{2}}, \dfrac{1}{\sqrt{2}}\right) = -\dfrac{1}{2}$ が最小値となる. ∎

**定義 4.5.9** 上記の例でみたように, 条件 $\varphi(x, y) = 0$ のもとでの関数 $f(x, y)$ の極値を求めるには, 2つの式
$$\varphi(x, y) = 0, \quad f_x \varphi_y - f_y \varphi_x = 0$$
が重要な役目を担う. 極値を与える点 $(a, b)$ では, 2つの比の値
$$\lambda = \dfrac{f_x(a, b)}{\varphi_x(a, b)} = \dfrac{f_y(a, b)}{\varphi_y(a, b)}, \quad \mu = \dfrac{f_x(a, b)}{f_y(a, b)} = \dfrac{\varphi_x(a, b)}{\varphi_y(a, b)}$$
が考えられる. このうち, $\lambda$ を **Lagrange**(ラグランジュ)の未定乗数と呼ぶ.

**注意 4.5.10** ($\mu$ の図形的意味)

(1) 定義にある比の値 $\mu$ に対し，上記の例からわかるように，$-\mu$ は2つの関数が表す曲線の**共通接線の傾き**である．
2つの曲線がある点で共通接線をもつとき，この曲線は**互いに接している**という．

(2) $\varphi(x,y) = 0$ のもとでの $f(x,y)$ の極値は，$z = f(x,y)$ 上の曲面上にある曲線
$\{(a,b,f(a,b)) \mid (a,b)\text{ は，}\varphi(a,b) = 0 \text{ を満たす点}\}$ の極値である．

---

**定理 4.5.11** (**Lagrange** (ラグランジュ) **の未定乗数法**)　2変数関数 $f(x,y)$ および $\varphi(x,y)$ は，ともに連続な偏導関数をもつとする．点 $(a,b)$ は，条件 $\varphi(x,y) = 0$ のもとで $f(x,y)$ の極値を与えているとする．このとき，$(\varphi_x(a,b), \varphi_y(a,b)) \neq (0,0)$ なら，ある定数 (未定乗数) $\lambda$ で，次の連立方程式を満たすものが存在する．
$$\begin{cases} f_x(a,b) - \lambda \varphi_x(a,b) = 0 \\ f_y(a,b) - \lambda \varphi_y(a,b) = 0 \\ \varphi(a,b) = 0 \end{cases}$$

---

**証明**　$\varphi_y(a,b) \neq 0$ と仮定して証明する．$\varphi_x(a,b) \neq 0$ の場合も同様にできる．
陰関数定理より，$x = a$ を含む区間で微分可能な関数 $g(x)$ で $\varphi(x, g(x)) = 0$，$b = g(a)$ を満たすものがある．$x = a$ は関数 $h(x) = f(x, g(x))$ の極値を与えるので $h'(a) = 0$ である．定理 4.3.2 より，$h'(x) = f_x(x, g(x)) + f_y(x, g(x))g'(x)$ より，$f_x(a, g(a)) + f_y(a, g(a))g'(a) = 0$ となる．同様に，$\varphi(x, g(x)) = 0$ から $0 = \varphi_x(x, g(x)) + \varphi_y(x, g(x))g'(x)$ より，$\varphi_x(a, g(a)) + \varphi_y(a, g(a))g'(a) = 0$ となる．そこで，$b = g(a)$ を代入して，
$$f_x(a,b) + f_y(a,b)g'(a) = 0, \ \varphi_x(a,b) + \varphi_y(a,b)g'(a) = 0$$
となり，$g'(a)$ を消去して $f_x(a,b) - \dfrac{\varphi_x(a,b)}{\varphi_y(a,b)} f_y(a,b) = 0$ をうる．よって，$\lambda = \dfrac{f_y(a,b)}{\varphi_y(a,b)}$ とおくと目的の等式がえられる． ∎

Lagrange の未定乗数法は，条件 $\varphi(x,y) = 0$ のもとでの関数の極値 (**条件付き極値**) を与える点が満たす連立方程式を求めたものである．この連立方程式の解が，すべて極値を与えるとは限らないので，この連立方程式の解は極値を与える**候補点**と呼ばれる．

**例題 4.5.12**　条件 $x^2 + y^2 = 1$ のもとでの，2変数関数 $f(x,y) = x^2 + 4xy + 4y^2$ の条件付き極値を与える候補点を求めよ．また，この条件下での最大値および最小値を求めよ．

**解**　$\varphi(x,y) = x^2 + y^2 - 1$ とおくと，
$$\varphi_x(x,y) = 2x, \quad \varphi_y(x,y) = 2y, \quad f_x(x,y) = 2x + 4y, f_y(x,y) = 4x + 8y$$
であり，これに未定乗数 $\lambda$ を用いて Lagrange の未定乗数法より次の連立方程式が得られる．
$$\begin{cases} (1-\lambda)x + 2y = 0 \\ 2x + (4-\lambda)y = 0 \\ x^2 + y^2 - 1 = 0 \end{cases}$$
$x^2 + y^2 - 1 = 0$ より，最初の2つの方程式が $(x,y) \neq (0,0)$ となる解をもつので，$0 = \begin{vmatrix} 1-\lambda & 2 \\ 2 & 4-\lambda \end{vmatrix} = \lambda^2 - 5\lambda$ であり，$\lambda = 0, 5$ となる．この値を代入し1次方程式を解くと，この解が条件付き極値を与える候補点である．定義域は，$x^2 + y^2 = 1$ を満たす点の集合より有界閉集合であり，関数 $f(x,y) = x^2 + 4xy + 4y^2$ は連続関数より，この条件下で関数 $f(x,y)$ は最大値および最小値をとるので，

$\lambda = 0$ のとき,$(x,y) = \left(\pm\dfrac{2}{\sqrt{5}}, \mp\dfrac{1}{\sqrt{5}}\right)$ で最小値 $f\left(\pm\dfrac{2}{\sqrt{5}}, \mp\dfrac{1}{\sqrt{5}}\right) = 0$ (複号同順)

$\lambda = 5$ のとき,$(x,y) = \left(\pm\dfrac{1}{\sqrt{5}}, \pm\dfrac{2}{\sqrt{5}}\right)$ で最大値 $f\left(\pm\dfrac{1}{\sqrt{5}}, \pm\dfrac{2}{\sqrt{5}}\right) = 5$ (複号同順)

を与えることがわかる. ∎

**注意 4.5.13** ある領域 $D$ での極値を与える点を求める場合,$D$ の内部の点は,定理 4.5.5 を適用して求め,$D$ の境界点は境界の曲線を与える式を $\varphi(x,y) = 0$ として,Lagrange の未定乗数法を適用して求めればよい.

**例題 4.5.14** 楕円内の点 $\dfrac{x^2}{9} + \dfrac{y^2}{4} \leqq 1$ を定義域とする 2 変数関数 $f(x,y) = x^2 + 4x + y^2$ の最大値と最小値を求めよ.

**解** 最初に,楕円内の点での極値を調べる.$f_x(x,y) = 2x + 4 = 0, f_y(x,y) = 2y = 0$ を解いて,$x = -2, y = 0$ となる.点 $(-2, 0)$ は楕円内の点であるので,極値か否かは,定理 4.5.5 を用いて判定できるので,2 次偏導関数を計算してみる.$f_{xx}(x,y) = 2, f_{yy}(x,y) = 2, f_{xy}(x,y) = 0$ より,判別式は $\Delta(-2, 0) = f_{xx}(-2,0)f_{yy}(-2,0) - (f_{xy}(-2,0))^2 = 4$ となるので,$f(-2,0) = -4$ は極小値である.

次に,境界を与える式を $\varphi(x,y) = \dfrac{x^2}{9} + \dfrac{y^2}{4} - 1$ とおく.Lagrange の未定乗数法より未定乗数 $\lambda$ があり次の連立方程式が得られる.

$$\begin{cases} (2x+4) - \lambda\dfrac{2x}{9} = 0 \\ 2y - \lambda\dfrac{y}{2} = 0 \\ \dfrac{x^2}{9} + \dfrac{y^2}{4} - 1 = 0 \end{cases}$$

第 2 式より $y = 0$ あるいは $\lambda = 4$ となる.$\lambda = 4$ のときは $y^2 < 0$ となるので解はない.$y = 0$ のときは $x = \pm 3$ となる.したがって,$f(3, 0) = 21, f(-3, 0) = -3$ より境界上での最大値は 21,最小値は $-3$ となる.

境界上と内部をともに考えて,全体の最大値は 21,最小値は $-4$ となる. ∎

## 演 習 問 題 4−5

1. 次の 2 変数関数 $f(x,y)$ が極値をもつか判定し,極値をもつときは極値を求めよ.

    (1) $f(x,y) = x^2 + 2x + y^2 + 5y + 1$    (2) $f(x,y) = x^3 - 12x + 5y^2$

    (3) $f(x,y) = x^3 - 3xy + y^3$    (4) $f(x,y) = x^2 + 3xy + y^2$

    (5) $f(x,y) = xy + \dfrac{1}{x} + \dfrac{1}{y}$    (6) $f(x,y) = \dfrac{3x + 3y + 1}{\sqrt{x^2 + y^2}}$

    (7) $f(x,y) = (x+y)e^{-x-y}$    (8) $f(x,y) = \sin x + \sin y + \sin(x+y)$

    (9) $f(x,y) = \sin x \sin y \sin(x+y)$

2. 括弧内の条件のもとで,次の 2 変数関数 $f(x,y)$ の条件付き極値を与える候補点を求めよ. また,この条件下での最大値および最小値を求めよ.

    (1) $f(x,y) = xy \quad \left(\dfrac{x^2}{2} + \dfrac{y^2}{3} = 1\right)$

    (2) $f(x,y) = \tan(x^2 + xy + y^2) \quad (0 \leqq x, 0 \leqq y, x + y = 1)$

    (3) $f(x,y) = 2x + 3y - 1 \quad (x^2 + y^2 = 1)$

    (4) $f(x,y) = 2x^2 + 3xy + 5y^2 \quad (x^2 + y^2 = 1)$

(5) $f(x,y) = x^2 + y^2 - 1 \quad (x^2 + 2y^2 - 4y + 1 = 0)$

(6) $f(x,y) = (x^2 + y^2)e^{-x^2-y^2} \quad (0 \leqq x,\ 0 \leqq y,\ x+y=1)$

3. (1) 楕円 $\dfrac{x^2}{a^2} + \dfrac{y^2}{b^2} = 1$ に内接する三角形で面積が最大になるものを求めよ．

   (2) 楕円 $\dfrac{x^2}{a^2} + \dfrac{y^2}{b^2} = 1$ に外接する三角形で面積が最小になるものを求めよ．

4. 辺の和が一定である直方体で次の条件を満たすものを求めよ．
   (1) 体積が最大になるもの
   (2) 表面積が最大になるもの

5. 三角形の内部の点で，各辺におろした垂線の長さの積が最大になる点を求めよ．

# 第5章

# 重積分

1変数関数の定積分には，微分積分学の基本定理という微分積分学の金字塔ともいうべき素晴らしい定理があった．これは面積を意味する定積分が，不定積分を用いることで計算ができるという結果であった．一方，2変数の定積分は，図形としては体積を求めることに対応するが，微分積分学の基本定理のような定積分を求めるのに便利な定理は見つかっていない．その意味で，ギリシャ時代の大天才たちが各種の立体の体積を求めたときの状況から変わっていないと言える．しかし，定積分を求めるのに，1変数関数の定積分を利用することで，複雑な計算を単純に行うことが可能になることがある．これが定積分の実際上の計算の上での進歩と言える．そこで，この章では重積分の定義と1変数関数の定積分を利用した計算法を学んでいく．

## 5.1  2重積分

1変数関数に関する定積分は，平面図形の面積を意味しており，平面図形の面積は図形を細かい長方形で覆って細分し，細かい長方形の面積の総和の極限として定義された．

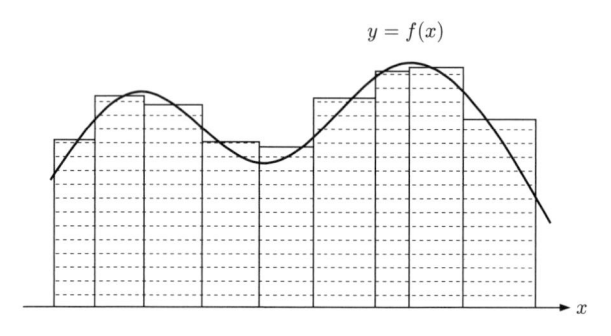

また，座標平面上の関数 $y = f(x)$ のグラフ下の面積として，定積分 $\int_a^b f(x)\,dx$ が定義された．実際，定理 3.2.7 から $y = f(x)$ が連続関数であれば定積分は存在した．これと同様に，次のことが成立する．

> **定理 5.1.1**　平面上の有界閉領域 $D$ の境界 $\delta D$ に対し，連続かつ全射である関数 $f : [0, 1] \to \delta D$ で，$f(0) = f(1), f(a) \neq f(b)\ (0 \leqq a < b < 1)$ となるものがあれば領域 $D$ は面積をもつ．

**定義 5.1.2** 定理中の条件を満たす $\delta D$ を**単純閉曲線**あるいは**ジョルダン (Jordan) 閉曲線**という．

この節では，面積をもつ平面上の有界な閉領域 $D$ で定義された 2 変数関数 $f(x,y)$ に対して，$D$ での定積分を 1 変数関数の積分と同様な方法で定義していく．すなわち，$D$ を底面とし曲面 $z = f(x,y)$ 下の体積として，定積分をとらえていく．

**定義 5.1.3 (リーマン (Riemann) 2 重積分)** $D$ を平面 $\mathbb{R}^2$ 上の面積をもつ有界閉領域とする．$D$ の細分 $\Delta = \{D_1, D_2, \cdots, D_n\}$ と，点集合 $\overline{\Delta} = \{(x_1, y_1), (x_2, y_2), \cdots, (x_n, y_n) \mid (x_i, y_i) \in D_i\}$ をとる．$|D_i|$ を $D_i$ の面積，$m_\Delta$ を $|D_1|, |D_2|, \cdots, |D_n|$ の最大値とする．細分であることから $|D| = |D_1| + |D_2| + \cdots + |D_n|$ を満たすことに注意する．この細分に対し，$V_\Delta = \sum_{i=1}^{n} f(x_i, y_i)|D_i|$ とおく．
$(\Delta_1, \overline{\Delta}_1), (\Delta_2, \overline{\Delta}_2), \cdots, (\Delta_j, \overline{\Delta}_j), \cdots$ を $D$ の細分列で $\lim_{j \to \infty} m_{\Delta_j} = 0$ を満たすものをとる．この条件をもつ任意の細分列のとり方によらず $\lim_{j \to \infty} V_{\Delta_j}$ が一定値になるとき，$f(x,y)$ は領域 $D$ で **2 重積分可能**といい，この一定値を $\iint_D f(x,y)\,dxdy$ と表し，$f(x,y)$ の $D$ での**定積分**という．2 変数関数に関する定積分を **2 重積分**，2 変数以上の関数の定積分を総称して**重積分**という．

1 変数関数の場合と同様に，次の定理が成立する．

**定理 5.1.4** $f(x,y)$ が，平面上の有界閉領域 $D$ で定義された連続関数とすると，定積分 $\iint_D f(x,y)\,dxdy$ が存在する．

**例題 5.1.5** 定数関数 $f(x,y) = c$ の積分は，$\iint_D f(x,y)\,dxdy = c|D|$ となることを示せ．

**解** 定義からどんな分割 $\Delta_i$ に対しても $V_{\Delta_i} = c|\Delta_i| = c|\Delta|$ より，$\lim_{i \to \infty} V_{\Delta_i} = c|D|$ となる． ∎

**例題 5.1.6** 領域 $D$ を $D = \{(x,y) \mid x \geqq 0,\ y \geqq 0,\ x + y \leqq 1\}$ とする．このとき，$\iint_D (1-x)\,dxdy = \dfrac{1}{3}$ となることを示せ．

**解** この定積分が表す図形は，下図のように，長さ 1 の正方形を底辺とする高さ 1 の四角錐である．したがって，体積は $\dfrac{1}{3}$ となり，これが定積分の値となる．

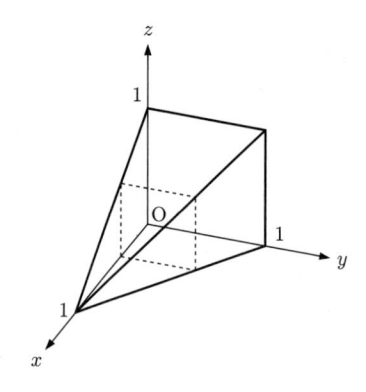

上記の例にある四角錐のような立体の体積は明確にわかり計算できるが，一般の立体の体積は，定義 3.2.12 で定義した面積の場合と同様に，次のように積分を用いて定義される．

> **定義 5.1.7** 領域 $D$ で定義された関数 $f(x,y)$ が，この領域で $f(x,y) \geqq 0$ のとき，定積分 $\iint_D f(x,y)\,dxdy$ の値を，$D$ を底面とする曲面 $z = f(x,y)$ 下の図形の**体積**と定義する．

定義にある立体の側面は，領域 $D$ の境界を $z$ 軸方向に平行移動してできる筒で底面と曲面の間にある部分を側面にもつ．

面積の場合と同様に $f(x,y) \leqq 0$ のとき，負の体積の概念が導入されることになる．

2 重積分の定義は 1 変数と同様であることから，2 重積分も次の性質をもつ．

> **定理 5.1.8** 2 変数関数 $f(x,y)$ と $g(x,y)$ が，領域 $D$ で積分可能とする．
> 
> (1) 定積分の線形性
> 
> $\alpha, \beta$ を定数として，次の式が成立する．
> $$\iint_D (\alpha f(x,y) + \beta g(x,y))\,dxdy$$
> $$= \alpha \iint_D f(x,y)\,dxdy + \beta \iint_D g(x,y)\,dxdy$$
> 
> (2) 定積分の加法性
> 
> 領域 $D$ が 2 つの領域 $D_1, D_2$ に分けられるとき，次の式が成立する．
> $$\iint_D f(x,y)\,dxdy = \iint_{D_1} f(x,y)\,dxdy + \iint_{D_2} f(x,y)\,dxdy$$
> 
> (3) 定積分の大小関係保存性
> 
> 領域 $D$ で常に $f(x,y) \leqq g(x,y)$ ならば，次の式が成立する．
> $$\iint_D f(x,y)\,dxdy \leqq \iint_D g(x,y)\,dxdy$$

**定理 5.1.9** (積分の平均値の定理) 2 変数関数 $f(x,y)$ が領域 $D$ で連続ならば，
$$\iint_D f(x,y)\,dxdy = |D|f(c,d)$$
を満たす点 $(c,d) \in D$ が存在する．ただし，$|D|$ は，領域 $D$ の面積である．

## 演習問題 5–1

1. 次の領域 $D$ を，$xy$ 平面上に図示せよ．
    (1) $D = \{(x,y)|\, 0 \leqq x \leqq 2,\ 0 \leqq y \leqq 3\}$
    (2) $D = \{(x,y)|\, -1 \leqq x,\ 3x \leqq y \leqq 5\}$
    (3) $D = \{(x,y)|\, 2 \leqq x+y \leqq 3,\ 3 \leqq 2x-y \leqq 5\}$
    (4) $D = \{(x,y)|\, x^2 \leqq y \leqq -3x\}$
    (5) $D = \{(x,y)|\, x^2+y^2 \leqq 4,\ xy \leqq 1\}$
    (6) $D = \{(x,y)|\, \sqrt{x} \leqq y \leqq 2\}$
    (7) $D = \{(x,y)|\, |x-1|+y \leqq 2,\ 0 \leqq y\}$
    (8) $D = \{(x,y)|\, |x-1|+|y-1| \leqq 3\}$

2. 次の 2 変数関数と領域 $D$ での 2 重積分 $\iint_D f(x,y)\,dxdy$ の値を，立体図形を用いて求めよ．
    (1) $f(x,y) = 2,\ D = \{(x,y)|\, x^2+y^2 \leqq 1\}$
    (2) $f(x,y) = 3,\ D = \{(x,y)|\, 0 \leqq x \leqq 1,\ 0 \leqq y \leqq 2\}$
    (3) $f(x,y) = x+y,\ D = \{(x,y)|\, 1 \leqq x+y \leqq 2,\ 0 \leqq x,\ 0 \leqq y\}$
    (4) $f(x,y) = \sqrt{a^2-x^2-y^2},\ D = \{(x,y)|\, x^2+y^2 \leqq a^2\}$ (ただし，$a>0$)
    (5) $f(x,y) = 1 - \dfrac{\sqrt{x^2+y^2}}{2},\ D = \{(x,y)|\, 0 \leqq x \leqq \sqrt{4-y^2},\ 0 \leqq y \leqq 2\}$

3. 次の領域を $D = \{(x,y)|\, f(y) \leqq x \leqq g(y),\ a \leqq y \leqq b\}$ の形で表せ．
    (1) $D = \{(x,y)|\, 0 \leqq x \leqq 2,\ 0 \leqq y \leqq x\}$
    (2) $D = \{(x,y)|\, 2x^2 \leqq y \leqq \sqrt{x}\}$

## 5.2 累次積分

2 重積分では，1 変数の積分に関する微分積分学の基本定理のような便利な定理は見つかっていない．そこで，1 変数の積分の計算を利用して，2 重積分を求めてみる．

これを求める原理は，細分のとり方にかかわらず一定の値になることを要求した定積分の定義にある．すなわち，求める定積分の領域と関数の特徴に合わせて細分を 1 つ決めて計算をしていくことになる．

### 5.2.1 累次積分の定義

2 重積分は領域 $D$ の細分 $\Delta = \{D_1, D_2, \cdots, D_t\}$ に対して，$m(\Delta) \to 0$ としたときの $V_\Delta = \sum_{k=1}^t f(x_k, y_k)|D_k|$ の極限として定義された．2 重積分が存在するには，どのような細分列 $\{\Delta_s\}$ に対しても，$\{V_{\Delta_s}\}$ の極限値が一定値になることが要求される．そこで，2 重積分が存在する場合に 2 重積分の値を求めるには，この要求を利用して，与えられた条件に都合がよ

い特定の細分列を与え，$V_\Delta$ の極限を求めれば積分の値が求まることになる．この節では，$D$ の細分として，特に軸に平行な辺をもつ長方形を考えて2重積分の値を求めてみることにする．

$D$ を囲む長方形を $R = \{(x,y) \mid a \leqq x \leqq b,\ c \leqq y \leqq d\}$ とし，区間 $[a,b]$ の分割 $\{a = x_0, x_1, \cdots, x_n = b\}$ および $[c,d]$ の分割 $\{c = y_0, y_1, \cdots, y_m = d\}$ を用いて，下図のように作った長方形を $D$ の細分と考える．

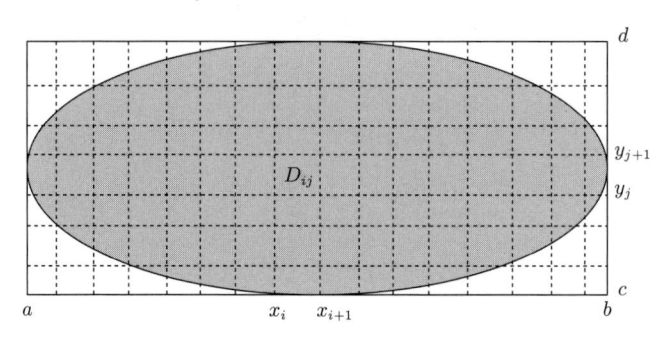

このとき，細分された各部分 $D_{ij} = \{(x,y) \mid x_i \leqq x \leqq x_{i+1},\ y_j \leqq y \leqq y_{j+1}\}$ は長方形より，その面積は $|D_{ij}| = (x_{i+1} - x_i)(y_{j+1} - y_j)$ で与えられる．この細分に対し $V_\Delta = \displaystyle\sum_{i,j} f(x_{ij}, y_{ij})(x_{i+1} - x_i)(y_{j+1} - y_j)$ となる．ただし，$(x_{ij}, y_{ij})$ が $D$ の外部にあるときは，$f(x_{ij}, y_{ij}) = 0$ と考えることにする．$V_\Delta$ に対し，2変数としての極限をとったものが2重積分であるが，2変数としての極限をとる代わりに逐次極限をとると，

$$\iint_D f(x,y)\,dxdy = \lim_{n\to\infty} \sum_{i=1}^{n-1} \left( \lim_{m\to\infty} \sum_{j=1}^{m-1} f(x_{ij}, y_{ij})(y_{j+1} - y_j) \right)(x_{i+1} - x_i)$$

となる．この式で，$\displaystyle\lim_{m\to\infty} \sum_{j=1}^{m-1} f(x_{ij}, y_{ij})(y_{j+1} - y_j)$ は，$x$ を固定したときの $y$ の1変数関数の定積分で与えられる．この値を $S(x)$ とすると，上記と同様に $\displaystyle\lim_{n\to\infty} \sum_{i=1}^{n-1} S(x)(x_{i+1} - x_i)$ は $x$ の1変数関数の定積分 $\displaystyle\int_a^b S(x)\,dx$ で与えられる．

3.4.2節の「断面積をもつ立体の体積」では，この値を立体の体積と定義したが，この定義と2重積分で定義される立体の体積は，上記の事実から同一のものであることがわかる．この事実を用いて，次のように2重積分の計算法をまとめてみる．

次の左図のような2つの曲線 $y = \varphi_1(x), y = \varphi_2(x)$ と $x = a, x = b$ で囲まれた $xy$-平面上の領域 $D$ を考える．

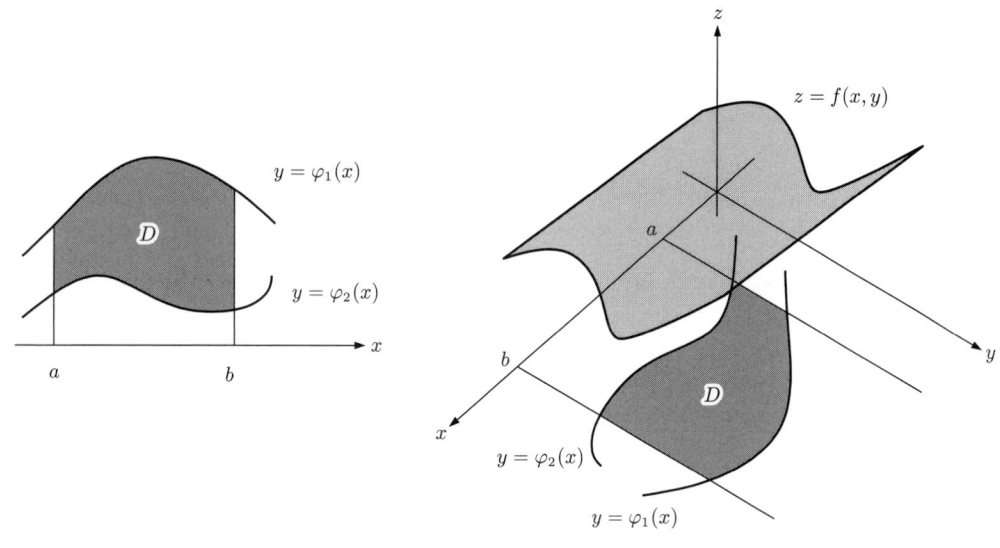

この領域で，2変数関数 $f(x,y)$ の積分を計算するにあたって，$a \leqq c \leqq b$ となる定数 $c$ を固定し，底面 $D$ をもち2重積分を体積にもつ立体を，平面 $x = c$ で切った断面を考える．この断面は，下の右図のように曲線 $z = f(c, y)$ と3直線 $x - c = z = 0, y - \varphi_1(c) = x - c = 0, y - \varphi_2(c) = x - c = 0$ で囲まれた図形である．$x = c$ におけるこの図形の面積を $S(c)$ とおくと，下の左図の面積である．

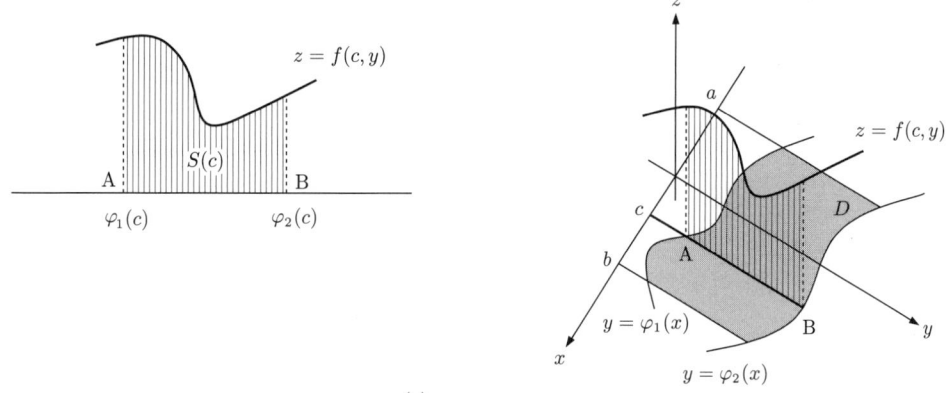

したがって，この面積は $S(c) = \displaystyle\int_{\varphi_1(c)}^{\varphi_2(c)} f(c, y) dy$ で与えられる．

一方，閉区間 $[a, b]$ の各点 $x$ で面積が $S(x)$ である立体の体積は，3.4.2 節の「断面積をもつ立体の体積」でみたように，$\displaystyle\int_a^b S(x) dx$ で与えられる．したがって，2重積分に関して，次の定理が成立する．

---

**定理 5.2.1** 閉区間 $[a, b]$ で連続な関数 $y = \varphi_1(x), y = \varphi_2(x)$ があり，$\varphi_1(x) \leqq \varphi_2(x)$ とする．領域 $D = \{(x, y) |\ a \leqq x \leqq b, \varphi_1(x) \leqq y \leqq \varphi_2(x)\}$ とするとき，次の式が成立する．
$$\iint_D f(x, y)\, dxdy = \int_a^b \left( \int_{\varphi_1(x)}^{\varphi_2(x)} f(x, y) dy \right) dx$$

同様に，次の定理も成立する．

> **定理 5.2.2** 閉区間 $[c,d]$ で連続な関数 $x=\psi_1(y), x=\psi_2(y)$ があり，$\psi_1(y) \leqq \psi_2(y)$ とする．領域 $D = \{(x,y)|\ c \leqq y \leqq d, \psi_1(y) \leqq x \leqq \psi_2(y)\}$ とするとき，次の式が成立する．
> $$\iint_D f(x,y)\,dxdy = \int_c^d \left( \int_{\psi_1(y)}^{\psi_2(y)} f(x,y)\,dx \right) dy$$

> **定義 5.2.3** 1変数の積分を2回繰り返した積分
> $$\int_a^b \left( \int_{\varphi_1(x)}^{\varphi_2(x)} f(x,y)\,dy \right) dx \ \ \text{および} \ \ \int_c^d \left( \int_{\psi_1(y)}^{\psi_2(y)} f(x,y)\,dx \right) dy$$
> を，**累次 (るいじ) 積分** あるいは **逐次 (ちくじ) 積分** という．

### 5.2.2 累次積分の計算

**例題 5.2.4** 2重積分 $\displaystyle\iint_D (x^2y + xy^2 + y^3)\,dxdy$ を，次の領域で計算せよ．

(1) 領域 $D = \{(x,y)|\ 0 \leqq x \leqq 1,\ 0 \leqq y \leqq 1\}$

(2) 領域 $D = \{(x,y)|\ 0 \leqq x \leqq 1, 0 \leqq y \leqq x\}$

**解** おのおのの領域を図示すると以下のようになる．

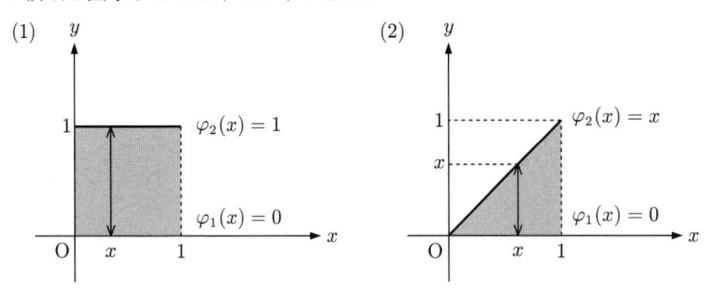

(1) の場合，$D$ は4つの直線 $\varphi_1(x)=0, \varphi_2(x)=1, x=0, x=1$ で囲まれた領域であるから，定理 5.2.1 より
$$\iint_D (x^2y + xy^2 + y^3)\,dxdy = \int_0^1 \left( \int_0^1 (x^2y + xy^2 + y^3)\,dy \right) dx$$
となり，この累次積分を計算すると，
$$\int_0^1 \left( \int_0^1 (x^2y + xy^2 + y^3)\,dy \right) dx = \int_0^1 \left[ \frac{1}{2}x^2y^2 + \frac{1}{3}xy^3 + \frac{1}{4}y^4 \right]_{y=0}^{y=1} dx$$
$$= \int_0^1 \left( \frac{1}{2}x^2 + \frac{1}{3}x + \frac{1}{4} \right) dx = \left[ \frac{1}{6}x^3 + \frac{1}{6}x^2 + \frac{1}{4}x \right]_0^1 = \frac{7}{12}$$
となる．

(2) の場合，$D$ は3つの直線 $\varphi_1(x)=0, \varphi_2(x)=x, x=1$ で囲まれた領域であるから，定理 5.2.1 より
$$\iint_D (x^2y + xy^2 + y^3)\,dxdy = \int_0^1 \left( \int_0^x (x^2y + xy^2 + y^3)\,dy \right) dx$$
となり，この累次積分を計算すると，
$$\int_0^1 \left( \int_0^x (x^2y + xy^2 + y^3)\,dy \right) dx = \int_0^1 \left[ \frac{1}{2}x^2y^2 + \frac{1}{3}xy^3 + \frac{1}{4}y^4 \right]_{y=0}^{y=x} dx$$
$$= \int_0^1 \left( \frac{1}{2}x^4 + \frac{1}{3}x^4 + \frac{1}{4}x^4 \right) dx = \int_0^1 \frac{13}{12}x^4\,dx = \frac{13}{12}\left[ \frac{1}{5}x^5 \right]_0^1 = \frac{13}{60}$$

となる.

上の2つの定理の条件を満たす領域 $D$ を定義域とする2重積分については,定義中のそれぞれの累次積分の値と一致することから,次の定理が成立する.

> **系 5.2.5 (積分順序の交換)** 定理 5.2.1 および定理 5.2.2 と同じ条件で,領域 $D$ が
> $D = \{(x,y)|\ a \leqq x \leqq b, \varphi_1(x) \leqq y \leqq \varphi_2(x)\} = \{(x,y)|\ c \leqq y \leqq d, \psi_1(y) \leqq x \leqq \psi_2(y)\}$
> とするとき,次の式が成立する.
> $$\iint_D f(x,y)\,dxdy = \int_a^b \left(\int_{\varphi_1(x)}^{\varphi_2(x)} f(x,y)\,dy\right) dx = \int_c^d \left(\int_{\psi_1(y)}^{\psi_2(y)} f(x,y)\,dx\right) dy$$

**例題 5.2.6** 累次積分 $\int_0^1 \left(\int_{x^2}^x f(x,y)\,dy\right) dx$ を2重積分で表せ.また,これを用いて積分順序を交換せよ.

**解** 累次積分では,$x$ を固定したとき $y$ のとる範囲は $x^2 \leqq y \leqq x$ であるので,領域 $D = \{(x,y)|\ x^2 \leqq y \leqq x, 0 \leqq x \leqq 1\}$ を考える.領域 $D$ は下の左図のようになり,2つの曲線 $\varphi_1(x) = x^2, \varphi_2(x) = x$ で囲まれた図形である.したがって,定理 5.2.1 から $\int_0^1 \left(\int_{x^2}^x f(x,y)\,dy\right) dx = \iint_D f(x,y)\,dxdy$ となる.

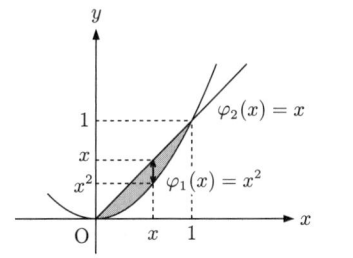

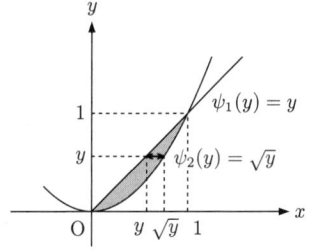

上の右図のように $y$ を固定して $x$ のとる範囲をみると,領域 $D$ は2つの曲線 $\psi_1(y) = y, \psi_2(y) = \sqrt{y}$ で囲まれた図形である.したがって,定理 5.2.2 から
$$\iint_D f(x,y)\,dxdy = \int_0^1 \left(\int_y^{\sqrt{y}} f(x,y)\,dx\right) dy$$
となる.

2重積分の計算で,積分順序の交換をした式では値は一致するが,計算のしやすさは必ずしも同程度ではなく,次の例のように一方が難しく他方がやさしく計算できる場合がある.

**例題 5.2.7** 領域 $D = \{(x,y)|\ 0 \leqq x \leqq 1, 0 \leqq y \leqq x\}$ として,2重積分 $\iint_D \dfrac{2}{x^2+1}\,dxdy$ の値を求めよ.

**解** 領域 $D$ を図示すると下の図になる.

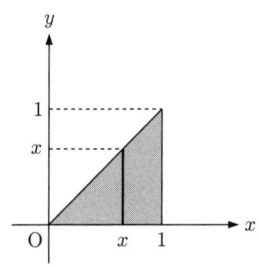

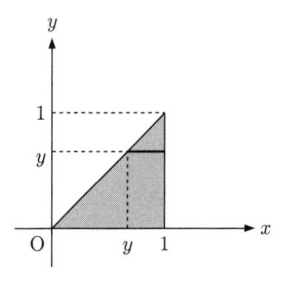

おのおのを累次積分で表すと，
$$\iint_D \frac{2}{x^2+1}\,dxdy = \int_0^1 \left(\int_0^x \frac{2}{x^2+1}\,dy\right)dx = \int_0^1 \left(\int_y^1 \frac{2}{x^2+1}\,dx\right)dy$$
となる．最後の項の計算は逆三角関数の計算になる．
ここでは，中央の項の計算が簡単であるので，これを計算して，
$$\int_0^1 \left(\int_0^x \frac{2}{x^2+1}\,dy\right)dx = \int_0^1 \frac{2}{x^2+1}\bigl[y\bigr]_0^x dx$$
$$= \int_0^1 \frac{2x}{x^2+1}\,dx = \bigl[\log(x^2+1)\bigr]_0^1 = \log 2$$
となる．

次の例は，積分順序の交換を利用して積分の値を求めるものある．

**例題 5.2.8** 累次積分 $\int_0^\pi \left(\int_y^\pi \cos x^2\,dx\right)dy$ を2重積分で表し，この積分の値を求めよ．

**解** 累次積分では，$y$ は $0 \leqq y \leqq \pi$ の範囲にあり，$y$ を固定したとき $x$ のとる範囲は $y \leqq x \leqq \pi$ であるので，領域 $D = \{(x,y)\mid 0 \leqq y \leqq \pi, y \leqq x \leqq \pi\}$ を考える．これは次の図のような領域になる．

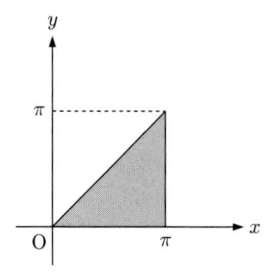

定理 5.2.1 から，$\iint_D \cos x^2\,dxdy = \int_0^\pi \left(\int_y^\pi \cos x^2\,dx\right)dy$ となる．
一方，定理 5.2.2 から，$\iint_D \cos x^2\,dxdy = \int_0^\pi \left(\int_0^x \cos x^2\,dy\right)dx$ となる．
これを計算すると，
$$\iint_D \cos x^2\,dxdy = \int_0^\pi \left(\int_0^x \cos x^2\,dy\right)dx = \int_0^\pi \cos x^2\bigl[y\bigr]_0^x dx$$
$$= \int_0^\pi x\cos x^2\,dx = \left[\frac{1}{2}\sin x^2\right]_0^\pi = \frac{1}{2}\sin \pi^2$$
となる．

2重積分を累次積分でなく，次のように1変数関数の積分で表すことができる例もある．

**例題 5.2.9** 領域 $D = \{(x,y)\mid 0 \leqq x, 0 \leqq y, x+y \leqq 1\}$ で，2重積分 $\iint_D (x+y)^2 dxdy$ の値を求めよ．

**解** 領域 $D$ を図示すると下の左図になる．

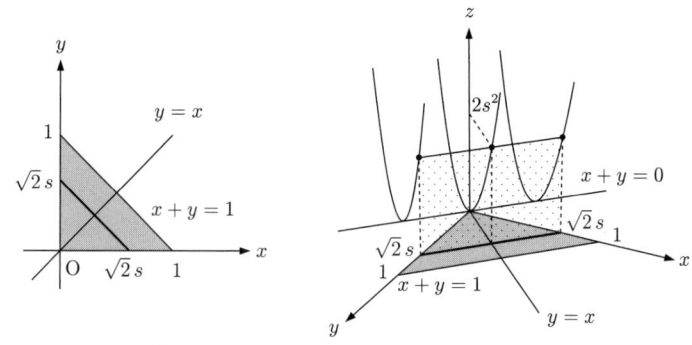

領域内で, 曲面 $z = (x+y)^2$ の下の立体を $x+y$ が一定の断面で切ると, 上の右図の長方形になる. 3.4.2 節「断面積をもつ立体の体積」の方法にあてはめると, 直線 $y = x$ に沿って $z$ 軸に平行な平面で切り取った曲面の切り口がこの長方形である.

そこで, この長方形の面積を計算する. 原点から直線 $y = x$ と長方形の交点までの距離を $s$ $\left(0 \leqq s \leqq \dfrac{\sqrt{2}}{2}\right)$ とおくと, 底辺は一辺 $\sqrt{2}s$ の直角二等辺三角形の斜辺より, 長さは $2s$ になる. 長方形の上辺は, 直線 $x+y = \sqrt{2}s$ 上にある曲面上の点より, 高さは $2s^2$ になる. したがって, 長方形の面積は $4s^3$ となる. この 2 重積分を体積にもつ図形は, $0 \leqq s \leqq \dfrac{\sqrt{2}}{2}$ としたときこの長方形を断面にもつので, 体積は $\iint_D (y+x)^2 dxdy = \int_0^{\frac{\sqrt{2}}{2}} 4s^3 ds$ と表される. よって, $\int_0^{\frac{\sqrt{2}}{2}} 4s^3 ds = \left[s^4\right]_0^{\frac{\sqrt{2}}{2}} = \dfrac{1}{4}$ が求める体積である. ∎

**注意 5.2.10** 上記のいくつかの例でみたように, 2 重積分を計算するために, 領域の分割等にいろいろな工夫を施して, 1 変数の積分に帰着させて計算させることができる. どのように計算するかは, 定義域の領域の形や関数形に依存して個々に工夫することになり, 同じ関数でも領域が異なると別々の工夫をせざるを得ないこともある. 多くの計算を行うことで, どのような工夫を施すかが見通せるようになるのであって, 何らかの工夫を機械的に適用することで必ず 2 重積分を計算できるようにする, といったことは困難であると言える.

## 演 習 問 題 5–2

1. 次の累次積分の値を求めよ.

   (1) $\displaystyle\int_3^4 \left(\int_1^2 (x+y) \, dx\right) dy$
   
   (2) $\displaystyle\int_2^5 \left(\int_1^y (x^2+y) \, dx\right) dy$
   
   (3) $\displaystyle\int_2^3 \left(\int_1^{2x} e^{x+y} \, dy\right) dx$
   
   (4) $\displaystyle\int_0^{\frac{\pi}{4}} \left(\int_0^{\frac{\pi}{4}} \cos(x+y) \sin 2y \, dx\right) dy$
   
   (5) $\displaystyle\int_1^{\frac{\pi}{2}} \left(\int_0^{\frac{1}{y}} \frac{1}{1+x^2y^2} \, dx\right) dy$
   
   (6) $\displaystyle\int_0^1 \left(\int_{\frac{x}{2}}^x \cos \frac{\pi y}{x} \, dy\right) dx$

2. 次の 2 重積分を累次積分に直し, 積分の値を求めよ.

   (1) $\displaystyle\iint_D (x^2y + yx + y^2) \, dxdy, \quad D = \{(x,y) \mid 0 \leqq x \leqq 1, \, 0 \leqq y \leqq 2\}$

(2) $\iint_D \log(x^2 + xy)\, dxdy,\ D = \{(x,y)|\ 1 \leq x \leq 2,\ 3 \leq y \leq 4\}$

(3) $\iint_D xy\, dxdy,\ D = \{(x,y)|\ x^2 \leq y \leq x\}$

(4) $\iint_D x\, dxdy,\ D = \{(x,y)|\ 0 \leq x,\ \dfrac{x^2}{4} + \dfrac{y^2}{9} \leq 1\}$

(5) $\iint_D (x^2 + y^2)\, dxdy,\ D = \{(x,y)|\ 0 \leq x,\ 0 \leq y,\ x + y \leq 2\}$

(6) $\iint_D 2xy\, dxdy,\ D = \{(x,y)|\ (x-2)^2 \leq y \leq x\}$

(7) $\iint_D \dfrac{1}{x^2 + y^2}\, dxdy,\ D = \{(x,y)|\ 1 \leq x \leq 2,\ 0 \leq y \leq x\}$

3. 次の累次積分から領域 $D$ を決め2重積分を用いて表せ．また，これを用いて積分順序を交換せよ．

(1) $\displaystyle\int_1^2 \left(\int_0^1 f(x,y)\, dy\right) dx$ 　　(2) $\displaystyle\int_0^1 \left(\int_0^x f(x,y)\, dy\right) dx$

(3) $\displaystyle\int_0^1 \left(\int_0^{x^2} f(x,y)\, dy\right) dx$ 　　(4) $\displaystyle\int_0^1 \left(\int_y^{\sqrt{y}} f(x,y)\, dx\right) dy$

(5) $\displaystyle\int_0^1 \left(\int_{y^2}^{\sqrt{y}} f(x,y)\, dx\right) dy$

4. 次の累次積分の値を求めよ．さらに，積分順序を交換して値を計算し両方の値が一致することを確かめよ．

(1) $\displaystyle\int_0^1 \left(\int_0^1 \dfrac{2}{y^2+1}\, dy\right) dx$ 　　(2) $\displaystyle\int_{\frac{1}{2}}^2 \left(\int_{\frac{1}{2}}^2 ye^{xy}\, dy\right) dx$

(3) $\displaystyle\int_{-1}^0 \left(\int_0^{\sqrt{\frac{y+1}{2}}} \sqrt{y - x^2 + 1}\, dx\right) dy + \int_0^1 \left(\int_{\sqrt{y}}^{\sqrt{\frac{y+1}{2}}} \sqrt{y - x^2 + 1}\, dx\right) dy$

5. 次の累次積分の積分順序を交換し2つの2重積分の和で表せ．

(1) $\displaystyle\int_0^1 \left(\int_0^{x+1} f(x,y)\, dy\right) dx$ 　　(2) $\displaystyle\int_0^{\sqrt{2}} \left(\int_y^{\sqrt{4-y^2}} f(x,y)\, dx\right) dy$

## 5.3　2重積分の計算法

この節では，変数変換を用いた2重積分の計算を行う．そのための基本的な手法を紹介する．

### 5.3.1　正則1次変換を用いた計算法

最初に，領域が平面上の平行四辺形となっている場合の2重積分の計算の工夫をしてみる．図のように，平行四辺形 OABC 上のベクトル $\bm{a} = \overrightarrow{\mathrm{OA}}, \bm{c} = \overrightarrow{\mathrm{OC}}$ として，正則行列 $\begin{pmatrix} a & b \\ c & d \end{pmatrix}$ でベクトル $\bm{a}, \bm{c}$ を写したベクトルを $\bm{a}' = \overrightarrow{\mathrm{OA}'}, \bm{c}' = \overrightarrow{\mathrm{OC}'}$ とする．

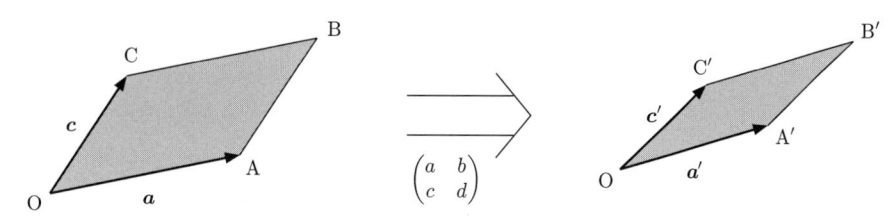

このとき，正則行列による 1 次変換 $\begin{pmatrix} u \\ v \end{pmatrix} = \begin{pmatrix} a & b \\ c & d \end{pmatrix} \begin{pmatrix} x \\ y \end{pmatrix}$ $(ad - bc \neq 0)$ で，平行四辺形 OABC は平行四辺形 OA'B'C' に写る．平行四辺形の面積はベクトルの外積の絶対値で与えられるので，平行四辺形 OA'B'C' の面積は平行四辺形 OABC の面積に行列 $\begin{pmatrix} a & b \\ c & d \end{pmatrix}$ の行列式の絶対値 $|ad - bc|$ 倍したものになる．すなわち，平行四辺形 OABC と平行四辺形 OA'B'C' が，この正則 1 次変換で対応する領域とすると面積は $|ad - bc|$ 倍される．

互いに対応する平行四辺形の面積は $|ad - bc|$ 倍の関係にあることがわかったが，平行四辺形とは限らない領域 $D$ と領域 $D'$ が正則 1 次変換で対応している場合も，領域 $D$ と領域 $D'$ を対応する平行四辺形に分割して考えれば，領域 $D$ と領域 $D'$ はどのような形状でも $|ad - bc|$ 倍の関係をもつことがわかる．

これを 2 重積分の計算に利用してみよう．
2 変数関数 $f(u, v)$ に対し，上の 1 次変換を行って得られる 2 変数関数を $g(x, y) = f(u(x, y), v(x, y))$ とする．2 重積分の定義は，領域 $D'$ の分割 $\{D'_i\}$ をとったときの $f(u, v) m(D'_i)$ の総和の極限であったことを考えに入れて，それぞれの関数の 2 重積分の関係を調べてみる．

$g(x, y)$ は，合成関数 $g(x, y) = f(u(x, y), v(x, y))$ である．$\{D_i\}$ に対応する領域 $\{D'_i\}$ の面積は，上記の考察で，$m(D'_i) = |ad - bc| m(D_i)$ となっている．これより，$f(u, v) m(D'_i) = g(x, y) |ad - bc| m(D_i)$ の関係をうる．

したがって，これは
$$\iint_{D'} f(u, v) du dv = |ad - bc| \iint_D g(x, y)\, dx dy$$
を意味する．これをまとめると，次の定理となる．

---

**定理 5.3.1** 正則 1 次変換 $u = ax + by, v = cx + dy$ で，$xy$ 平面の領域 $D$ と $uv$ 平面の領域 $D'$ が 1 対 1 に対応しているとする．$D'$ 上で積分可能な 2 変数関数 $f(u, v)$ と $D$ 上の 2 変数関数 $f(ax + by, cx + dy)$ に関して，次の式が成立する．
$$\iint_D f(ax + by, cx + dy)\, dx dy = \frac{1}{|ad - bc|} \iint_{D'} f(u, v)\, du dv$$

---

**例題 5.3.2** 2 重積分 $\iint_D (2x + 3y)\, dx dy$ の値を領域 $D = \{(x, y)|\ 0 \leqq x + y \leqq 1,\ 0 \leqq x - y \leqq 1\}$ で求めよ．

**解** $\begin{pmatrix} u \\ v \end{pmatrix} = \begin{pmatrix} 1 & 1 \\ 1 & -1 \end{pmatrix} \begin{pmatrix} x \\ y \end{pmatrix}$ とおくと，領域 $D$ に対応する $(u, v)$ の領域 $D'$ は，$D' = \{(u, v)|\ 0 \leqq u \leqq 1, 0 \leqq v \leqq 1\}$ となり，おのおのの領域は下図のようになる．

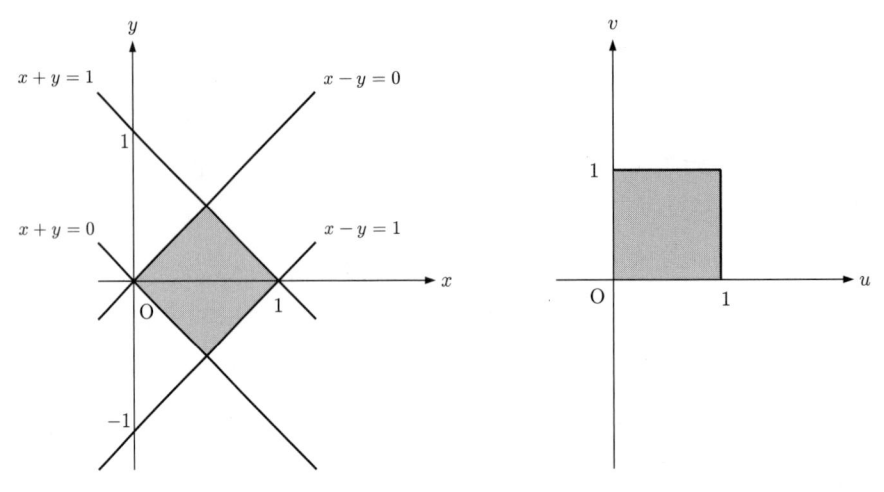

定理 5.3.1 と $|ad-bc|=2$ および
$$\begin{pmatrix} x \\ y \end{pmatrix} = \begin{pmatrix} 1 & 1 \\ 1 & -1 \end{pmatrix}^{-1} \begin{pmatrix} u \\ v \end{pmatrix} = \frac{1}{2}\begin{pmatrix} 1 & 1 \\ 1 & -1 \end{pmatrix}\begin{pmatrix} u \\ v \end{pmatrix}$$
より,
$$\iint_D (2x+3y)\,dxdy = \frac{1}{2}\iint_{D'} \left(2\cdot\frac{u+v}{2} + 3\cdot\frac{u-v}{2}\right) dudv = \frac{1}{2}\iint_{D'} \left(\frac{5u}{2} - \frac{v}{2}\right) dudv$$
$$= \frac{1}{4}\int_0^1 \left(\int_0^1 (5u-v)\,dv\right) du = \frac{1}{4}\int_0^1 \left[5uv - \frac{v^2}{2}\right]_0^1 du = \frac{1}{4}\left[\frac{5u^2}{2} - \frac{u}{2}\right]_0^1 = \frac{1}{2}$$
となる.

上の定理で $x,y$ と $u,v$ を入れ替えると次の定理になる.

**定理 5.3.3** 1次変換 $x = au+bv, y = cu+dv$ で, $uv$ 平面の領域 $D'$ と $xy$ 平面の領域 $D$ が1対1に対応しているとする. $D$ 上で積分可能な2変数関数 $f(x,y)$ に関して, 次の式が成立する.
$$\iint_D f(x,y)\,dxdy = |ad-bc|\iint_{D'} f(au+bv, cu+dv)\,dudv$$

**例題 5.3.4** 2重積分 $\iint_D (x^2-y^2)dxdy$ の値を領域 $D = \{(x,y)|\ 0 \leqq x+y \leqq 1, 0 \leqq x-y \leqq 1\}$ で, 求めよ.

**解** $x = \frac{1}{2}(u+v), y = \frac{1}{2}(u-v)$ とおく. $x^2 - y^2 = uv$, $|ad-bc| = \frac{1}{2}$ で, 領域 $D$ と対応する $(u,v)$ の領域 $D'$ は, $u = x+y, v = x-y$ より, $D' = \{(u,v)|\ |\ 0 \leqq u \leqq 1, 0 \leqq v \leqq 1\}$ となる. よって, 定理 5.3.3 より
$$\iint_D (x^2-y^2)\,dxdy = \frac{1}{2}\iint_{D'} uv\,dudv = \frac{1}{2}\int_0^1 u\,du \int_0^1 v\,dv = \frac{1}{8}$$
となる.

### 5.3.2 ヤコビアンの定義

正則1次変換では, 平面上の領域の面積は一律に定数倍されていた. ここでは, 全微分可能な関数による一般の変換 $u = u(x,y), v = v(x,y)$ に対して, 正則1次変換の場合の考え方を踏襲して2重積分を計算する方法を調べる.

2変数関数 $f(u,v)$ に対し，全微分可能な関数による変換 $u=u(x,y),\ v=v(x,y)$ を行って得られる関数を $g(x,y)=f(u(x,y),v(x,y))$ とする．領域 $D$ の分割 $\{D_i\}$ と，領域 $D'$ の分割 $\{D'_i\}$ がこの変換で1対1に対応しているとする．そこで，分割の各部分の面積 $m(D_i)$ と $m(D'_i)$ の関係を調べてみる．

全微分 $du=u_x\,dx+u_y\,dy, dv=v_x\,dx+v_y\,dy$ を，行列を用いて表すと，

$$\begin{pmatrix} du \\ dv \end{pmatrix} = \begin{pmatrix} u_x & u_y \\ v_x & v_y \end{pmatrix} \begin{pmatrix} dx \\ dy \end{pmatrix}$$

であり，正則1次変換で考察したように微小部分の面積は，この変換の行列式の絶対値 $|u_x v_y - v_x u_y|$ 倍される．そこで，

$$J(x,y) = \begin{vmatrix} u_x & u_y \\ v_x & v_y \end{vmatrix} = u_x v_y - u_y v_x$$

ときめ，この値を **Jacobian**(ヤコビアン) とよび $J(x,y)$ と表す．

$f(u,v)m(D'_i)$ の総和の極限が2重積分であることから，それぞれの関数の2重積分の関係を調べてみる．

微小領域 $\{D_i\}$ に対応する微小領域 $\{D'_i\}$ の面積は $m(D'_i)=|J(x,y)|m(D_i)$ となっている．$g(x,y)=f(u(x,y),v(x,y))$ より，微小領域 $D_i$ および $D'_i$ を底辺とする曲面下の微小立体の体積を考えると

$$f(u,v)m(D'_i) = g(x,y)|J(x,y)|m(D_i)$$

である．したがって，

$$\iint_{D'} f(u,v)\,dudv = \iint_D g(x,y)|J(x,y)|\,dxdy$$

が成立する．これをまとめると次の定理になる．

---

**定理 5.3.5** 全微分可能な関数による変換 $u=u(x,y),\ v=v(x,y)$ で，$xy$ 平面の領域 $D$ と $uv$ 平面の領域 $D'$ が1対1に対応しているとする．$D'$ 上で積分可能な2変数関数 $f(u,v)$ に関して次の式が成立する．

$$\iint_{D'} f(u,v)\,dudv = \iint_D f(u(x,y),v(x,y))|J(x,y)|\,dxdy$$

---

**例題 5.3.6** 領域 $D=\{(x,y)\mid 0\leqq x,\ 1\leqq xy\leqq 2,\ 2\leqq -x+y\leqq 4\}$ で2重積分 $\iint_D (y^2-x^2)\,dxdy$ の値を求めよ．

**解** 変換 $u=xy,\ v=-x+y$ を考える．これに対する Jacobian は，

$$J(x,y) = u_x v_y - v_x u_y = y+x$$

となる．ここで，領域 $D$ では $J(x,y)=y+x>0$ であることに注意する．
一方，$y^2-x^2 = (x+y)(-x+y) = J(x,y)(-x+y)$ となるので，定理 5.3.5 より

$$\iint_D (y^2-x^2)\,dxdy = \iint_D (-x+y)J(x,y)\,dxdy = \iint_{D'} v\,dudv$$

となる．$D'$ は領域 $D$ に対応する領域であるので，

$$D' = \{(u,v)\mid 1\leqq u\leqq 2,\ 2\leqq v\leqq 4\}$$

である．これより，2重積分を累次積分を用いて計算すると，
$$\iint_{D'} v\,dudv = \int_1^2 du \int_2^4 v\,dv = 6$$
となる．

上の定理で $x,y$ と $u,v$ を入れ替えると次の定理となる．

> **定理 5.3.7** 全微分可能な関数による変換 $x = x(u,v), y = y(u,v)$ で，$uv$ 平面の領域 $D'$ と $xy$ 平面の領域 $D$ が1対1に対応しているとする．$J(u,v) = x_u y_v - x_v y_u$ とするとき，$D$ 上で積分可能な2変数関数 $f(x,y)$ に関して，次の式が成立する．
> $$\iint_D f(x,y)\,dxdy = \iint_{D'} f(x(u,v), y(u,v))|J(u,v)|\,dudv$$

**例題 5.3.8** 領域 $D = \left\{(x,y) \,\middle|\, \dfrac{x^2}{2^2} + \dfrac{y^2}{3^2} \leq 1\right\}$ で2重積分 $\iint_D (x^2 + y^2)\,dxdy$ の値を求めよ．

**解** $x = 2r\cos\theta, y = 3r\sin\theta$ とおく．$\dfrac{x^2}{2^2} + \dfrac{y^2}{3^2} = r^2$ より，領域 $D$ に対応する領域 $D'$ は，$D' = \{(r,\theta) | 0 \leq r \leq 1,\ 0 \leq \theta \leq 2\pi\}$ である．また，Jacobian は定理 5.3.7 で $u = r, v = \theta$ とおいたものなので，
$$J(r,\theta) = x_r y_\theta - x_\theta y_r = (2\cos\theta)(3r\cos\theta) - (-2r\sin\theta)(3\sin\theta) = 6r > 0$$
となり2重積分を計算すると，
$$\iint_D (x^2 + y^2)\,dxdy = \iint_{D'} 6r(4r^2 \cos^2\theta + 9r^2 \sin^2\theta)\,drd\theta = \iint_{D'} 6r^3(4 + 5\sin^2\theta)\,drd\theta$$
$$= \int_0^1 6r^3\,dr \int_0^{2\pi}\left(4 + \frac{5(1-\cos 2\theta)}{2}\right)d\theta = \left[\frac{3}{2}r^4\right]_0^1 \left[\frac{13}{2}\theta - \frac{5}{4}\sin 2\theta\right]_0^{2\pi} = \frac{39}{2}\pi$$
となる．

### 5.3.3 極座標を用いた計算法

ここでは，極座標表示 $x = r\cos\theta, y = r\sin\theta$ に対して Jacobian $J(r,\theta)$ を計算して，極座標変換による2重積分を調べる．$x_r = \cos\theta, x_\theta = -r\sin\theta, y_r = \sin\theta, y_\theta = r\cos\theta$ より，
$$J(r,\theta) = x_r y_\theta - x_\theta y_r = r(\cos^2\theta + \sin^2\theta) = r$$
となる．したがって，定理 5.3.7 より次の定理が成立する．

> **定理 5.3.9 (極座標変換による2重積分)** 変換 $x = r\cos\theta, y = r\sin\theta$ で $xy$ 平面の領域 $D$ と極座標上の領域 $D'$ が1対1に対応しているとき，次の式が成立する．
> $$\iint_D f(x,y)\,dxdy = \iint_{D'} f(r\cos\theta, r\sin\theta) r\,drd\theta$$

**例題 5.3.10** 円環領域 $D = \{(x,y) \,|\, 1 \leq x^2 + y^2 \leq 4\}$ で，2重積分 $\iint_D (x^2 + y^2)\,dxdy$ の値を求めよ．

**解** 領域 $D$ を図示すると下の左図のようになる．

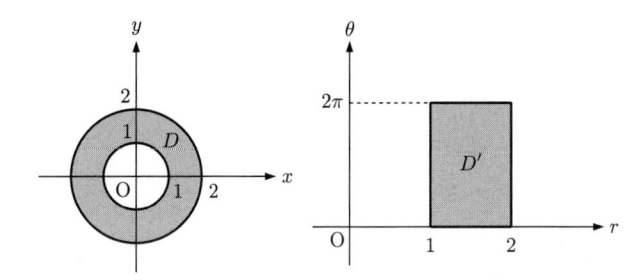

そこで，極座標表示 $x = r\cos\theta$, $y = r\sin\theta$ に対して，領域 $D$ に対応する領域 $D'$ は上の右図のように $D' = \{(r,\theta) | 1 \leqq r \leqq 2,\ 0 \leqq \theta \leqq 2\pi\}$ となる．したがって，定理 5.3.9 より

$$\iint_D (x^2 + y^2)\,dxdy = \iint_{D'} r^3\,drd\theta$$

となり，累次積分で計算すると

$$\iint_{D'} r^3\,drd\theta = \int_0^{2\pi} \left(\int_1^2 r^3\,dr\right) d\theta = \int_0^{2\pi} d\theta \left[\frac{1}{4}r^4\right]_1^2 = \frac{15}{2}\pi$$

となる．

## 演習問題 5−3

1. 次の変数変換に対する Jacobian を求めよ．
   (1) $x = 2r\cos\theta$, $y = 5r\sin\theta$　　　　(2) $u = x^2 + y^2$, $v = xy$
   (3) $x = \cos u$, $y = \sin v \cos u$

2. 次の2重積分の値を求めよ．

   (1) $\iint_D xy\,dxdy$, $D = \{(x,y) \mid 2 \leqq 2x + 3y \leqq 4,\ -1 \leqq 5x + y \leqq 3\}$

   (2) $\iint_D (x-y)^2\,dxdy$, $D = \{(x,y) \mid |x - 2y| \leq 1,\ |x + y| \leq 1\}$

   (3) $\iint_D \tan(x+y)\,dxdy$, $D = \left\{(x,y) \mid 0 \leq x + y \leq \frac{\pi}{4},\ 0 \leq x - y \leq \frac{\pi}{4}\right\}$

3. 次の2重積分の値を変数変換を行って求めよ．

   (1) $\iint_D (4x^2 - y^2)\,dxdy$, $D = \{(x,y) \mid 0 \leqq x,\ 1 \leqq xy \leqq 2,\ 2 \leqq 2x - y \leqq 3\}$

   (2) $\iint_D (3x^2 + 2y^2)\,dxdy$, $D = \{(x,y) \mid x^2 + y^2 \leqq 3x,\ 0 \leqq y\}$

   (3) $\iint_D \frac{x^2 - y^2}{x^2 + y^2 + 1}\,dxdy$, $D = \{(x,y) \mid 2 \leqq x^2 + y^2 \leqq 4,\ 0 \leqq y \leqq x\}$

   (4) $\iint_D \sin\left(\frac{x^2}{4} + \frac{y^2}{9}\right)\pi\,dxdy$, $D = \left\{(x,y) \,\middle|\, \frac{x^2}{4} + \frac{y^2}{9} \leqq 1,\ 0 \leqq x,\ 0 \leqq y\right\}$

   (5) $\iint_D x\,dxdy$, $D = \{(x,y) \mid \sqrt{x} + \sqrt{y} \leqq 1,\ 0 \leqq x,\ 0 \leqq y\}$

## 5.4 2重積分の応用

### 5.4.1 立体の体積

領域 $D$ で定義された2つの関数 $f(x,y), g(x,y)$ が常に $f(x,y) \leqq g(x,y)$ となっているとする．このとき，2重積分の定義から，領域 $D$ で2つの曲面 $z = f(x,y), z = g(x,y)$ で挟まれる立体 $\{(x,y,z) \mid (x,y) \in D, f(x,y) \leqq z \leqq g(x,y)\}$ の体積は $\iint_D (g(x,y) - f(x,y))\, dxdy$ で与えられる．

> **定理 5.4.1 (立体の体積)** 有界閉領域 $D$ で積分可能な関数 $f(x,y), g(x,y)$ が常に $f(x,y) \leqq g(x,y)$ とすると，領域 $D$ で2つの曲面 $z = f(x,y), z = g(x,y)$ で挟まれる立体の体積 $V$ は次の積分で与えられる．
> $$V = \iint_D (g(x,y) - f(x,y))\, dxdy$$

**例題 5.4.2** 2つの円柱の共通部分の立体 $\{(x,y,z) \mid x^2 + z^2 \leqq 1, x^2 + y^2 \leqq 1\}$ の体積を求めよ．

**解** この立体は下図のようになる．

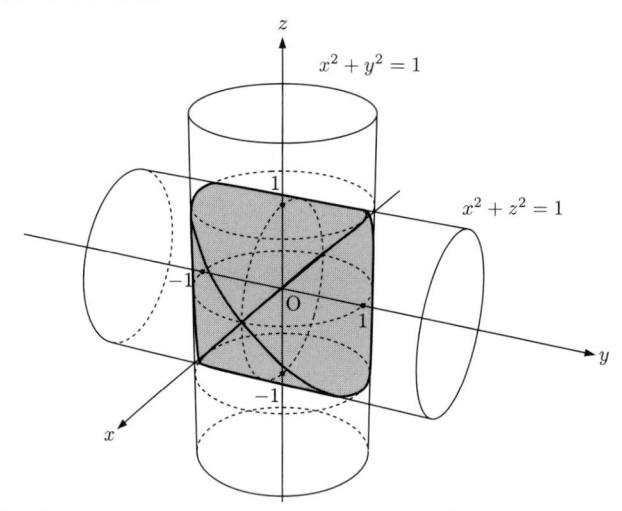

$xy$ 平面と円柱 $x^2 + y^2 \leqq 1$ の交わる領域を $D = \{(x,y) \mid x^2 + y^2 \leqq 1\}$ とすると，求める立体は，$y$ 軸を中心軸とする円柱 $x^2 + z^2 \leqq 1$ の領域 $D$ の部分の体積であるので，上下の曲面は $z = \pm\sqrt{1-x^2}$ となり，定理 5.4.1 より，求める体積 $V$ は $V = \iint_D \left(\sqrt{1-x^2} - (-1)\sqrt{1-x^2}\right) dxdy = 2\iint_D \sqrt{1-x^2}\, dxdy$ となる．$xy$ 平面の座標軸で区切られる4つの部分が対称なので，$V$ は $D' = \{(x,y) \mid x^2 + y^2 \leqq 1,\ 0 \leqq x,\ 0 \leqq y\}$ での体積の4倍より，

$$V = 8\iint_{D'} \sqrt{1-x^2}\, dxdy = 8\int_0^1 \left(\int_0^{\sqrt{1-x^2}} \sqrt{1-x^2}\, dy\right) dx = 8\int_0^1 (1-x^2)\, dx = \frac{16}{3}$$

と求まる． ■

**例題 5.4.3** 回転放物面 $z = x^2 + y^2$ と平面 $z = x + y$ で挟まれる立体の体積を求めよ．

**解** 回転放物面と平面の交わりのなす曲線の $xy$ 平面への正射影は $x^2 + y^2 = x + y$ であり，これは $\left(x - \frac{1}{2}\right)^2 + \left(y - \frac{1}{2}\right)^2 = \frac{1}{2}$ となり円を表す式である．そこで，領域

$$D = \left\{(x,y) \,\middle|\, \left(x - \frac{1}{2}\right)^2 + \left(y - \frac{1}{2}\right)^2 \leqq \frac{1}{2}\right\}$$

とすると，この立体は領域 $D$ で平面と回転放物面で挟まれた立体になるので，体積 $V$ は定理 5.4.1 より $V = \iint_D ((x+y) - (x^2 + y^2))\, dxdy$ となる．この 2 重積分を計算するために，

$$x - \frac{1}{2} = r\cos\theta, \quad y - \frac{1}{2} = r\sin\theta$$

と変換すると，対応する領域 $D'$ は

$$D' = \left\{ (r,\theta) \,\middle|\, 0 \leqq r \leqq \frac{1}{\sqrt{2}},\, 0 \leqq \theta \leqq 2\pi \right\}$$

となる．$(x+y) - (x^2 + y^2) = \frac{1}{2} - r^2$ から，定理 5.3.9 より Jacobian を考慮して

$$V = \iint_D ((x+y) - (x^2 + y^2))\, dxdy = \iint_{D'} \left(\frac{1}{2} - r^2\right) r\, drd\theta$$
$$= \int_0^{\frac{1}{\sqrt{2}}} r\left(\frac{1}{2} - r^2\right) dr \int_0^{2\pi} d\theta = \frac{\pi}{8}$$

と求まる． ∎

### 5.4.2 曲面の表面積

この節では，全微分可能な関数 $f(x,y)$ について，曲面 $z = f(x,y)$ の定義域を領域 $D$ に限った部分の曲面 $\{(x, y, f(x,y)) \mid (x,y) \in D\}$ の曲面積を求める．

全微分可能な関数の表す曲面とは，微小部分が微小な平面よりなっている曲面であると考えた．この考えのもとで曲面積を計算してみる．下図のように，点 $(x,y)$ から $x, y$ 方向のおのおのの増分 $dx, dy$ に対し，点 $(x,y)$ から点 $(x + dx, y + dy)$ までの $z$ 方向の増分である全微分は，$dz = f_x dx + f_y dy$ で与えられた．

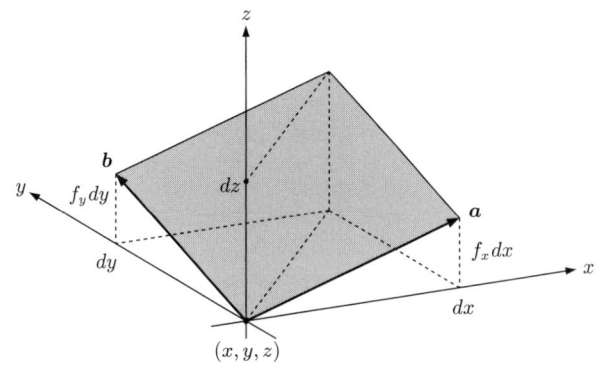

したがって，この微小平面は $(x,y)$ を始点とする 2 つのベクトル

$$\boldsymbol{a} = \begin{pmatrix} dx \\ 0 \\ f_x dx \end{pmatrix}, \quad \boldsymbol{b} = \begin{pmatrix} 0 \\ dy \\ f_y dy \end{pmatrix}$$

がなす平行四辺形なので，この面積は両ベクトルの外積の絶対値で与えられる．

$\boldsymbol{a} \times \boldsymbol{b} = \begin{pmatrix} -f_x\, dxdy \\ -f_y\, dydx \\ dxdy \end{pmatrix}$ より，$|\boldsymbol{a} \times \boldsymbol{b}| = \sqrt{f_x^2 + f_y^2 + 1}\, dxdy$ となる．曲面積はこの総和であるので，

$\iint_D \sqrt{f_x^2 + f_y^2 + 1}\, dxdy$ で与えられることになり，次の定理が得られる．

**定理 5.4.4 (曲面の表面積)** 有界閉領域 $D$ で全微分可能な関数 $f(x,y)$ の，領域 $D$ での表面積 $S$ は，次の積分で与えられる．
$$S = \iint_D \sqrt{f_x^2 + f_y^2 + 1}\, dxdy$$

**例題 5.4.5** 半径 $a$ の球面 $x^2 + y^2 + z^2 = a^2$ の表面積は $4\pi a^2$ であることを示せ．ただし，$a > 0$ とする．

**解** 球面は，$xy$ 平面に関して対称より，$z \geqq 0$ の部分の表面積 $S$ を求めれば，この 2 倍が求める表面積になる．そこで，領域 $D = \{(x,y) \mid x^2 + y^2 \leqq a^2\}$ とすると，この領域で $z \geqq 0$ の部分の球面の面積を求めればよいので，$z = f(x,y) = \sqrt{a^2 - x^2 - y^2}$ として，定理 5.4.4 より $S = \iint_D \sqrt{f_x^2 + f_y^2 + 1}\, dxdy$ となる．

球面 $x^2 + y^2 + z^2 = a^2$ の式から合成関数の微分法を用いて，$z_x = \dfrac{-x}{z}$, $z_y = \dfrac{-y}{z}$ となるので $\sqrt{f_x^2 + f_y^2 + 1} = \dfrac{a}{z} = \dfrac{a}{\sqrt{a^2 - x^2 - y^2}}$ となる．

そこで，極座標表示を $x = r\cos\theta$, $y = r\sin\theta$ とすると，$D$ に対応する領域 $D'$ は $D' = \{(r,\theta) \mid 0 \leqq r \leqq a, 0 \leqq \theta \leqq 2\pi\}$ であり，$\sqrt{a^2 - x^2 - y^2} = \sqrt{a^2 - r^2}$ であるので，定理 5.3.9 から表面積は

$$2S = 2\iint_D \sqrt{f_x^2 + f_y^2 + 1}\, dxdy = 2\iint_{D'} \frac{ar}{\sqrt{a^2 - r^2}}\, drd\theta$$
$$= 2\int_0^{2\pi}\int_0^a \frac{ar}{\sqrt{a^2 - r^2}}\, dr\, d\theta = -4a\pi\left[\sqrt{a^2 - r^2}\right]_0^a = 4\pi a^2$$

と求まる． ∎

**例題 5.4.6** 2 つの円柱の共通部分の立体 $\{(x,y,z) \mid x^2 + z^2 \leqq 1, x^2 + y^2 \leqq 1\}$ の表面積を求めよ．

**解** この立体は次の図のようになる．$x^2 + y^2 = 1$ の円柱側にも同じ面があることに注意して，この図の灰色部分 $(0 \leqq x \leqq 1, \,; -1 \leqq y \leqq 1,\, 0 \leqq z)$ の面積の 8 倍が求める面積である．

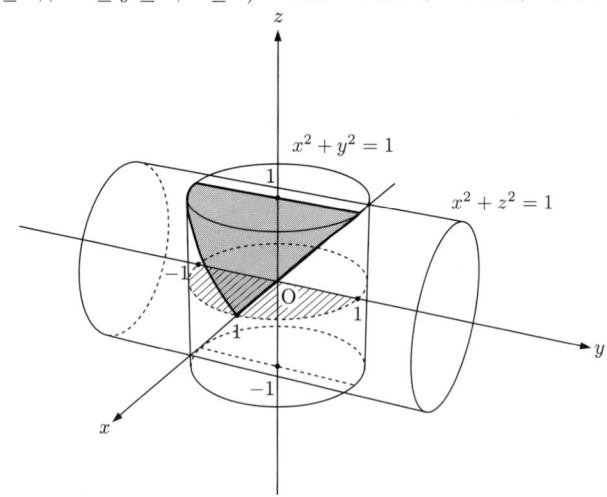

そこで，$xy$ 平面と円柱 $x^2 + y^2 \leqq 1$ の交わる領域を $D = \{(x,y) \mid x \geqq 0,\, x^2 + y^2 \leqq 1\}$ とすると，求める曲面は $z = f(x,y) = \sqrt{1 - x^2}$ と表されるので，定理 5.4.4 より，灰色部分の面積は

$$\iint_D \sqrt{f_x^2 + f_y^2 + 1}\, dxdy = \iint_D \sqrt{\frac{x^2}{1-x^2} + 1}\, dxdy = \iint_D \frac{1}{\sqrt{1-x^2}}\, dxdy$$

となる．よって，求める面積は，
$$8\iint_D \frac{1}{\sqrt{1-x^2}}\,dxdy = 8\int_0^1 \left(\int_{-\sqrt{1-x^2}}^{\sqrt{1-x^2}} \frac{1}{\sqrt{1-x^2}}\,dy\right)dx = 8\int_0^1 2\,dx = 16$$
となる．

### 5.4.3 広義2重積分

一変数関数 $f(x)$ の積分で，$\int_0^\infty f(x)\,dx$ のように有界でない区間での積分として，広義積分を定義した．2重積分に対しても有界でない閉領域 $D$ に対して**広義2重積分**を次のように定義する．

**定義 5.4.7** $D$ を必ずしも有界でない閉領域とする．$D = \bigcup_{i \geqq 1} D_i$ で，$D_i$ は有界閉領域で $D_1 \subset D_2 \subset \cdots$ とする．このとき，
$$\iint_D f(x,y)\,dxdy = \lim_{i\to\infty} \iint_{D_i} f(x,y)\,dxdy$$
と定義する．

**例題 5.4.8** 第1象限 $D = \{(x,y) \mid 0 \leqq x,\ 0 \leqq y\}$ で広義2重積分 $\iint_D e^{-x^2-y^2}\,dxdy$ を求めよ．

**解** 有界閉領域 $D_k = \{(x,y) \mid x^2 + y^2 \leqq k^2,\ 0 \leqq x,\ 0 \leqq y\}$ とすると，$D = \bigcup_{k \geqq 1} D_k$ より，
$$\iint_D e^{-x^2-y^2}\,dxdy = \lim_{k\to\infty} \iint_{D_k} e^{-x^2-y^2}\,dxdy\ \text{である．}$$
極座標表示を $x = r\cos\theta,\ y = r\sin\theta$ とすると，領域 $D_k$ に対応する領域 $D'_k$ は，$D'_k = \left\{(r,\theta) \mid 0 \leqq r \leqq k,\ 0 \leqq \theta \leqq \frac{\pi}{2}\right\}$ であり，$x^2 + y^2 = r^2$ より定理 5.3.9 から積分が
$$\iint_{D_k} e^{-x^2-y^2}\,dxdy = \iint_{D'_k} e^{-r^2} r\,drd\theta = \int_0^k re^{-r^2}\,dr \int_0^{\frac{\pi}{2}} d\theta = \frac{\pi}{4}(1 - e^{-k^2})$$
と求まる．よって，
$$\iint_D e^{-x^2-y^2}\,dxdy = \lim_{k\to\infty} \frac{\pi}{4}(1 - e^{-k^2}) = \frac{\pi}{4}$$
をうる．

**注意 5.4.9** (1) 上記の例で，
$$\iint_D e^{-x^2-y^2}\,dxdy = \int_0^\infty e^{-x^2}\,dx \int_0^\infty e^{-y^2}\,dy = \left(\int_0^\infty e^{-x^2}\,dx\right)^2$$
であるので，
$$\int_0^\infty e^{-x^2}\,dx = \frac{\sqrt{\pi}}{2}$$
がわかる．このように，1変数の積分の計算のみでは求めることが難しいものに対して，2重積分を利用して値を求めることができる場合がある．

(2) 上記の結果から，**正規化**と呼ばれる形
$$\frac{1}{\sqrt{2\pi}} \int_{-\infty}^\infty e^{-\frac{x^2}{2}}\,dx = 1$$
が簡単な計算でわかる．この積分の被積分関数は，正規分布に現れる関数で偏差値の算出に使われる．物理的にも熱伝導に関わってこの関数が用いられる．

## 演習問題 5–4

1. 次の立体図形の体積を求めよ．

   (1) 楕円体 $\dfrac{x^2}{4} + \dfrac{y^2}{9} + \dfrac{z^2}{16} \leqq 1$

   (2) 円柱面 $x^2 + y^2 = 4$ と 2 平面 $x + y + z = 0, z = 0$ で囲まれた立体

   (3) 球面 $x^2 + y^2 + z^2 = 4$ と円柱面 $x^2 + y^2 = 1$ で囲まれた 2 つの立体

   (4) 球面 $x^2 + y^2 + z^2 = 1$ と放物面 $z = x^2 + y^2$ で囲まれた 2 つの立体

   (5) 放物面 $z = x^2 + y^2$, 円柱面 $x^2 - x + y^2 = 1$ および $z = 0$ で囲まれた立体

   (6) 円柱面 $x^2 + y^2 = 1$, 曲面 $z = xy$ および $z = 0$ で囲まれた立体

2. 次の図形の表面積を求めよ．

   (1) 平面 $x + y + z = k$ ($k$ は正の定数) の第 1 象限 $0 \leqq x, 0 \leqq y, 0 \leqq z$ の部分の平面図形

   (2) 曲面 $z = \dfrac{x^2}{6} + \dfrac{y^2}{4}$ の $\dfrac{x^2}{9} + \dfrac{y^2}{4} \leqq 1$ の部分

   (3) 球面 $x^2 + y^2 + z^2 = 1$ と放物面 $z = x^2 + y^2$ で囲まれた 2 つの立体

   (4) 放物面 $z = x^2 + y^2$ の $z \leqq 1$ の部分

   (5) 曲面 $z = xy$ の $0 \leqq x \leqq 2, 0 \leqq y \leqq 2$ の部分

3. 次の広義積分の値を求めよ．

   (1) $\displaystyle\iint_D \dfrac{x+y}{x^2+y^2} \, dxdy, \ D = \{(x,y) \mid 0 \leqq x \leqq 1, 0 \leqq y \leqq 1\}$

   (2) $\displaystyle\iint_D \dfrac{1}{(x^2+y^2)^2} \, dxdy, \ D = \{(x,y) \mid 0 \leqq x, 0 \leqq y, 1 \leqq x^2+y^2\}$

   (3) $\displaystyle\iint_D \dfrac{x^2 y^2}{e^{x^2+y^2}} \, dxdy, \ D = \{(x,y) \mid 0 \leqq x, 0 \leqq y\}$

4. 極座標で表された関数 $z = f(r, \theta)$ の領域 $D$ での表面積は，

$$\iint_D \sqrt{r^2 + r^2 \left(\dfrac{\partial z}{\partial r}\right)^2 + \left(\dfrac{\partial z}{\partial \theta}\right)^2} \, drd\theta$$

   で表されることを示せ．

5. Gamma 関数について，次の式が成立することを 2 重積分を用いて示せ．

   (1) Beta 関数 $\beta(m,n)$ として，$\beta(m,n) = \beta(n,m) = \dfrac{\Gamma(m)\Gamma(n)}{\Gamma(m+n)}$

   (2) $\Gamma\left(\dfrac{1}{2}\right)^2 = \pi$

   (3) (ガンマ関数の 2 倍角の公式) $\Gamma(x)\Gamma\left(x + \dfrac{1}{2}\right) = 2^{1-2x} \sqrt{\pi} \, \Gamma(2x)$

6. (1) 次の式を例題 5.4.8 の方法を用いて示せ．

$$\int_{-\infty}^{\infty} e^{-x^2} \, dx = \sqrt{\pi}$$

   (2) Beta 関数 $\beta(m,n)$ を用いて，$\displaystyle\int_0^{\frac{\pi}{2}} \sin^3\theta \cos^4\theta d\theta = \dfrac{1}{2}\beta\left(\dfrac{4}{2}, \dfrac{5}{2}\right)$ を示し，この値を求めよ．

## 5.5 3重積分

2重積分の定義は，自然に多重積分の定義に拡張できる．この節では，実用上重要な3重積分の定義を与え，2重積分と同様の計算ができることを解説する．この手法を見れば，これらの定義と性質を3重積分以上の多重積分に書き換えることは容易にできるであろう．

体積をもつ空間上の有界な閉領域 $V$ で定義された3変数関数 $f(x,y,z)$ に対して，$V$ での定積分を2重積分と同様な方法で定義していく．2重積分は空間図形の体積を意味したが，3重積分では，空間の領域 $V$ の各点に重み $f(x,y,z)$ をつけた空間図形の体積として，定積分の意味をとらえていくと，応用上有用でわかりやすい．

最初に，空間の閉領域を平面の閉領域と同様に次のように定義する．

**定義 5.5.1** 空間 $\mathbb{R}^3$ の部分集合を $V$ をとる．ある半径の球に $V$ が含まれるとき，$V$ は**有界**であるという．$V$ の点 A が $V$ の**内点**であるとは，$V$ 内に点 A を中心とするある球が $V$ に含まれている場合をいう．$V$ の各点が内点のとき $V$ を**(開)領域**という．点 $V$ の点 A が $V$ の**境界点**であるとは，A を中心とするどの球にも $V$ の点と $V$ に属さない点とがともに含まれている場合をいう．領域と境界点の和集合を**閉領域**という．

**定義 5.5.2 (Riemann (リーマン) 3重積分)** $V$ を空間 $\mathbb{R}^3$ の体積をもつ有界閉領域とする．$V$ の細分 $\Delta = \{V_1, V_2, \cdots, V_n\}$ と，点集合
$$\overline{\Delta} = \{(x_1,y_1,z_1), (x_2,y_2,z_2), \cdots, (x_n,y_n,z_n) \mid (x_i, y_i, z_i) \in V_i\}$$
をとる．$|V_i|$ を $V_i$ の体積，$m_\Delta$ を $|V_1|, |V_2|, \cdots, |V_n|$ の最大値とする．細分であることから $|V| = |V_1| + |V_2| + \cdots + |V_n|$ を満たすことに注意する．この細分に対し，$S_\Delta = \sum_{i=1}^n f(x_i, y_i, z_i)|V_i|$ とおく．
$(\Delta_1, \overline{\Delta}_1), (\Delta_2, \overline{\Delta}_2), \cdots$ を $V$ の細分列で $\lim_{i\to\infty} m_{\Delta_i} = 0$ を満たすものをとる．この条件をもつ任意の細分列のとり方にかかわらず $\lim_{i\to\infty} S_{\Delta_i}$ が一定値になるとき，$f(x,y,z)$ は領域 $V$ で**積分可能**といい，この一定値を $\iiint_V f(x,y,z)\,dxdydz$ と表し，$f(x,y,z)$ の $V$ での**定積分**という．また，この値を，$V$ の各点に重み $f(x,y,z)$ をつけた立体の**重みつき体積**と定義する．3変数関数に関する積分を**3重積分**と呼ぶ．

2変数関数の場合と同様に，次の定理が成立する．

**定理 5.5.3** $f(x,y,z)$ が，空間上の有界閉領域 $V$ で定義された連続関数とすると定積分 $\iiint_V f(x,y,z)\,dxdydz$ が存在する．

**例 5.5.4** 定数関数 $f(x,y,z) = c$ の積分は，$\iiint_V f(x,y,z)\,dxdydz = c|V|$ となる．

**証明** 定義からどんな分割 $\Delta_i$ に対しても $S_{\Delta_i} = c|\Delta_i| = c|\Delta|$ より，$\lim_{i\to\infty} S_{\Delta_i} = c|V|$ となる． ∎

> **定理 5.5.5** 3変数関数 $f(x,y,z)$ と $g(x,y,z)$ が領域 $V$ で積分可能とする.
> (1) 定積分の線形性
> $\alpha,\beta$ を定数とすると,次の式が成立する.
> $$\iiint_V (\alpha f(x,y,z) + \beta g(x,y,z))\, dxdydz$$
> $$= \alpha \iiint_V f(x,y,z)\, dxdydz + \beta \iiint_V g(x,y,z)\, dxdydz$$
> (2) 定積分の加法性
> 領域 $D$ が2つの領域 $V_1, V_2$ に分けられているとき,次の式が成立する.
> $$\iiint_V f(x,y,z)\, dxdydz = \iiint_{V_1} f(x,y,z)\, dxdydz + \iiint_{V_2} f(x,y,z)\, dxdydz$$
> (3) 定積分の大小関係の保存性
> 領域 $V$ で常に $f(x,y,z) \leqq g(x,y,z)$ ならば,次の式が成立する.
> $$\iiint_V f(x,y,z)\, dxdydz \leqq \iiint_V g(x,y,z)\, dxdydz$$

> **定理 5.5.6** (積分の平均値の定理) 3変数関数 $f(x,y,z)$ が領域 $V$ で連続ならば,
> $$\iiint_V f(x,y,z)\, dxdydz = |V|f(c,d,e)$$
> を満たす点 $(c,d,e) \in V$ が存在する.

### 5.5.1 累次積分

2重積分を累次積分を用いて計算したが,3重積分に関しても同様に累次積分を用いて計算することができる.

> **定理 5.5.7** 有界閉領域 $V$ で連続な関数を $f(x,y,z)$ とし,$V$ は適当な実数 $a,b$ で,$V = \{(x,y,c) \mid (x,y,z) \in D_c, a \leqq c \leqq b\}$ となっているとする.ここで,$D_c$ は,閉領域 $D_c = \{(x,y,c) \mid (x,y,c) \in V\}$ とする.このとき,次の式が成立する.
> $$\iiint_V f(x,y,z)\, dxdydz = \int_a^b \left( \iint_{D_z} f(x,y,z)\, dxdy \right) dz$$

上記の積分中の $\iint_{D_z} f(x,y,z)\, dxdy$ は,2重積分の累次積分で計算できるので,次の定理のように表すことができる.

> **定理 5.5.8** 上記の定理と同じ設定で,$D_c = \{(x,y,c) \mid \varphi_1(c) \leqq y \leqq \varphi_2(c), \psi_1(y,c) \leqq x \leqq \psi_2(y,c)\}$ であるとき,次の式が成立する.
> $$\iiint_V f(x,y,z)\, dxdydz = \int_a^b \left( \int_{\varphi_1(z)}^{\varphi_2(z)} \left( \int_{\psi_1(y,z)}^{\psi_2(y,z)} f(x,y,z)\, dx \right) dy \right) dz$$

**注意 5.5.9** 3重積分を累次積分で表すとき,次のような形の累次積分が現れる.この形からわかるように,3重積分においても,積分変数の順序交換は,2重積分の場合と同様に扱えることがわかる.

(1) $\displaystyle\int_a^b \left( \iint_{D_x} f(x,y,z)\, dydz \right) dx$ 　　　(2) $\displaystyle\int_a^b \left( \iint_{D_y} f(x,y,z)\, dxdz \right) dy$

(3) $\displaystyle\int_a^b \left( \iint_{D_z} f(x,y,z)\, dxdy \right) dz$

(1-1) $\displaystyle\int_a^b \left( \int_{\varphi_1(x)}^{\varphi_2(x)} \left( \int_{\psi_1(x,z)}^{\psi_2(x,z)} f(x,y,z)\, dy \right) dz \right) dx$

(1-2) $\displaystyle\int_a^b \left( \int_{\varphi_1(x)}^{\varphi_2(x)} \left( \int_{\psi_1(x,y)}^{\psi_2(x,y)} f(x,y,z)\, dz \right) dy \right) dx$

(2-1) $\displaystyle\int_a^b \left( \int_{\varphi_1(y)}^{\varphi_2(y)} \left( \int_{\psi_1(y,z)}^{\psi_2(y,z)} f(x,y,z)\, dx \right) dz \right) dy$

(2-2) $\displaystyle\int_a^b \left( \int_{\varphi_1(y)}^{\varphi_2(y)} \left( \int_{\psi_1(x,y)}^{\psi_2(x,y)} f(x,y,z)\, dz \right) dx \right) dy$

(3-1) $\displaystyle\int_a^b \left( \int_{\varphi_1(z)}^{\varphi_2(z)} \left( \int_{\psi_1(y,z)}^{\psi_2(y,z)} f(x,y,z)\, dx \right) dy \right) dz$

(3-2) $\displaystyle\int_a^b \left( \int_{\varphi_1(z)}^{\varphi_2(z)} \left( \int_{\psi_1(x,z)}^{\psi_2(x,z)} f(x,y,z)\, dy \right) dx \right) dz$

### 5.5.2　累次積分の計算

**例題 5.5.10**　3重積分 $\displaystyle\iiint_V (x^2y + yz^2 + z^3)\, dxdydz$ を，次の領域で計算せよ．

(1) 領域 $V = \{(x,y,z) \mid 0 \leqq x \leqq 1,\ 0 \leqq y \leqq 1,\ 0 \leqq z \leqq 1\}$

(2) 領域 $V = $ 原点と点 $A(1,1,1), B(-1,1,1), C(-1,-1,1), D(1,-1,1)$ を結んでできる四角錐

**解**　(1) の場合，$V$ は $z$ を固定すると，$D_z$ は 4 直線
$$\varphi_1(z) = 0,\ \varphi_2(z) = 1,\ \psi_1(y,z) = 0,\ \psi_2(y,z) = 1$$
で囲まれる正方形より，定理 5.5.8 から
$$\iiint_V (x^2y + yz^2 + z^3)\, dxdydz = \int_0^1 \left( \int_0^1 \left( \int_0^1 (x^2y + yz^2 + z^3)\, dx \right) dy \right) dz$$
となり，この累次積分を計算すると
$$\int_0^1 \left( \int_0^1 \left( \int_0^1 (x^2y + yz^2 + z^3)\, dx \right) dy \right) dz = \int_0^1 \left( \int_0^1 \left[ \frac{1}{3}x^3 y + xyz^2 + xz^3 \right]_{x=0}^{x=1} dy \right) dz$$
$$= \int_0^1 \left( \int_0^1 \left( \frac{1}{3}y + yz^2 + z^3 \right) dy \right) dz = \int_0^1 \left[ \frac{1}{6}y^2 + \frac{1}{2}y^2 z^2 + yz^3 \right]_{y=0}^{y=1} dz$$
$$= \int_0^1 \left( \frac{1}{6} + \frac{1}{2}z^2 + z^3 \right) dz = \left[ \frac{1}{6}z + \frac{1}{6}z^3 + \frac{1}{4}z^4 \right]_{z=0}^{z=1} = \frac{7}{12}$$
となる．

(2) の場合，$D_c$ は四角錐を平面 $z = c\ (0 \leqq c \leqq 1)$ で切り取った領域より，$D_c = \{(x,y,c) \mid -c \leqq y \leqq c, -c \leqq x \leqq c\}$ であるので，定理 5.5.8 から
$$\iiint_V (x^2y + yz^2 + z^3)\, dxdydz = \int_0^1 \left( \int_{-z}^z \left( \int_{-z}^z (x^2y + yz^2 + z^3)\, dx \right) dy \right) dz$$

となり，この累次積分を計算すると，

$$\int_0^1 \left( \int_{-z}^z \left( \int_{-z}^z (x^2y + yz^2 + z^3)dx \right) dy \right) dz = \int_0^1 \left( \int_{-z}^z \left[ \frac{1}{3}x^3y + xyz^2 + xz^3 \right]_{x=-z}^{x=z} dy \right) dz$$

$$= \int_0^1 \left( \int_{-z}^z \left( \frac{2}{3}z^3y + 2zyz^2 + 2zz^3 \right) dy \right) dz = \int_0^1 \left[ \frac{1}{3}z^3y^2 + \frac{1}{2}2y^2z^3 + 2yz^4 \right]_{y=-z}^{y=z} dz$$

$$= \int_0^1 4zz^4 \, dz = 4 \left[ \frac{1}{6}z^6 \right]_0^1 = \frac{2}{3}$$

となる．

**例題 5.5.11** 累次積分 $\int_0^1 \left( \int_{z^2}^z \left( \int_{y^2z}^{yz^2} f(x,y,z) \, dx \right) dy \right) dz$ を定理 5.5.7 の形の積分および 3 重積分で表せ．

**解** 累次積分では，$z$ $(0 \leqq z \leqq 1)$ を固定したとき $y$ のとる範囲は $z^2 \leqq y \leqq z$ であるので，$y^2z \leqq x \leqq yz^2$ より，領域 $D_z = \{(x,y,z) \mid z^2 \leqq y \leqq z, \, y^2z \leqq x \leqq yz^2\}$ となる．したがって，積分領域 $V$ は $V = \{(x,y,z) \mid 0 \leqq z \leqq 1, \, z^2 \leqq y \leqq z, \, y^2z \leqq x \leqq yz^2\}$ となる．そこで，2 重積分を用いて表すと $\int_0^1 \left( \iint_{D_z} f(x,y,z) \, dxdy \right) dz$ となり，3 重積分で表すと $\iiint_V f(x,y,z) \, dxdydz$ となる．

**注意 5.5.12** 2 重積分同様に，3 重積分を計算するために，領域の分割などにいろいろな工夫を施して，上記のような累次積分や他の積分に帰着させて計算する必要がある．

また，2 重積分の計算で注意したように，どのように積分の値を計算するかは，定義域の領域や関数に依存して個々に工夫することになり，同じ関数でも領域が異なると別々の工夫をせざるをえないこともある．多くの計算を行うことで，どのような工夫を施すかが見通せるようになる．何らかの工夫を機械的に適用することで必ず積分を計算できるようにする，といったことは困難であると言える．

### 5.5.3　3 重積分の計算法

この節では，変数変換を用いた 3 重積分の計算を行う．基本的な手法は 2 重積分と同様で，3 変数関数の Jacobian を用いて変数変換を行った関数の積分を求める．

3 変数関数 $f(u,v,w)$ に対し，全微分可能な関数による変数変換 $u = u(x,y,z)$, $v = v(x,y,z)$, $w = w(x,y,z)$ を行った関数を $g(x,y,z) = f(u(x,y,z), v(x,y,z), w(x,y,z))$ とする．領域 $\Delta$ の分割 $\{\Delta_i\}$ と，領域 $\Delta'$ の分割 $\{\Delta'_i\}$ がこの変換で 1 対 1 に対応しているとする．そこで，分割の各部分の体積 $v(\Delta_i)$ と $v(\Delta'_i)$ の関係を調べてみる．

全微分 $du = u_x \, dx + u_y \, dy + u_z \, dz$, $dv = v_x \, dx + v_y \, dy + v_z \, dz$, $dw = w_x \, dx + w_y \, dy + w_z \, dz$ を，行列を用いて表すと，$\begin{pmatrix} du \\ dv \\ dw \end{pmatrix} = \begin{pmatrix} u_x & u_y & u_z \\ v_x & v_y & v_z \\ w_x & w_y & w_z \end{pmatrix} \begin{pmatrix} dx \\ dy \\ dz \end{pmatrix}$ である．この変換の行列を $A = \begin{pmatrix} u_x & u_y & u_z \\ v_x & v_y & v_z \\ w_x & w_y & w_z \end{pmatrix}$ とおく．2 重積分で考察したように微分をベクトルと考え，微小部分の体積を $dx, dy, dz$ および $du, dv, dw$ が張るおのおのの平行六面体の体積と考える．この体積は，$(dx \times dy) \cdot dz, (du \times dv) \cdot dw$ と外積および内積で記述できるので，両者の (符号つき) 体

積は，この変換の行列式 $|A|$ 倍される．この値を **Jacobian(ヤコビアン)** とよび，$J(x,y,z)$ と表す．

$f(u,v,w)v(\Delta'_i)$ の総和の極限が 3 重積分であることから，それぞれの関数の 3 重積分の関係を調べてみる．

$g(x,y,z) = f(u(x,y,z), v(x,y,z), w(x,y,z))$ であり，$\{\Delta_i\}$ に対応する微小領域 $\{\Delta'_i\}$ の体積は，$v(\Delta'_i) = |J(x,y,z)|v(\Delta_i)$ となっている．

これより，$f(u,v,w)v(\Delta'_i) = g(x,y,z)J(x,y,z)v(\Delta_i)$ の関係をうる．したがって，これは

$$\iiint_{V'} f(u,v,w)\,dudvdw = \iiint_V g(x,y,z)|J(x,y,z)|dxdydz$$

を意味する．これをまとめると，次の定理のようになる．

---

**定理 5.5.13** 全微分可能な関数による変換 $u = u(x,y,z), v = v(x,y,z), w = w(x,y,z)$ で，$xyz$ 空間の領域 $V$ と $uvw$ 空間の領域 $V'$ が 1 対 1 に対応しているとする．$V'$ 上で積分可能な 3 変数関数 $f(u,v,w)$ に関して，次の式が成立する．

$$\iiint_{V'} f(u,v,w)\,dudvdw = \iiint_V f(u(x,y,z),v(x,y,z),w(x,y,z))|J(x,y,z)|dxdydz$$

---

**定理 5.5.14** 正則 1 次変換 $u = ax+by+cz,\ v = dx+ey+fz,\ w = gx+hy+iz$ で，$xyz$ 空間の領域 $V$ と $uvw$ 空間の領域 $V'$ が 1 対 1 に対応しているとする．$V'$ 上で積分可能な 3 変数関数 $f(u,v,w)$ と $V$ 上の 3 変数関数 $f(ax+by+cz, dx+ey+fz, gx+hy+iz)$ に関して，次の式が成立する．

$$\iiint_V f(ax+by+cz, dx+ey+fz, gx+hy+iz)\,dxdydz = \frac{1}{|J|} \iiint_{V'} f(u,v,w)\,dudvdw$$

ただし，$J = \begin{vmatrix} a & b & c \\ d & e & f \\ g & h & i \end{vmatrix}$ である．

---

### 5.5.4 極座標を用いた計算法

空間の点の**極座標**を

$$r = \sqrt{x^2+y^2+z^2},\ \cos\varphi = \frac{z}{\sqrt{x^2+y^2+z^2}},\ \cos\theta = \frac{x}{\sqrt{x^2+y^2}}$$

のように，長さ $r$ と角度 $\varphi, \theta$ を用いて $(r, \theta, \varphi)$ と定義する．ただし，$0 \leqq r, 0 \leqq \theta \leqq 2\pi, 0 \leqq \varphi \leqq \pi$ とする．

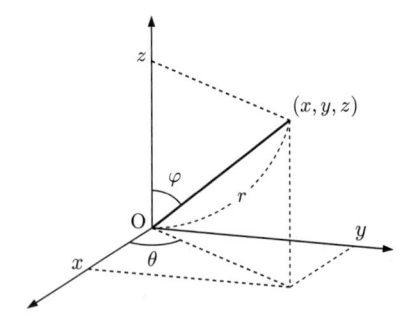

ここでは，空間の点の極座標表示 $x = r\cos\theta\sin\varphi,\ y = r\sin\theta\sin\varphi,\ z = r\cos\varphi$ に対して，Jacobian $J(r,\theta,\varphi)$ を計算する．

$$x_r = \cos\theta\sin\varphi,\ x_\theta = -r\sin\theta\sin\varphi,\ x_\varphi = r\cos\theta\cos\varphi$$
$$y_r = \sin\theta\sin\varphi,\ y_\theta = r\cos\theta\sin\varphi,\ y_\varphi = r\sin\theta\cos\varphi$$
$$z_r = \cos\varphi,\ z_\theta = 0,\ z_\varphi = -r\sin\varphi$$

より，$J(r,\theta,\varphi)$ は，

$$\begin{vmatrix} \cos\theta\sin\varphi & -r\sin\theta\sin\varphi & r\cos\theta\cos\varphi \\ \sin\theta\sin\varphi & r\cos\theta\sin\varphi & r\sin\theta\cos\varphi \\ \cos\varphi & 0 & -r\sin\varphi \end{vmatrix} = -r^2\sin\varphi$$

で，$0 \leqq \varphi \leqq \pi$ より $|J(r,\theta,\varphi)| = r^2\sin\varphi$ をうる．
したがって，定理 5.5.13 より次の定理が成立する．

> **定理 5.5.15**(極座標による 3 重積分) 変換 $x = r\cos\theta\sin\varphi,\ y = r\sin\theta\sin\varphi,\ z = r\cos\varphi$ で，$xyz$ 空間の領域 $V$ と極座標 $(r,\theta,\varphi)$ の領域 $V'$ が 1 対 1 に対応しているとき，次の式が成立する．
> $$\iiint_V f(x,y,z)\,dxdydz = \iiint_{V'} f(r\cos\theta\sin\varphi, r\sin\theta\sin\varphi, r\cos\varphi) r^2\sin\varphi\,drd\theta d\varphi$$

**例題 5.5.16** 半径 $a$ の球の体積は，$\dfrac{4\pi a^3}{3}$ であることを示せ．

**解** 球は，空間の領域として $V = \{(x,y,z)\mid x^2+y^2+z^2 \leqq a^2\}$ となるので，その体積は $\iiint_V 1\,dxdydz$ である．極座標による変換 $x = r\cos\theta\sin\varphi,\ y = r\sin\theta\sin\varphi,\ z = r\cos\varphi$ で，$V$ は $V' = \{(r,\theta,\varphi) \mid 0 \leqq r \leqq a,\ 0 \leqq \theta \leqq 2\pi,\ 0 \leqq \varphi \leqq \pi\}$ と対応するので，定理 5.5.15 より，

$$\iiint_V 1\,dxdydz = \iiint_{V'} r^2\sin\varphi\,drd\theta d\varphi = \int_0^a r^2\,dr \int_0^{2\pi} 1d\theta \int_0^\pi \sin\varphi\,d\varphi = \frac{4\pi a^3}{3}$$

となる．

## 演習問題 5–5

1. 次の 3 重積分の値を求めよ．

   (1) $\iiint_V (x+y)e^z\,dxdydz,\ V = \{(x,y,z) \mid 0 \leqq z \leqq 1,\ 1 \leqq y \leqq z^{-\frac{1}{3}},\ 0 \leqq x \leqq yz\}$

   (2) $\iiint_V (x+2y+z)\,dxdydz,\ V = \{(x,y,z) \mid 0 \leqq x,\ 0 \leqq y,\ 0 \leqq z,\ x+y+z \leqq 1\}$

(3) $\iiint_V xyz\, dxdydz$, $V = \{(x,y,z) \mid 0 \leqq x,\ 0 \leqq y,\ 0 \leqq z,\ x^2 + y^2 + z^2 \leqq 1\}$

2. 楕円体 $\dfrac{x^2}{4} + \dfrac{y^2}{9} + \dfrac{z^2}{16} \leqq 1$ の体積を 3 重積分を用いて求めよ．

3. 次の広義 3 重積分の値を求めよ．

   (1) $\iiint_V \dfrac{x+y+z}{x^2+y^2+z^2}\, dxdydz$,
   $V = \{(x,y,z) \mid 0 \leqq x,\ 0 \leqq y,\ 0 \leqq z,\ x^2 + y^2 + z^2 \leqq 4\}$

   (2) $\iiint_V \dfrac{1}{(x^2+y^2+z^2)^2}\, dxdydz$, $V = \{(x,y,z) \mid 0 \leqq x,\ 0 \leqq y,\ 1 \leqq x^2+y^2+z^2\}$

   (3) $\iiint_V \dfrac{x^2+y^2+z^2}{e^{x^2+y^2+z^2}}\, dxdydz$, $V = \{(x,y,z) \mid 0 \leqq x,\ 0 \leqq y,\ 0 \leqq z\}$

## 5.6　発展課題: グリーンの定理

この節では，微分積分学を基礎とする複素関数論等の様々な分野で用いられる重要な定理である**グリーンの定理**について述べる．

**曲線** $C$ とは，媒介変数で表示された関数 $x(t), y(t)$ をおのおの $x$ 座標，$y$ 座標にもつ点よりなる図形 (集合) $C = \{(x(t), y(t)) \mid \alpha \leqq t \leqq \beta\}$ として定義される．点 $(x(\alpha), y(\alpha)), (x(\beta), y(\beta))$ を，曲線 $C$ の**端点**という．端点のうち，点 $(x(\alpha), y(\alpha))$ を曲線 $C$ の**始点**，点 $(x(\beta), y(\beta))$ を曲線 $C$ の**終点**と呼ぶ．始点および終点の決め方は，逆に決めてもよいが，始点と終点を入れ替えた曲線は異なる曲線とみなすことにする．この向きの曲線を上記と区別するため $C = \{(x(t), y(t)) \mid \beta \geqq t \geqq \alpha\})$ と表記する．

始点および終点を考えた曲線を**向き付けされた曲線**と呼ぶ．この節では，曲線は常に向き付けされていると仮定する．

曲線 $C$ 上で定義された 2 変数関数 $f(x,y)$ に対し，**線積分**を次の合成関数の積分で決める．
$$\int_C f(x,y)\, dx = \int_\alpha^\beta f((x(t), y(t))\dfrac{dx}{dt} dt$$
$$\int_C f(x,y)\, dy = \int_\alpha^\beta f((x(t), y(t))\dfrac{dy}{dt} dt$$

関数 $x(t), y(t)$ が微分可能のとき，曲線 $C$ は**滑らかな曲線**と呼ばれる．有限個の滑らかな曲線 $C_i = \{(x_i(t), y_i(t)) \mid \alpha_i \leqq t \leqq \beta_i\}$ $(i = 1, \cdots, n)$ で，$(x(\beta_i), y(\beta_i)) = (x(\alpha_{i+1}), y(\alpha_{i+1}))$ $(i = 1, \cdots, n-1)$ と終点と始点が一致する曲線の和集合 $C$ で表される図形も滑らかな曲線と呼ぶことにする．このとき，点 $(x(\alpha_1), y(\alpha_1))$ を曲線 $C$ の始点，点 $(x(\beta_n), y(\beta_n))$ を曲線 $C$ の終点と呼ぶことにする．

滑らかな曲線で始点と終点が一致する曲線を**閉曲線**という．終点以外では一致する点がない閉曲線は，定義 5.1.2 で定義された単純閉曲線 (Jordan 閉曲線) になっている．

> **定理 5.6.1 (Green の定理)** 単純閉曲線 $C$ を境界にもつ有界閉領域 $D$ で定義された 2 変数関数を $P(x,y), Q(x,y)$ とする．$P(x,y), Q(x,y)$ のおのおのの偏導関数が連続とすると，次の式が成立する．
> $$\int_C (P\,dx + Q\,dy) = \iint_D (-P_y + Q_x)\,dxdy$$

**証明** 簡単のために閉曲線 $C$ は，2つの曲線
$$C_1 = \{(x_1(t), y_1(t)) \mid \alpha \leq t \leq \beta\}$$
$$C_2 = \{(x_2(t), y_2(t)) \mid \beta \geq t \geq \alpha\}$$
で，$((x_1(\alpha), y_1(\alpha)) = (x_2(\alpha), y_2(\alpha))$, $(x_1(\beta), y_1(\beta)) = (x_2(\beta), y_2(\beta)))$ かつ $x_1(t), x_2(t)$ は単調増加関数で $x_1(t_1) = x_2(t_2)$ のとき $y_1(t_1) < y_2(t_2)$ となっている曲線の和 $C = C_1 \cup C_2$ とする (いくつかの和となっている場合も証明は同様である).

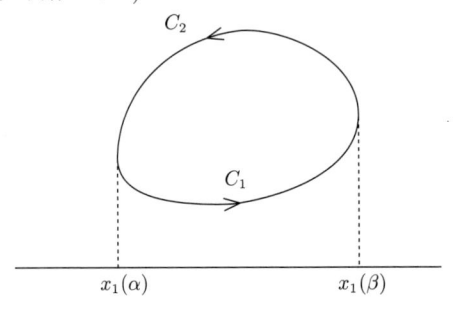

実数の集合から曲線 $C_1$ および $C_2$ への関数を考えたとき，仮定は陰関数定理 (定理 4.4.13) の条件を満たすので，$C_1$ 上の点 $(x,y)$ では $y = \varphi_1(x)$, $C_2$ 上の点 $(x,y)$ では $y = \varphi_2(x)$ となる陰関数が存在する．これを用いて領域 $D$ は $D = \{(x,y) \mid x_1(\alpha) \leq x \leq x_2(\beta), \varphi_1(x) \leq y \leq \varphi_2(x)\}$ と表されるので，

$$\begin{aligned}
\iint_D -P_y\,dxdy &= \int_{x_1(\alpha)}^{x_1(\beta)} \left(\int_{\varphi_1(x)}^{\varphi_2(x)} -P_y\,dy\right) dx \\
&= \int_{x_1(\alpha)}^{x_1(\beta)} (-P(x, \varphi_2(x)) + P(x, \varphi_1(x)))\,dx \\
&= \int_\alpha^\beta (-P(x, \varphi_2(x)) + P(x, \varphi_1(x))) \frac{dx}{dt} dt \\
&= \int_{C_2} P\,dx + \int_{C_1} P\,dx = \int_C P\,dx
\end{aligned}$$

となる．
他方の積分 $\iint_D Q_y\,dxdy$ も，$x$ を $y$ の陰関数として求めることで，同様に計算して $\iint_D Q_y\,dxdy = \int_C Q\,dy$ をうる． ∎

## 5.7 発展課題: ベクトル解析入門

この節では，微分積分学と線形代数学を用いて関数を考察する**ベクトル解析**の基礎概念である，勾配・発散・回転について述べる．

### 5.7.1 ベクトルの微分

$n$ 個の実変数関数 $f_1(t), f_2(t), \cdots, f_n(t)$ の組 $\boldsymbol{r}(t) = \begin{pmatrix} f_1(t) \\ f_2(t) \\ \vdots \\ f_n(t) \end{pmatrix}$ を，関数を成分とするベクトルと呼ぶ．実数 $t$ に関数を成分とするベクトル $\boldsymbol{r}(t)$ を対応させる規則 $\boldsymbol{r}$ をベクトル値関数と呼ぶ．$t$ を定数 $a$ に近づけるとき，ある数ベクトル $\boldsymbol{v}$ があって

$$\lim_{t \to a} |\boldsymbol{r}(t) - \boldsymbol{v}| = 0$$

となるとき，$\lim_{t \to a} \boldsymbol{r}(t) = \boldsymbol{v}$ と書き $\boldsymbol{v}$ を $t \to a$ のときのベクトル値関数の**極限ベクトル**という．また，$\boldsymbol{r}(t)$ は $\boldsymbol{v}$ に**収束する**という．

ベクトル値関数についても，実関数と同様に連続性や微分係数が定義される．

---

**定義 5.7.1**

(1) ベクトル値関数 $\boldsymbol{r}(t)$ が，
$$\lim_{t \to a} \boldsymbol{r}(t) = \boldsymbol{r}(a)$$
となっているとき，$\boldsymbol{r}(t)$ は，$t = a$ で**連続**という．定義域の各点で連続な関数を，**連続関数**という．

(2) ベクトル値関数 $\boldsymbol{r}(t)$ の $t = a$ における**微分係数**とは，極限値ベクトル
$$\lim_{\Delta t \to 0} \frac{\boldsymbol{r}(a + \Delta t) - \boldsymbol{r}(a)}{\Delta t}$$
として定義され，このベクトルを，$\dfrac{d\boldsymbol{r}}{dt}(a)$ と表す．

(3) 実数 $a$ に対して，$\dfrac{d\boldsymbol{r}}{dt}(a)$ を対応させる関数を，$\boldsymbol{r}(t)$ の**導関数**といい $\dfrac{d\boldsymbol{r}}{dt}(t)$ と表す．

---

ベクトル値関数 $\boldsymbol{r}(t)$ を，各軸方向の各基本ベクトル $\boldsymbol{e}_1, \boldsymbol{e}_2, \cdots, \boldsymbol{e}_n$ を用いて

$$\boldsymbol{r}(t) = \begin{pmatrix} x_1(t) \\ x_2(t) \\ \vdots \\ x_n(t) \end{pmatrix} = x_1(t)\boldsymbol{e}_1 + x_2(t)\boldsymbol{e}_2 + \cdots + x_n(t)\boldsymbol{e}_n$$

と表すとき，

$$\frac{d\boldsymbol{r}}{dt}(t) = \begin{pmatrix} (x_1)'(t) \\ (x_2)'(t) \\ \vdots \\ (x_n)'(t) \end{pmatrix} = \frac{dx_1}{dt}(t)\boldsymbol{e}_1 + \frac{dx_2}{dt}(t)\boldsymbol{e}_2 + \cdots + \frac{dx_n}{dt}(t)\boldsymbol{e}_n$$

となる．

ベクトル方程式 $\boldsymbol{r} = \boldsymbol{r}(t)$ が表す曲線を $C$ とする．曲線 $C$ 上の点 $\boldsymbol{r}(a)$ で微分係数が存在するとき，$\dfrac{d\boldsymbol{r}}{dt}(a)$ は曲線 $C$ の点 $\boldsymbol{r}(a)$ での**接ベクトル**と呼ばれる．

## 5.7.2 スカラー場とベクトル場

> **定義 5.7.2** $V$ を実ベクトル空間とする．
> (1) $V$ の各点 $\boldsymbol{x}$ に対して，スカラー $f(\boldsymbol{x})$ が定義されているとき，$(V, f)$ を**スカラー場**という．
> (2) ベクトル値関数 $\boldsymbol{f}(\boldsymbol{x})$ が定義されているとき，$(V, \boldsymbol{f})$ を**ベクトル場**という．

空間上の点に，温度や密度などが対応している場合がスカラー場の例であり，空間上の点に，水や風の方向と流速や風速の組であるベクトルが対応している場合がベクトル場の例である．

スカラー場とベクトル場に対して，$V$ を定義域とする実関数のなすベクトル空間 (関数空間) を考える．偏微分は，微分可能な関数空間から関数空間への線形写像であるので，

$$\begin{pmatrix} \dfrac{\partial}{\partial x_1} \\ \dfrac{\partial}{\partial x_2} \\ \vdots \\ \dfrac{\partial}{\partial x_n} \end{pmatrix} = \frac{\partial}{\partial x_1}\boldsymbol{e}_1 + \frac{\partial}{\partial x_2}\boldsymbol{e}_2 + \cdots + \frac{\partial}{\partial x_n}\boldsymbol{e}_n$$

を演算と考え，**微分演算子**と呼ぶことにする．微分演算子を $\nabla$(ナブラ) と書く．

## 5.7.3 勾配

> **定義 5.7.3** スカラー場 $(V, f)$ に対して，grad $f$ を次の式で定義する．
> $$\operatorname{grad} f = \nabla f$$
> grad $f$ を，$f$ の**勾配**と呼ぶ．

$V$ が 3 次元数ベクトル空間のとき，$f(\boldsymbol{x}) = f(x, y, z)$ とするとき，

$$\operatorname{grad} f = \nabla f = \begin{pmatrix} \dfrac{\partial f}{\partial x} \\ \dfrac{\partial f}{\partial y} \\ \dfrac{\partial f}{\partial z} \end{pmatrix} = \frac{\partial f}{\partial x}\boldsymbol{e}_1 + \frac{\partial f}{\partial y}\boldsymbol{e}_2 + \frac{\partial f}{\partial z}\boldsymbol{e}_3$$

となる．

偏微分可能な 3 変数実関数よりなるベクトル空間を $V$ とするとき，$(V, \operatorname{grad})$ は，ベクトル場となる．

スカラー場 $(V, f)$ と実定数 $c$ に対して，方程式 $f(\boldsymbol{x}) = c$ を満たす $V$ のベクトル $\boldsymbol{x}$ の集合は一般に曲面となる．この曲面を**等位面**という．地図上の等高線で囲まれた領域が代表的な等位面である．

等位面上の曲線 $C$ が，ベクトル方程式

$$\boldsymbol{r} = \boldsymbol{r}(t) = x(t)\boldsymbol{e}_1 + y(t)\boldsymbol{e}_2 + z(t)\boldsymbol{e}_3$$

で表されているとする．$f$ を曲線 $C$ 上の実関数と考えると，$f(\boldsymbol{r}(t)) = c$ より $f$ は定数関数である．したがって，$\dfrac{df}{dt} = 0$ である．これより，$f$ に合成関数の微分公式を用いると

$$0 = \frac{df}{dt} = \frac{\partial f}{\partial x}\frac{dx}{dt} + \frac{\partial f}{\partial y}\frac{dy}{dt} + \frac{\partial f}{\partial z}\frac{dz}{dt} = \nabla f \cdot \frac{d\boldsymbol{r}}{dt}$$

が得られる．これは，等位面上の曲線 $C$ の接線と勾配 $\nabla f$ が直交していることを表している．等位面の接平面は，等位面上の曲線 $C$ の接線を含む平面であるので次の定理が成立する．

> **定理 5.7.4** 等位面 $f(\boldsymbol{x}) = c$ の接平面と勾配 $\nabla f$ は垂直である．

**例 5.7.5**

(1) 密度をもつスカラー場では，勾配は最も密度の薄い方向へのベクトルを意味する．

(2) 2次元実ベクトル空間で，等高線をもつスカラー場では，関数値は標高であり，勾配は最大傾斜方向へのベクトルである．

### 5.7.4 発散

> **定義 5.7.6** ベクトル場 $(V, \boldsymbol{f})$ に対し，$\operatorname{div} \boldsymbol{f}$ を内積を用いて，次の式で定義する．
> $$\operatorname{div} \boldsymbol{f} = \nabla \cdot \boldsymbol{f}$$
> $\operatorname{div} \boldsymbol{f}$ を，$\boldsymbol{f}$ の**発散**と呼ぶ．

$V$ が3次元数ベクトル空間では，$\boldsymbol{f}(\boldsymbol{x}) = \begin{pmatrix} f_1(\boldsymbol{x}) \\ f_2(\boldsymbol{x}) \\ f_3(\boldsymbol{x}) \end{pmatrix}$ とするとき，

$$\operatorname{div} \boldsymbol{f} = \frac{\partial f_1}{\partial x} + \frac{\partial f_2}{\partial y} + \frac{\partial f_3}{\partial z}$$

となる．

偏微分可能な3変数実関数よりなるベクトル空間を $V$ とするとき，$(V, \operatorname{div})$ はベクトル場となる．

**例 5.7.7** $V$ を3次元数ベクトル空間とし，$\boldsymbol{f}(\boldsymbol{x})$ を点 $\boldsymbol{x}$ での流体の向きと速度よりなるベクトルとする．点 $A(a, b, c)$ を1つの頂点として，座標軸に平行な面をもち，長さがおのおの $\Delta x, \Delta y, \Delta z$ の直方体に，単位時間に通る流体の量を考える．

流体が $x$ 方向については，$yz$ 平面に平行な平面 $x = a$ で流入し $x = a + \Delta x$ で流出する．直方体の $x$ 方向の断面の面積は $\Delta y \Delta z$ であるので，流れ出る流体の量は

$$(f_1(a + \Delta x, b, c) - f_1(a, b, c))\Delta y \Delta z$$

であり，Taylor の定理より近似的に流体の通る量は $\dfrac{\partial f_1(a, b, c)}{\partial x} \Delta x \Delta y \Delta z$ となる．$y$ 方向および $z$ 方向についても同様に

$$\frac{\partial f_2(a, b, c)}{\partial y}\Delta x \Delta y \Delta z, \quad \frac{\partial f_3(a, b, c)}{\partial z}\Delta x \Delta y \Delta z$$

となる．これより，発散は，各点から単位時間あたり単位体積の部分から湧き出す流量となる．もし，ある点から湧き出しがなければ発散は 0 となる．

### 5.7.5 回転

> **定義 5.7.8** ベクトル場 $(V, \boldsymbol{f})$ に対し，rot $\boldsymbol{f}$ を外積を用いて次の式で定義する．
> $$\mathrm{rot}\,\boldsymbol{f} = \nabla \times \boldsymbol{f}$$
> rot $\boldsymbol{f}$ を $\boldsymbol{f}$ の **回転** と呼ぶ．

偏微分可能な 3 変数実関数よりなるベクトル空間を $V$ とするとき，$(V, \mathrm{rot})$ はベクトル場となる．

$V$ が 3 次元数ベクトル空間のとき，$\boldsymbol{f}(\boldsymbol{x}) = \begin{pmatrix} f_1(\boldsymbol{x}) \\ f_2(\boldsymbol{x}) \\ f_3(\boldsymbol{x}) \end{pmatrix}$ とすると，

$$\mathrm{rot}\,\boldsymbol{f} = \left(\frac{\partial f_3}{\partial y} - \frac{\partial f_2}{\partial z}\right)\boldsymbol{e}_1 + \left(\frac{\partial f_1}{\partial z} - \frac{\partial f_3}{\partial x}\right)\boldsymbol{e}_2 + \left(\frac{\partial f_2}{\partial x} - \frac{\partial f_1}{\partial y}\right)\boldsymbol{e}_3$$

となり，次のように表すこともできる．

$$\nabla \times \boldsymbol{f} = \begin{vmatrix} \boldsymbol{e}_1 & \boldsymbol{e}_2 & \boldsymbol{e}_3 \\ \dfrac{\partial}{\partial x} & \dfrac{\partial}{\partial y} & \dfrac{\partial}{\partial z} \\ f_1 & f_2 & f_3 \end{vmatrix}$$

$$= \begin{vmatrix} \dfrac{\partial}{\partial y} & \dfrac{\partial}{\partial z} \\ f_2 & f_3 \end{vmatrix}\boldsymbol{e}_1 + \begin{vmatrix} \dfrac{\partial}{\partial z} & \dfrac{\partial}{\partial x} \\ f_3 & f_1 \end{vmatrix}\boldsymbol{e}_2 + \begin{vmatrix} \dfrac{\partial}{\partial x} & \dfrac{\partial}{\partial y} \\ f_1 & f_2 \end{vmatrix}\boldsymbol{e}_3$$

また，$\boldsymbol{f}(\boldsymbol{x})$ は $\nabla$ および $\boldsymbol{f}$ と垂直になり，大きさは

$$|\mathrm{rot}\,\boldsymbol{f}| = \sqrt{\left|\frac{\partial f_3}{\partial y} - \frac{\partial f_2}{\partial z}\right|^2 + \left|\frac{\partial f_1}{\partial z} - \frac{\partial f_3}{\partial x}\right|^2 + \left|\frac{\partial f_2}{\partial x} - \frac{\partial f_1}{\partial y}\right|^2}$$

となる．

**例 5.7.9** 半径 $r$ の円周上を，質点が角速度 $w$ が一定で回っているときの質点の接線方向への遠心力を $\boldsymbol{v}$ とする．したがって，$|\boldsymbol{v}| = wr$ である．$\boldsymbol{x}$ の極座標表示を，$\boldsymbol{x} = \begin{pmatrix} r\cos\theta \\ r\sin\theta \end{pmatrix}$ とすると，$\boldsymbol{v}$ と $\boldsymbol{x}$ は垂直なので，$\boldsymbol{v}$ と $x$ 軸のなす角は $\theta + \dfrac{\pi}{2}$ であることから，

$$\boldsymbol{v}(\boldsymbol{x}) = \begin{pmatrix} |\boldsymbol{v}|\sin\theta \\ -|\boldsymbol{v}|\cos\theta \end{pmatrix} = \begin{pmatrix} ry \\ -rx \end{pmatrix}$$

となる．$-\dfrac{1}{2}\mathrm{rot}\,\boldsymbol{v} = \begin{pmatrix} 0 \\ 0 \\ w \end{pmatrix}$ である．

上記の例では，rot は $z$ 軸方向の角速度を意味した．一般に，回転運動では，rot は，各軸方向の角速度を成分とするベクトル (角速度ベクトル) を表すベクトルである．このように，rot は回転を表すベクトルと考えられるので，回転と呼ばれるのである．

**例 5.7.10** 上記の例で，$\boldsymbol{v}$ を磁場 (磁束密度) とすると，rot $\boldsymbol{v}$ は，電場 (電流密度) を与える．これは，電場と磁場の関係が円運動の向心力と遠心力の関係と同じ原理であることを示している．しかも，この関係によって電場と磁場は統一された概念であることがわかる．

### 5.7.6 関係式

grad は，微分形式であるので，次の微分の基本性質をもつ．
$$\mathrm{grad}(fg) = (\mathrm{grad}\, f)g + f(\mathrm{grad}\, g)$$

grad, $\nabla$, div, rot の間には，次のような関係式がある．
$$\mathrm{grad}\,(\mathrm{div}\,\boldsymbol{f}) = \nabla(\nabla \cdot \boldsymbol{f})$$
$$\mathrm{div}(f\boldsymbol{g}) = (\mathrm{grad}\, f) \cdot \boldsymbol{g} + f \cdot \mathrm{div}\,\boldsymbol{g}$$
$$\mathrm{rot}(f\boldsymbol{g}) = (\mathrm{grad}\, f) \times \boldsymbol{g} + f(\mathrm{rot}\,\boldsymbol{g})$$

# 補足

この章では，微分積分学で必要とする三角関数についての基本的な内容を述べておく．

## 角度ラジアン

> 角 B が直角である直角三角形 ABC の底辺の長さ $AB = a$，高さ $BC = b$，斜辺の長さ $AC = c$, $\angle CAB = \theta$ を利用して，三角比 $\cos\theta = \dfrac{a}{c}$, $\sin\theta = \dfrac{b}{c}$, $\tan\theta = \dfrac{b}{a}$ が定義される．さらに，実数 $x$ に対して，$\cos x, \sin x$ が次のように定義される．
>
> 座標平面の原点 O を中心として半径 1 の円をとり，$x$ 軸上に点 $A(1,0)$ を，正の方向（左回り・反時計回り）に円周上を $x$ だけ動かしたときの点 B の座標を $(\cos x, \sin x)$ とし，$\tan x = \dfrac{\sin x}{\cos x}$ と決める．ただし，$x$ が負のときは，負の方向（右回り・時計回り）に $-x$ だけ動くことになる．実数 $x$ に対して，これらの値を対応させる関数を**三角関数**と呼ぶ．このときの角 $x$ の単位を，**radian**（ラジアン）と呼ぶ．

## 三角関数の基本性質

三角関数のグラフは下図のようになり，周期 $2\pi$ の周期関数である．

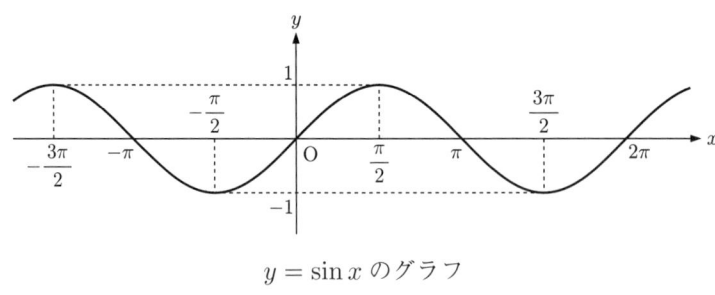

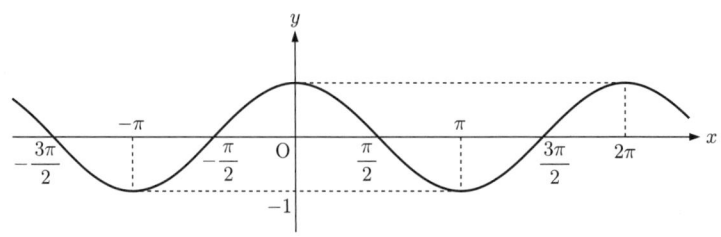

$y = \sin x$ のグラフ

$y = \cos x$ のグラフ

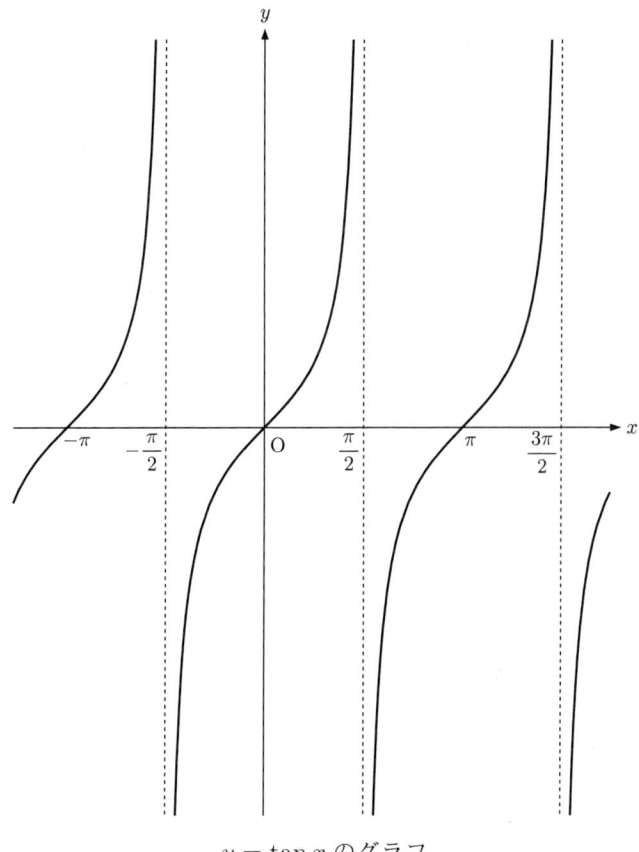

$y = \tan x$ のグラフ

## 三角関数の公式

### 加法定理

(1) $\sin(A+B) = \sin A \cos B + \cos A \sin B$
(2) $\cos(A+B) = \cos A \cos B - \sin A \sin B$
(3) $\tan(A+B) = \dfrac{\tan A + \tan B}{1 - \tan A \tan B}$

上記の関係式は次の図を用いて導かれる．

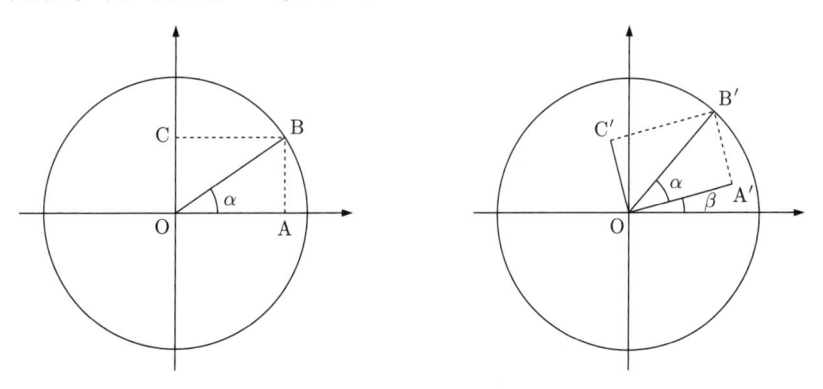

半径 1 の単位円と左図の長方形 OABC を考え，この長方形を $\beta$ 回転して右図の長方形

O′A′B′C′ を作る．

$$\overline{OA} = \overline{OA'} = \cos\alpha, \quad \overline{OC} = \overline{OC'} = \sin\alpha$$

である．これから次のベクトルの和

$\overrightarrow{OB'} = \overrightarrow{OA'} + \overrightarrow{OC'}$

$\overrightarrow{OA'} = |\overline{OA'}|(\cos\beta, \sin\beta) = \cos\alpha(\cos\beta, \sin\beta) = (\cos\alpha\cos\beta, \cos\alpha\sin\beta)$

$\overrightarrow{OC'} = |\overline{OC'}|\left(\cos\left(\beta + \frac{\pi}{2}\right), \sin\left(\beta + \frac{\pi}{2}\right)\right) = \sin\alpha(-\sin\beta, \cos\beta) = (-\sin\alpha\sin\beta, \sin\alpha\cos\beta)$

$\overrightarrow{OB'} = (\cos(\alpha+\beta), \sin(\alpha+\beta))$

の成分を比較して加法定理の式がわかる．

加法定理は次の回転の行列の積からも計算できる．

$$\begin{pmatrix} \cos(A+B) & -\sin(A+B) \\ \sin(A+B) & \cos(A+B) \end{pmatrix} = \begin{pmatrix} \cos A & -\sin A \\ \sin A & \cos A \end{pmatrix} \begin{pmatrix} \cos B & -\sin B \\ \sin B & \cos B \end{pmatrix}$$

### ▊2倍角の公式▊

(1) $\sin 2A = 2\sin A \cos A$

(2) $\cos 2A = \cos^2 A - \sin A^2 = 2\cos^2 A - 1 = 1 - 2\sin^2 A$

(3) $\tan 2A = \dfrac{2\tan A}{1 - \tan^2 A}$

### ▊和と差の公式▊

(1) $\sin A + \sin B = 2\sin\dfrac{A+B}{2}\cos\dfrac{A-B}{2}$

(2) $\cos A + \cos B = 2\cos\dfrac{A+B}{2}\cos\dfrac{A-B}{2}$

(3) $\cos A - \cos B = -2\sin\dfrac{A+B}{2}\sin\dfrac{A-B}{2}$

### ▊正弦定理と余弦定理▊

正弦定理：三角形 ABC の外接円の半径 $r$ とする．

$$\frac{a}{\sin A} = \frac{b}{\sin B} = \frac{c}{\sin C} = 2r$$

余弦定理：三角形 ABC とする．

$$a^2 = b^2 + c^2 - 2bc\cos A$$

正弦定理は次の図からわかる．

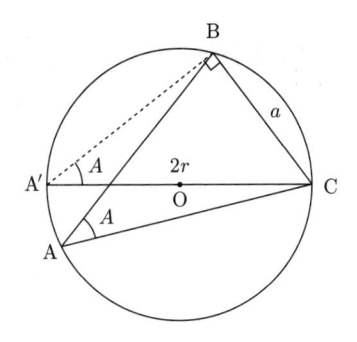

余弦定理は $\overrightarrow{AB} = \vec{b}$, $\overrightarrow{AC} = \vec{c}$ として，
$$a^2 = \overrightarrow{BC} \cdot \overrightarrow{BC} = (\vec{b} - \vec{c}) \cdot (\vec{b} - \vec{c}) = b^2 + c^2 - 2\vec{b} \cdot \vec{c} = b^2 + c^2 - 2bc\cos A$$
よりえられる．

# 問題の解答

**第 1 章　基礎概念**

**1.1 節　数列の極限**

1. (1) $\dfrac{5}{2}$　　(2) $\infty$　　(3) $0$　　(4) $\dfrac{3\sqrt{2}+2\sqrt{3}-\sqrt{6}-2}{2}$　　(5) $0$　　(6) $e^6$　　(7) $\dfrac{1}{e^6}$

2. (1) $a_n = S_n - S_{n-1}$ を利用して $0$ となる．例として $a_n = \dfrac{1}{n}$ がある．　(2) $S + a_1$

3. (1) $a_n = \dfrac{1}{5}\left\{1-\left(-\dfrac{2}{3}\right)^{n-1}\right\}$　　(2) $a_n = 2^{n-1}(n-1)$　　(3) $a_n = \dfrac{4n-4}{2n-3}$

**1.2 節　関数の極限と連続**

1. (1) $11$　　(2) $0$　　(3) $\dfrac{1}{2}$　　(4) $3$　　(5) $0$　　(6) $\dfrac{2}{3}$　　(7) $\dfrac{1}{2}$　　(8) $0$　　(9) $\infty$
   (10) $-\infty$　　(11) $1$　　(12) $0$　　(13) $e^6$　　(14) $e$　　(15) $0$　　(16) $\dfrac{1}{2}$　　(17) $0$　　(18) $1$

2. (1) $\dfrac{3}{5}$　　(2) $\dfrac{5}{2}$　　(3) $0$　　(4) $2$　　(5) $-1$　　(6) $\dfrac{1}{2}$　　(7) $\dfrac{3}{2}$

3. (1) 連続　　(2) 連続でない．
   (3) $x=1, x=0, x=-1$ 以外で定義でき，定数関数なので連続

4. (1) 中間値の定理を用いる．　(2) $4$（ヒント）：$\sin x = \dfrac{1}{2x}$ と変形して，$y = \sin x$ と $y = \dfrac{1}{2x}$ の交点の個数を $[0,\pi]$ で求めればよい．そこで，関数 $f(x) = \sin x - \dfrac{1}{2x}$ のグラフを，$\left[0, \dfrac{\pi}{2}\right]$ と $\left[\dfrac{\pi}{2}, \pi\right]$ の 2 つの区間で考え，中間値の定理を用いる．

5. 各点 $a$ に対し $y = x - a$ とすると，$\lim_{x \to a} f(x) = \lim_{x \to a}(f(x-a)+f(a)) = \lim_{y \to 0} f(y) + f(a) = f(0) + f(a) = f(a)$ より連続性が示された．後半は整数 $m$，有理数 $\dfrac{n}{m}$ について順次調べ，これを利用して実数 $x$ については，$x = \lim_{n \to \infty} a_n$ と $x$ に近づく有理数列 $a_n$ を考えて，連続性を調べる．

6. $\lim_{n \to \infty} a_n = a$ なる数列について，$\lim_{n \to \infty} f(a_n) = f(a)$ を示す．そのため，$\{a_n\}$ から部分列 $\{a_n \mid a_n > a\}, \{a_n \mid a_n = a\}, \{a_n \mid a_n < a\}$ について条件を適用する．

7. (1) 第 1 節の発展課題と同様　(2) 背理法で示す．結論を否定すると，各自然数 $n$ に対し，$|x - c_n| < \dfrac{1}{n}$ で $|f(x) - f(c_n)| \geqq \dfrac{1}{m}$ となる $c_n$ がある．(1) より，$\lim_{n \to \infty} c_n = c$ としてよい．一方，構成の仕方から $\lim_{n \to \infty} f(c_n) \neq f(c)$ となり連続性に矛盾する．

## 1.3 節　逆関数

1. (1) $y = -1 + \dfrac{1}{x-2}$ $(y \neq -1,\ x \neq 2)$　　(2) $y = \sqrt{\log x - 1}$ $(y \geqq 0,\ x \geqq e)$
   (3) $y = \sqrt{e^{x-1}}$ $(y > 0,\ -\infty < x < \infty)$

2. 仮定より $\lim\limits_{n \to \infty} a_n = a$ となる数列について，$\lim\limits_{n \to \infty} f(a_n) = f(a)$ となっている．そこで $\lim\limits_{n \to \infty} b_n = b$ となる任意の数列について，$\lim\limits_{n \to \infty} f^{-1}(b_n) = f^{-1}(b)$ となることを背理法で示す．
$f$ が単調増加の場合のみ考える．まず，$f^{-1}(b_n)$ が $f^{-1}(b)$ に収束しないとする．ここで $a_n = f^{-1}(b_n),\ a = f^{-1}(b)$ とおく．$\{b_n\}$ は収束列であることから，ある自然数 $M$ について，すべての $b_n$ で $-M < b_n < M$ となる．$f$ の単調増加性から $f^{-1}(-M) < a_n < f^{-1}(M), n \in \mathbb{N}$ となる．有界区間中の数列なので，ある値 $a'$ に収束する部分列 $a'_n$ が存在する．背理法の条件から $a' \neq a$ である．このとき，$f$ の連続性から $\lim\limits_{n' \to \infty} f(a'_n) = f(a')$ となるが，$f$ の単調増加性から $f(a') \neq f(a) = b$ なので，部分列の極限値が，全体の数列の極限値にならず，矛盾が起こる．よって命題が成立する．
単調減少の場合も同様である．

3. $y = \log(x + \sqrt{1+x^2}),\ y = \log(x + \sqrt{x^2-1})$

4. (1) $1$　　(2) $e^{\frac{3}{2}}$

5. 実数列を $\{a_n\}$ とする．各 $i$ について，$a_i \neq a_{i+1}$ としてよいので，$a_i < b_i,\ 0 < a_i - b_{i+1} < \dfrac{1}{i}$ となる有理数 $b_i$ を選び，有理数列 $\{b_n\}$ を作る．この数列に対し，$\lim\limits_{n \to \infty} f(a_n) = \lim\limits_{n \to \infty} f(b_n) = f(\alpha)$ となることを示せばよい．この先の詳細な証明は，読者に任せる．

6. $y = f(x)$ が単射であると，中間値の定理より $y = f(x)$ は単調関数である．そこで，単射を示す．
$x = g(f(x))$ となる場合は，$x_1 \neq x_2$ なら，$x_1 = g(f(x_1)),\ x_2 = g(f(x_2))$ より，$f(x_1) \neq f(x_2)$ となる．
$x = f(g(x))$ となる場合を調べる．$x_1 \neq x_2$ のとき，$x_1 = g(z_1),\ x_2 = g(z_2)$ となる $z_1, z_2$ をとると，$x_1 \neq x_2$ より $z_1 \neq z_2$ である．
したがって，$f(x_1) = f(g(z_1)) = z_1 \neq z_2 = f(g(z_2)) = f(x_2)$ となる．

## 第 2 章　微分法

### 2.1 節　導関数と微分法の公式

1. (1) $y' = 4x - 2$　　(2) $y' = 15x^2 - 8x + 5$　　(3) $y' = -\dfrac{1}{(x+1)^2}$
   (4) $y' = \dfrac{-2x^2 - 6x + 2}{(x^2+1)^2}$　　(5) $y' = -\dfrac{3x^2}{(x^3+1)^2} - \dfrac{2x}{(x^2-1)^2}$　　(6) $y' = \dfrac{1}{2\sqrt{x}}$

2. (1) $y' = 5x^4 + 4x^3 + 9x^2 - 2x - 1$　　(2) $y' = 10(x+1)^9$
   (3) $y' = 5(x^2 + 2x + 5)^4 \cdot (2x+2)$　　(4) $y' = 3\left(x^2 + \dfrac{1}{x^2}\right)^2 \cdot \left(2x - \dfrac{2}{x^3}\right)$
   (5) $y' = \dfrac{x}{\sqrt{x^2+1}}$　　(6) $y' = \dfrac{1}{3}(x^2 + x + 1)^{-\frac{2}{3}} \cdot (2x+1)$
   (7) $y' = \dfrac{2}{(x^2+1)\sqrt{x^2+1}}$

3. 略

4. $fgh = (fg)h$ とおいて積の微分公式を 2 回使う．

5. (1) $y' = \dfrac{t^2-1}{t^2+1}$　　(2) $y' = 2\sqrt{t^2+1}$

## 2.2 節　初等関数とその導関数

1. (1) $y' = 2x - \dfrac{2}{x}$　　(2) $y' = e^x - 6x^2 + 6x + 5$　　(3) $y' = 2x - \sin x$
   (4) $y' = (x+2)e^x$　　(5) $y' = 2x \sin x + (x^2+1)\cos x$
   (6) $y' = 2x \log x + x + \dfrac{1}{x}$　　(7) $y' = e^x \sqrt{x} + \dfrac{e^x}{2\sqrt{x}}$　　(8) $y' = \dfrac{xe^x}{(x+1)^2}$
   (9) $y' = \dfrac{(2x-2)\sin x - (x^2-2x+5)\cos x}{\sin^2 x}$　　(10) $y' = \dfrac{1}{1+\cos x}$

2. (1) $y' = \dfrac{1}{\cos^2 x}$　　(2) $y' = \dfrac{2xe^{x^2+1}}{\cos^2 e^{x^2+1}}$　　(3) $y' = \dfrac{1}{1-\sin 2x}$　　(4) $y' = 2x \cos x^2$
   (5) $y' = -2(x+1)\sin(x+1)^2$　　(6) $y' = \dfrac{(2x+1)\cos\sqrt{x^2+x+1}}{2\sqrt{x^2+x+1}}$
   (7) $y' = \dfrac{2x}{\sqrt{1-x^4}}$　　(8) $y' = -\dfrac{x+1}{\sqrt{-2x-x^2}}$　　(9) $y' = 1 + \dfrac{1}{1+x^2}$
   (10) $y' = \dfrac{-(x^2+1)\sin x - 2x\cos x}{(x^2+1)^2 + \cos^2 x}$　　(11) $y' = -\dfrac{2}{(x^2+1)\sqrt{1-3x^2}}$

3. (1) $y' = -5e^{-5x}$　　(2) $y' = 2xe^{x^2+1}$　　(3) $y' = \cos x \cdot e^{\sin x}$　　(4) $y' = \dfrac{e^{\tan x}}{\cos^2 x}$
   (5) $y' = \dfrac{e^{\sqrt{x}}}{2\sqrt{x}}$　　(6) $y' = \dfrac{e^{e^{\sqrt{x}}} \cdot e^{\sqrt{x}}}{2\sqrt{x}}$　　(7) $y' = \dfrac{3(\log x)^2}{x}$　　(8) $y' = \dfrac{4x+2}{x^2+x+1}$
   (9) $y' = \dfrac{1}{(1+\tan^{-1} x)(1+x^2)}$ $(x > 0)$, $y' = -\dfrac{1}{(1-\tan^{-1} x)(1+x^2)}$ $(x < 0)$

4. (1) $y' = 2^x \log 2$　　(2) $y' = 5x^{5x}(\log x + 1)$
   (3) $y' = (x+1)^{x^2+1} \left\{ 2x \log(x+1) + \dfrac{x^2+1}{x+1} \right\}$
   (4) $y' = (\tan x)^x \left( \log(\tan x) + \dfrac{x}{\sin x \cos x} \right)$
   (5) $y' = x^{\cos^{-1} x} \left( -\dfrac{\log x}{\sqrt{1-x^2}} + \dfrac{\cos^{-1} x}{x} \right)$
   (6) $y' = (\log x)^{x^2+1} \left( 2x \log \log x + \dfrac{x^2+1}{x \log x} \right)$
   (7) $y' = \dfrac{(x+2)^3 (5x+1)^5}{(2x+1)^2 (3x^2+5x+1)^3} \left( \dfrac{3}{x+2} + \dfrac{25}{5x+1} - \dfrac{4}{2x+1} - \dfrac{18x+15}{3x^2+5x+1} \right)$

5. $\dfrac{\log(x+h) - \log x}{h} = \dfrac{1}{h} \log \left( 1 + \dfrac{h}{x} \right) = \dfrac{1}{x} \dfrac{x}{h} \log \left( 1 + \dfrac{h}{x} \right) = \dfrac{1}{x} \log \left( 1 + \dfrac{h}{x} \right)^{\frac{x}{h}}$ を利用する.

6. (1) $y = \sin^{-1} x - 1$　　(2) $y = \sqrt{\sin x}$

7. $x = a\cos t$, $y = a\sin t$ にパラメータ表示の微分法を適用する.

8. $\dfrac{3}{5}$

## 2.3 節　高次導関数

1. (1) $y' = 4x^3 + 6x - 2$, $y'' = 12x^2 + 6$, $y''' = 24x$
   (2) $y' = -\dfrac{2x+1}{(x^2+x+1)^2}$, $y'' = \dfrac{6x^2+6x}{(x^2+x+1)^3}$, $y''' = \dfrac{6(2x+1)(2x^2+2x-1)}{(x^2+x+1)^4}$
   (3) $y' = -\dfrac{3x^2}{(x^3-1)^2}$, $y'' = \dfrac{6x(2x^3+1)}{(x^3-1)^3}$, $y''' = -\dfrac{6(10x^6+16x^3+1)}{(x^3-1)^4}$
   (4) $y' = 5\cos(5x+1)$, $y'' = -25\sin(5x+1)$, $y''' = -125\cos(5x+1)$
   (5) $y' = \dfrac{2x}{x^2+1}$, $y'' = \dfrac{-2x^2+2}{(x^2+1)^2}$, $y''' = \dfrac{4x(x^2-3)}{(x^2+1)^3}$

(6) $y' = -2xe^{-x^2+1}$, $y'' = 2(2x^2-1)e^{-x^2+1}$, $y''' = -4x(2x^2-3)e^{-x^2+1}$

(7) $y' = \cos x \log x + \dfrac{\sin x}{x}$, $y'' = -\sin x \log x + \dfrac{2\cos x}{x} - \dfrac{\sin x}{x^2}$,
$y''' = -\cos x \log x - \dfrac{3\sin x}{x} - \dfrac{3\cos x}{x^2} + \dfrac{2\sin x}{x^3}$

(8) $y' = e^x \sin x^2 + 2xe^x \cos x^2$, $y'' = (-4x^2+1)e^x \sin x^2 + (4x+2)e^x \cos x^2$,
$y''' = (-12x^2-12x+1)e^x \sin x^2 + (-8x^3+6x+6)e^x \cos x^2$

2. (1) $y^{(n)} = (-1)^n n! (x+2)^{-(n+1)}$

(2) $y^{(n)} = \dfrac{(-1)^n n!}{2}\left((x-1)^{-(n+1)} - (x+1)^{-(n+1)}\right)$

(3) $y^{(n)} = (-1)^{n-1}(n-1)!(x+1)^{-n}$    (4) $y^{(n)} = 5^n e^{5x}$    (5) $y^{(n)} = 3^x (\log 3)^n$

(6) $y^{(n)} = e^x\{x^3 + 3nx^2 + 3n(n-1)x + n(n-1)(n-2)\}$

(7) $y^{(n)} = \displaystyle\sum_{k=0}^{n} {}_nC_k e^x \left(\sin\left(x + \dfrac{k}{2}\pi\right)\right)$

2.4 節 平均値の定理とロピタルの定理

1. (1) $\dfrac{1}{2}$   (2) 0   (3) 6   (4) 1   (5) 1   (6) 1   (7) $e$   (8) $\dfrac{4}{9}$   (9) 0   (10) 1

2. (1) 定数関数のときは自明なので，定数関数でないとする．$f(a)$ よりも大きい値をとったとする．$a < c$ で $f(a) < f(c)$ とする．$\displaystyle\lim_{x\to\infty} f(x) = f(a)$ より，ある $c < d$ で，$f(c) > f(d)$ となる．したがって，$[a,d]$ での Rolle の定理を $[c,d]$ に適用する．

(2) 同様に有界閉区間 $[c,d]$ での Rolle の定理に帰着できるようにする．
十分大きな $M_1$ をとって $[-M_1, M_1]$ で単調増加ならさらに大きな $M_2$ をとる．繰り返してずっと単調増加なら $\displaystyle\lim_{x\to+\infty} f(x) = \lim_{x\to-\infty} f(x)$ に矛盾するので ある $M$ がとれて $[-M,M]$ では単調増加でない．よってこの区間で最大値が存在する．

3. (1) 平均値の定理を適用する．
(2) $f''(0) = c$ とし，$g(x) = f(x) - cx^2$ に前問を適用する．

2.5 節 テイラーの定理

1. (1) $\dfrac{1}{2} - \dfrac{x}{4} + \dfrac{x^2}{8} - \dfrac{x^3}{16} + \dfrac{x^4}{32}$     (2) $1 + 3x + 6x^2 + 10x^3 + 15x^4$

(3) $\sin 1 + \cos 1 \cdot x - \dfrac{\sin 1}{2!}x^2 - \dfrac{\cos 1}{3!}x^3 + \dfrac{\sin 1}{4!}x^4$     (4) $1 + \dfrac{1}{2!}x^2 + \dfrac{5}{4!}x^4$

(5) $e(1 + x^2 + \dfrac{x^4}{2})$    (6) $1 + \dfrac{x^2}{2!} + \dfrac{x^4}{4!}$    (7) $1 - \dfrac{1}{2!}x^2 + \dfrac{9}{4!}x^4$

(8) $1 + x - \dfrac{1}{3}x^3 - \dfrac{1}{6}x^4$    (9) $e\left(1 - \dfrac{1}{2}x^2 + \dfrac{1}{6}x^4\right)$    (10) $x^2 - \dfrac{5}{6}x^4$

2. $a_0 = -2$, $a_1 = 6$, $a_2 = 18$, $a_3 = 38$, $a_4 = 44$, $a_5 = 28$, $a_6 = 9$, $a_7 = 1$

3. $4950(x-1)^2 + 100(x-1) + 1$

4. 0.41

5. 0.956

6. (1) $-\dfrac{1}{2}$    (2) 2    (3) $\dfrac{1}{6}$

## 2.6節 増減表と関数のグラフ

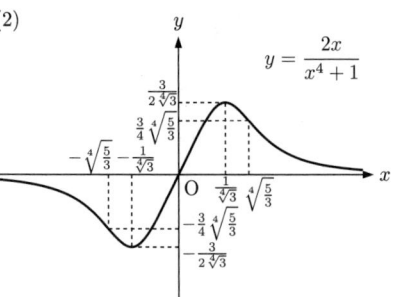

1. (1) $y = x^3 + x^2 - x + 3$

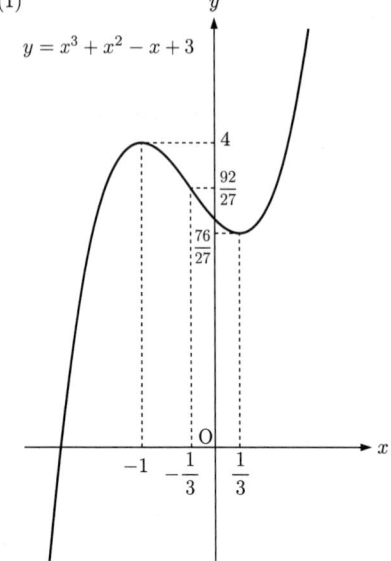

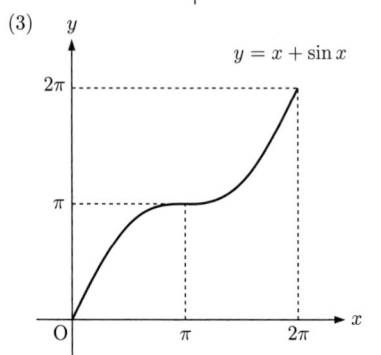

(2) $y = \dfrac{2x}{x^4+1}$

(3) $y = x + \sin x$

(4) $y = x\sqrt{x - x^2}$

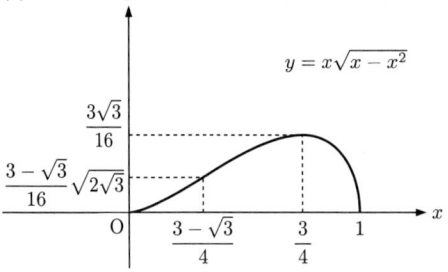

(5) $y = x \log x$

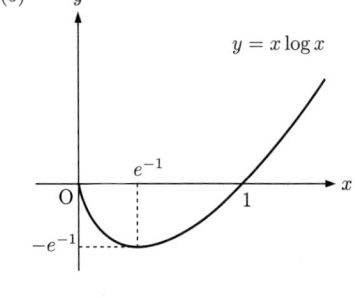

(6) $y = \dfrac{e^x}{\sin x}$

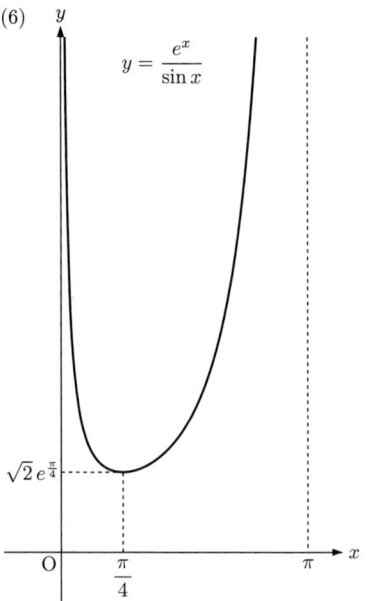

(7) $y = \dfrac{1}{\sqrt{1+x^2}}$

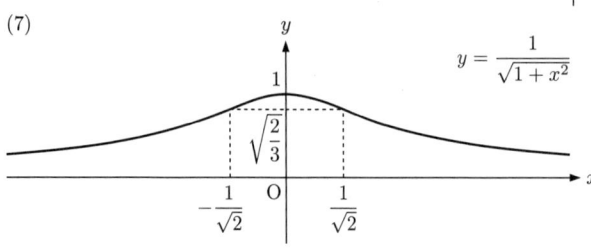

(8)

$y = e^{-2x^2}$

(9)

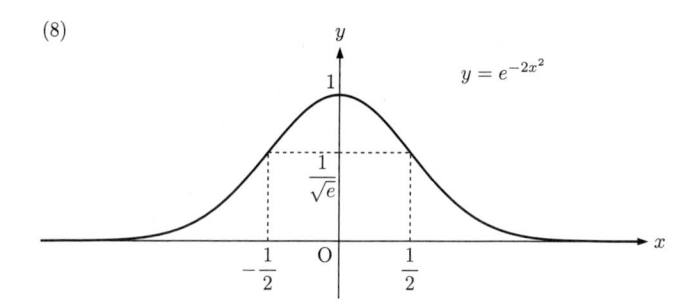

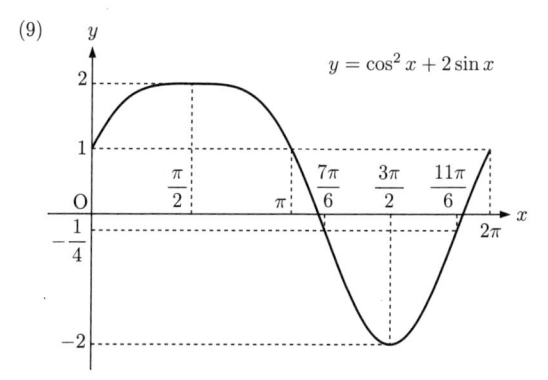

$y = \cos^2 x + 2\sin x$

2. 正方形で円の半径を $a$ とした時の面積は $2a^2$

3. 正方形のとき

4. 正三角形のとき

5. $\left(\dfrac{1}{3}\log 2 - 1, \sqrt[3]{2} + 2\right)$ のとき

## 第3章 積分法

### 3.1節 原始関数と不定積分

1. (1) $\dfrac{1}{6}x^6 + \dfrac{2}{5}x^5 + \dfrac{3}{4}x^4 - \dfrac{2}{3}x^3 + \dfrac{5}{2}x^2 + 3x + C$

    (2) $-3\cos x + 5\sin x - 5\log|\cos x| + C$    (3) $\dfrac{1}{2}\tan x + C$    (4) $3e^x + x + C$

    (5) $2\sqrt{x} + C$    (6) $\dfrac{1}{2}x^2 + \log|x| + C$    (7) $-\dfrac{3}{2\sqrt[3]{x^2}} + C$

2. (1) $\dfrac{1}{6}(x+1)^6 + C$    (2) $\dfrac{1}{14}(2x+3)^7 + C$    (3) $-\dfrac{1}{6(3x+2)^2} + C$

    (4) $\dfrac{1}{2}\tan^{-1} 2x + C$    (5) $-\dfrac{1}{x^2+1} + C$    (6) $\log|\log x| + C$

    (7) $\dfrac{1}{4}\sin^4 x + C$    (8) $e^{\sin x} + C$    (9) $e^{-\cos^2 x} + C$

    (10) $\dfrac{2}{5}(x+1)^{\frac{5}{2}} + \dfrac{9}{2}(x+1)^2 + 18(x+1)^{\frac{3}{2}} + 27x + C$    (11) $\tan^{-1} e^x + C$

3. (1) $xe^x - e^x + C$    (2) $x(\log x)^2 - 2x\log x + 2x + C$

    (3) $x\log(1+x^2) - 2x + 2\tan^{-1} x + C$    (4) $-x\cos x + \sin x + C$

    (5) $\dfrac{1}{2}e^x(\sin x + \cos x) + C$    (6) $\dfrac{1}{2}\tan^{-1} x + \dfrac{1}{2}\dfrac{x}{x^2+1} + C$

    (7) $x\sin^{-1} x + \sqrt{1-x^2} + C$    (8) $\dfrac{x^2}{2}\tan^{-1} x - \dfrac{1}{2}x + \dfrac{1}{2}\tan^{-1} x + C$

    (9) $x\tan^{-1} x - \dfrac{1}{2}\log(1+x^2) + C$

4. (1) $-\cos x + C$  (2) $\log\left|\tan\dfrac{x}{2}\right| + C$  (3) $\log\left|\tan\left(\dfrac{x}{2} + \dfrac{\pi}{4}\right)\right| + C$

(4) $\dfrac{1}{\sqrt{5}}\log\left|\dfrac{\tan\frac{x}{2} + \sqrt{5}}{\tan\frac{x}{2} - \sqrt{5}}\right| + C$  (5) $\dfrac{1}{5}\log\dfrac{(2\tan x + 1)^2}{\tan^2 x + 1} + \dfrac{1}{5}x + C$

(6) $(\sin^{-1} x)^2 x + 2\sqrt{1-x^2}\sin^{-1} x - 2x + C$

(7) $(x+1)\sin^{-1}\dfrac{x}{x+1} - \sqrt{2x+1} + C$  (8) $\sin x \log(\sin x) - \sin x$

(9) $\cos x \left(-\dfrac{\pi}{2} \leqq x \leqq 0\right)$, $-\cos x \left(0 \leqq x \leqq \dfrac{\pi}{2}\right)$

(10) $2\sqrt{2}\cos\left(\dfrac{x}{2} - \dfrac{\pi}{4}\right) + C$  (11) $-\sqrt{1-x^2}\sin^{-1} x + x + C$

(12) $\dfrac{1}{8}\log\left|\dfrac{1+\sqrt{\sin x}}{1-\sqrt{\sin x}}\right| - \dfrac{1}{4}\tan^{-1}(\sqrt{\sin x}) + \dfrac{\sin x\sqrt{\sin x}}{2\cos^2 x} + C$

5. (1) $\dfrac{1}{2}\log\left|\dfrac{x-1}{x+1}\right| + C$  (2) $\dfrac{1}{4}\log\left|\dfrac{x-1}{x+1}\right| + \dfrac{1}{2(x+1)} + C$

(3) $\dfrac{1}{2}\left(\log\dfrac{|x+1|}{\sqrt{x^2+1}} - \dfrac{1}{x+1}\right) + C$

(4) $\dfrac{1}{2}\log|x+1| - \dfrac{1}{4}\log(x^2+1) + \dfrac{1}{2}\tan^{-1} x + C$

(5) $\dfrac{\sqrt{2}}{8}\log\dfrac{x^2 + \sqrt{2}x + 1}{x^2 - \sqrt{2}x + 1} + \dfrac{\sqrt{2}}{4}\left(\tan^{-1}\left(\sqrt{2}x+1\right) + \tan^{-1}\left(\sqrt{2}x-1\right)\right) + C$

6. (1) $\dfrac{2}{5}(x+1)^{\frac{5}{2}} - \dfrac{2}{3}(x+1)^{\frac{3}{2}} + C$  (2) $2\tan^{-1}\sqrt{\dfrac{1+x}{1-x}} - (1-x)\sqrt{\dfrac{1+x}{1-x}} + C$

(3) $\dfrac{1}{\sqrt{2}}\log\left|\dfrac{\sqrt{1+x} + \sqrt{2}}{\sqrt{1+x} - \sqrt{2}}\right| + C$  (4) $\log|x + \sqrt{x^2+1}| + C$  (5) $\sin^{-1}\dfrac{x}{2} + C$

**3.2節 定積分と基本定理**

1. $\dfrac{2}{3}$

2. (1) $\dfrac{1}{12}$  (2) $\dfrac{56}{15}$  (3) $\dfrac{5\sqrt{2}}{2} - 3$  (4) $4e - \dfrac{7}{2}$  (5) $6\log 2 - 2$  (6) $\dfrac{\pi}{4}$  (7) $\dfrac{3}{8}$

3. (1) $\dfrac{2059}{7}$  (2) $\dfrac{1}{9}$  (3) $\log\dfrac{3}{2} - \dfrac{7}{18}$  (4) $\dfrac{\sqrt{3}}{8} + \dfrac{\pi}{6}$  (5) $\dfrac{1}{2}(e-1)$  (6) $\dfrac{1}{2}$  (7) $4 - 2\sqrt{e}$

(8) $\dfrac{3}{64}$  (9) $\dfrac{\pi}{4}$  (10) $\dfrac{\pi}{2} - 1$  (11) $\dfrac{2}{\sqrt{7}}\left(\tan^{-1}\dfrac{5}{\sqrt{7}} - \tan^{-1}\dfrac{3}{\sqrt{7}}\right)$  (12) $\dfrac{\pi}{3}$

4. (1) $\dfrac{1}{2}(\sqrt{2} + \log(1+\sqrt{2}))$  (2) $1$  (3) $\dfrac{2e^3+1}{9}$  (4) $\pi$  (5) $\dfrac{\pi}{4} - \dfrac{\log 2}{2}$  (6) $1$

5. 定理 3.2.6(3) より.

6. 第1式および第3式では, $\pi\ (m=n)$  $0\ (m \neq n)$, 第2式 $0$

7. (1) $x^2$  (2) $g(x^2) \cdot 2x$  (3) $f(x) + g(-x)$

8. (1) 区間を $[-a, 0]$ と $[0, a]$ に分けて, 置換積分 $t = -x$ を行う.  (2) (1) と同様

9. 曲線 $y = f(x)$ 下の面積を調べることでわかる. 次の凸関数の性質を用いる. 上に凸な関数 $f(x)$ では, 定義域内の 2 点 $A(x_1), B(x_2)$ での関数値 $f(x_1), f(x_2)$ と, 線分 AB を $m_1 : m_2$ ($m_1 + m_2 = 1$) に内分する点での関数値 $f(m_1 x_1 + m_2 x_2)$ のあいだに, 関係式 $f(m_1 x_1 + m_2 x_2) > m_1 f(x_1) + m_2 f(x_2)$ が成り立つ.

## 3.3 節　広義積分

1. (1) $\dfrac{\pi}{4} - \dfrac{1}{2}\tan^{-1}\dfrac{1}{2}$　(2) $\dfrac{2-\sqrt{2}}{4}\pi$　(3) 発散　(4) 1　(5) $\pi$
   (6) $2\sqrt{2}$　(7) $\dfrac{\pi}{2}$　(8) $\pi$　(9) $-\dfrac{1}{4}$　(10) 発散

2. 全体を (1) $m \geq 1, n \geq 1$　(2) $m < 1, n \geq 1$　(3) $m \geq 1, n < 1$　(4) $m < 1, n < 1$ の4つの場合に分ける．(1) の場合は自明．(2) のときは被積分関数が $x^{m-1}(1-x)^{n-1} \leq x^{m-1} \cdot 1$ となるので積分可能．(3) も同様．(4) は積分区間を $\dfrac{1}{2}$ で分け同様にできる．

## 3.4 節　面積・体積・曲線の長さ

1. (1) $\dfrac{1}{6}$　(2) $\dfrac{4}{3}$　(3) $\dfrac{25}{2}$　(4) $\pi ab$　(5) $\dfrac{3}{8}\pi$

2. (1) $\dfrac{21}{2}\pi$　(2) $\dfrac{4\pi ab^2}{3}$　(3) $\dfrac{4\pi r^3}{3}$

3. (1) $\dfrac{1}{2}(e^b - e^{-b})$　(2) 8　(3) 6

## 第 4 章　偏微分法

### 4.1 節　2変数関数とその極限

1. (1) 0　(2) 極限なし　(3) 極限なし　(4) 極限なし　(5) 0　(6) 極限なし　(7) $\dfrac{1}{2}$　(8) 0
   (9) 1　(10) 極限なし

2. (1) 連続でない　(2) 連続でない　(3) 連続

### 4.2 節　偏微分と全微分

1. (1) $f_x = 3x^2 + 6xy - 5y^2$, $f_y = 3x^2 - 10xy + 6y^2$
   (2) $f_x = (2x+y)(x^3 + xy^2 + y^3) + (x^2 + xy + 1)(3x^2 + y^2)$,
   　　$f_y = x(x^3 + xy^2 + y^3) + (x^2 + xy + 1)(2xy + 3y^2)$
   (3) $f_x = \dfrac{1}{y}$, $f_y = -\dfrac{x}{y^2}$　(4) $f_x = \dfrac{2y}{(x+y)^2}$, $f_y = \dfrac{-2x}{(x+y)^2}$
   (5) $f_x = \dfrac{-x^2 y - 6x + y^3 + y}{(x^2+y^2+1)^2}$, $f_y = \dfrac{x^3 - xy^2 + x - 6y}{(x^2+y^2+1)^2}$
   (6) $f_x = e^x \sin y$, $f_y = e^x \cos y$

2. 定義式 $f_x(a,b) = \lim\limits_{x \to a} \dfrac{f(x,b) - f(a,b)}{x - a}$ から計算する．

3. 任意の点 $(a,b)$ において，$\lim\limits_{(h,k) \to (0,0)} \dfrac{f(a+h, b+k) - f(a,b) - (h + 2bk)}{\sqrt{h^2 + k^2}} = 0$ を示す．

4. 定義にしたがって計算する．

5. (1) 接平面 $z - 2 = 2(x-1) + (y-2)$, 接線 $y = 2, z = 2x$
   (2) 接平面 $z - 1 = 11(x-1) - 4(y-2)$, 接線 $y = 2, z = 11x - 10$
   (3) 接平面 $z - \dfrac{3}{e} = \dfrac{4}{e}(x-1) - \dfrac{2}{e}(y-2)$, 接線 $y = 2, z = \dfrac{4}{e}x - \dfrac{1}{e}$
   (4) 接平面 $z - 1 = 0$, 接線 $z = 1, y = 2$
   (5) 接平面 $z - \dfrac{\sqrt{2}}{6} = \left(-\dfrac{3\sqrt{2}\pi + 4\sqrt{2}}{72}\right)\{(x-1) + (y-2)\}$,
   　　接線 $z - \dfrac{\sqrt{2}}{6} = \left(-\dfrac{3\sqrt{2}\pi + 4\sqrt{2}}{72}\right)(x-1), y = 2$
   (6) 接平面 $z - \log 6 = \dfrac{1}{3}(x-1) + \dfrac{2}{3}(y-2)$, 接線 $z - \log 6 = \dfrac{1}{3}(x-1), y = 2$

(7) 接平面 $z - (3 - 2\sqrt{2}) = (\sqrt{2} - 1)(x - 1) + \dfrac{2 - \sqrt{2}}{2}(y - 2)$,

接線 $z - (3 - 2\sqrt{2}) = (\sqrt{2} - 1)(x - 1), y = 2$

### 4.3 節　合成関数の微分法

1. (1) $f_x = 4(x^3 - 2xy + y^3)^3(3x^2 - 2y)$, $f_y = 4(x^3 - 2xy + y^3)^3(-2x + 3y^2)$

    (2) $f_x = \dfrac{(x^2 + y)(x^2 + 4xy - 3y)}{(x + y)^4}$, $f_y = -\dfrac{(x^2 + y)(3x^2 - 2x + y)}{(x + y)^4}$

    (3) $f_x = \dfrac{4x}{3\sqrt[3]{x^2 + y^2}}$, $f_y = \dfrac{4y}{3\sqrt[3]{x^2 + y^2}}$

    (4) $f_x = \dfrac{y^3 + y}{(x^2 + y^2 + 1)\sqrt{x^2 + y^2 + 1}}$, $f_y = \dfrac{x^3 + x}{(x^2 + y^2 + 1)\sqrt{x^2 + y^2 + 1}}$

    (5) $f_x = 2xe^{x^2 + y + 1}$, $f_y = e^{x^2 + y + 1}$　(6) $f_x = \dfrac{2y^2}{x(x^2 + y^2)}$, $f_y = -\dfrac{2y}{x^2 + y^2}$

    (7) $f_x = (2x + 1)\cos(x^2 + x + y^2)$, $f_y = 2y\cos(x^2 + x + y)$

    (8) $f_x = 2\sin(x + y)\cos(x + y)\cos^3(x^2 + y^2) - 6x\sin^2(x + y)\cos^2(x^2 + y^2)\sin(x^2 + y^2)$,
    $f_y = 2\sin(x + y)\cos(x + y)\cos^3(x^2 + y^2) - 6y\sin^2(x + y)\cos^2(x^2 + y^2)\sin(x^2 + y^2)$

    (9) $f_x = -\dfrac{y}{|x|\sqrt{x^2 - y^2}}$, $f_y = \dfrac{1}{x\sqrt{1 - \frac{y^2}{x^2}}}$

    (10) $f_x = \dfrac{x}{(1 + x^2 + y^2)\sqrt{x^2 + y^2}}$, $f_y = \dfrac{y}{(1 + x^2 + y^2)\sqrt{x^2 + y^2}}$

    (11) $f_x = \dfrac{-2x\sin(\log(x^2 + y^2 + 1))}{x^2 + y^2 + 1}$, $f_y = \dfrac{-2y\sin(\log(x^2 + y^2 + 1))}{x^2 + y^2 + 1}$

2. (1) $z'(t) = 10\sin t \cos t$　(2) $z'(t) = 3e^t \cos 3e^t$

3. (1) $z_x = 2y\sin xy \cos xy e^{\sin^2 xy}$, $z_y = 2x\sin xy \cos xy e^{\sin^2 xy}$

    (2) $z_x = 3(x + y)^2(2(x + y)^3 + 1)$, $z_y = 3(x + y)^2(2(x + y)^3 + 1)$

4. (1) $z_s = 2e^{2s+2t} + 4e^{2s} - 2e^{2s-2t}$, $z_t = 2e^{2s+2t} + 2e^{2s-2t}$

    (2) $z_s = -\dfrac{\cos\sqrt{\frac{1}{(s+t)^2} + \frac{1}{(s-t)^2}}}{(s+t)^3\sqrt{\frac{1}{(s+t)^2} + \frac{1}{(s-t)^2}}} - \dfrac{\cos\sqrt{\frac{1}{(s+t)^2} + \frac{1}{(s-t)^2}}}{(s-t)^3\sqrt{\frac{1}{(s+t)^2} + \frac{1}{(s-t)^2}}}$,

    $z_t = -\dfrac{\cos\sqrt{\frac{1}{(s+t)^2} + \frac{1}{(s-t)^2}}}{(s+t)^3\sqrt{\frac{1}{(s+t)^2} + \frac{1}{(s-t)^2}}} + \dfrac{\cos\sqrt{\frac{1}{(s+t)^2} + \frac{1}{(s-t)^2}}}{(s-t)^3\sqrt{\frac{1}{(s+t)^2} + \frac{1}{(s-t)^2}}}$

5. 合成関数の微分公式を用いる．

### 4.4 節　高次偏導関数とテイラーの定理

1. (1) $f_{xx} = 12x^2 - 6y$, $f_{xy} = -6x + 8y$, $f_{yy} = 8x - 12y^2$

    (2) $f_{xx} = \dfrac{6x^5 + 12x^4y - 2x^3y^2 + 30x^2y^3 + 12xy^4 + 6y^5}{(x^3 + xy^2 - 2y^3)^3}$,

    $f_{xy} = \dfrac{-3x^5 + 8x^4y - 24x^3y^2 - 30x^2y^3 + 3xy^4 - 18y^5}{(x^3 + xy^2 - 2y^3)^3}$,

    $f_{yy} = \dfrac{-2x^5 + 6x^4y + 30x^3y^2 - 30x^2y^3 + 36xy^4 + 24y^5}{(x^3 + xy^2 - 2y^3)^3}$

    (3) $f_{xx} = \dfrac{4(x^2 + 3y^2)}{9\sqrt[3]{(x^2 + y^2)^4}}$, $f_{xy} = -\dfrac{8xy}{9\sqrt[3]{(x^2 + y^2)^4}}$, $f_{yy} = \dfrac{4(3x^2 + y^2)}{9\sqrt[3]{(x^2 + y^2)^4}}$

    (4) $f_{xx} = \dfrac{2xy + y^2}{x^4}e^{\frac{y}{x}}$, $f_{xy} = -\dfrac{x + y}{x^3}e^{\frac{y}{x}}$, $f_{yy} = \dfrac{1}{x^2}e^{\frac{y}{x}}$

    (5) $f_{xx} = \dfrac{2\sin(x^2 + y)\cos(x^2 + y) - 4x^2}{\sin^2(x^2 + y)}$, $f_{xy} = -\dfrac{2x}{\sin^2(x^2 + y)}$, $f_{yy} = -\dfrac{1}{\sin^2(x^2 + y)}$

2. 合成関数の微分公式を 2 回用いる．

3. $z^{(n)}(t) = \sum_{k=0}^{n} {}_nC_k 2^k 3^{n-k} \sin\left(5t + \dfrac{n}{2}\pi\right) = 5^n \sin\left(5t + \dfrac{n}{2}\pi\right)$

4. (1) $f(x,y) = \sum_{k=0}^{\infty} \left\{-(2x+y^2)\right\}^k$

   (2) $f(x,y) = 1 + \sum_{k=1}^{\infty} \dfrac{\frac{1}{2}(\frac{1}{2}-1)\cdots(\frac{1}{2}-k+1)}{k!}(-x^2-y^2)^k$

   (3) $f(x,y) = x \sum_{k=0}^{\infty} \dfrac{(x+y)^k}{k!}$   (4) $f(x,y) = \dfrac{1}{2}\left(\sum_{k=1}^{\infty}(-1)^{k+1}\dfrac{(x^2+y^2)^k}{k}\right)$

   (5) $f(x,y) = \sum_{k=0}^{\infty} \dfrac{(-1)^k}{(2k+1)!}(x+y)^{2k+1}$   (6) $f(x,y) = xy \sum_{k=0}^{\infty} \dfrac{(-1)^k}{(2k+1)!}(x^2+y^2)^{2k+1}$

5. (1) $xy - x^2y - xy^2$   (2) $1 - (x^2+y^2)$   (3) $(x+y) + (x+y)^2 + \dfrac{(x+y)^3}{3}$

   (4) $xy$   (5) $(x+y) - \dfrac{1}{3}(x+y)^3$   (6) $x^2 + xy + y^2$

6. (1) 合成関数の微分法の公式を用いる．

   (2) (i) $\dfrac{\partial^2 G(u,v)}{\partial u \partial v} = \dfrac{\partial^2 F(x,y)}{\partial u \partial v}$ に合成関数の微分法の公式を用いる．

   (ii) $\dfrac{df}{du} = \dfrac{\partial G}{\partial u}$ であることと，$g(u,v) = G(u,v) - f(u)$ とおき，$\dfrac{\partial g}{\partial u} = 0$ を示す．

7. (1) $\varphi'(x) = \dfrac{2x+y}{2y-x}$   (2) $\varphi'(x) = \dfrac{x(1+y^2)}{y(1-x^2)}$   (3) $\varphi'(x) = -\dfrac{5x}{8y}$

   (4) $\varphi'(x) = \dfrac{y-x^2}{y^2-x}$   (5) $\varphi'(x) = -\dfrac{\sqrt[3]{y^2}}{\sqrt[3]{x^2}}$   (6) $\varphi'(x) = -\dfrac{e^{x+y}-2x}{e^{x+y}-2y}$

   (7) $\varphi'(x) = \dfrac{2x+y}{x-2y}$

   [注意] (2), (4) 以外では，陰関数は常に存在する．実際，(2) では $y = \pm \dfrac{x}{\sqrt{1-x^2}}$ の 2 つの曲線が原点で交わり，$y'(0) = \pm 1$ より $y = \pm x$ が接線である．同様に (4) では，原点は特異点で，座標軸を接線にもつ．

## 4.5 節　2 変数関数の極値とラグランジュの未定定数法

1. (1) $\left(-1, -\dfrac{5}{2}\right)$ で極小値 $-\dfrac{25}{4}$ をとる   (2) $(2,0)$ で極小となり $-16$ となる

   (3) $(1,1)$ で極小となり $-1$ となる   (4) 極値はとらない

   (5) $(1,1)$ で極小となり $3$ となる   (6) 極値はとらない   (7) 極値はとらない

   (8) $(x,y) = \left(\dfrac{\pi}{3} + 2n\pi, \dfrac{\pi}{3} + 2n\pi\right)$ で極大値 $\dfrac{3\sqrt{3}}{2}$,

   $(x,y) = \left(-\dfrac{\pi}{3} + 2n\pi, -\dfrac{\pi}{3} + 2n\pi\right)$ で極小値 $-\dfrac{3\sqrt{3}}{2}$

   (9) $\left(\dfrac{2\pi}{3} + m\pi, \dfrac{2\pi}{3} + n\pi\right)$ で極小値 $-\dfrac{3\sqrt{3}}{8}$,

   $\left(\dfrac{\pi}{3} + m\pi, \dfrac{\pi}{3} + n\pi\right)$ で極大値 $\dfrac{3\sqrt{3}}{8}$

2. (1) $f\left(1, \dfrac{\sqrt{6}}{2}\right) = f\left(-1, -\dfrac{\sqrt{6}}{2}\right) = \dfrac{\sqrt{6}}{2}$ が最大値で

   $f\left(-1, \dfrac{\sqrt{6}}{2}\right) = f\left(1, -\dfrac{\sqrt{6}}{2}\right) = \dfrac{-\sqrt{6}}{2}$ が最小値

(2) $f\left(\dfrac{1}{2},\dfrac{1}{2}\right)=\tan\dfrac{3}{4}$ が最小値で，$f(1,0)=f(0,1)=\tan 1$ が最大値

(3) $f\left(\dfrac{2}{\sqrt{13}},\dfrac{3}{\sqrt{13}}\right)=\sqrt{13}-1$ が最大値で，

$f\left(-\dfrac{2}{\sqrt{13}},-\dfrac{3}{\sqrt{13}}\right)=-\sqrt{13}-1$ が最小値

(4) $\lambda=\dfrac{-7\pm 3\sqrt{2}}{2},\ x=(-1\pm\sqrt{2})y,\ y^2=\dfrac{1}{4\pm 2\sqrt{2}}$ となり，$\dfrac{3\sqrt{2}+7}{2}$ が最大値，

$\dfrac{-3\sqrt{2}+7}{2}$ が最小値

(5) $f\left(0,\dfrac{2-\sqrt{2}}{2}\right)=\dfrac{1-2\sqrt{2}}{2}$ が最小値，$f\left(0,\dfrac{2+\sqrt{2}}{2}\right)=\dfrac{1+2\sqrt{2}}{2}$ が最大値

(6) $f\left(\dfrac{1}{2},\dfrac{1}{2}\right)=\dfrac{1}{2\sqrt{e}}$ が最小値，$f(1,0)=f(0,1)=e^{-1}$ が最大値

3. それぞれ $x^2+y^2=a^2$ に内接および外接する正三角形を $y$ 軸方向に $\dfrac{b}{a}$ 倍した形
（円についてまず求め，大小関係を変えないように引き延ばせばよい．）

4. (1) 立方体　(2) 立方体

5. 重心

[注意] ($\triangle$ ABC に対し，対辺の長さを $a,b,c$ とし，それぞれの辺への垂線の長さを $x,y,z$ とすると，$x=\sqrt{\dfrac{bc}{a}},\ y=\sqrt{\dfrac{ca}{b}},\ z=\sqrt{\dfrac{ab}{c}}$ となる．

## 第 5 章　重積分

5.1 節　2 重積分

1. (1)

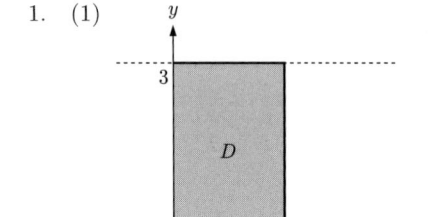

(2)

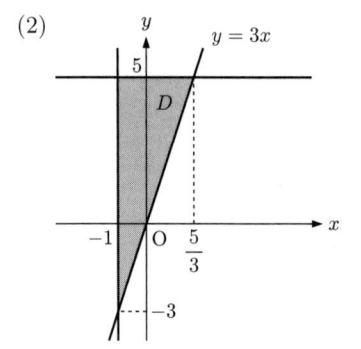

(3)

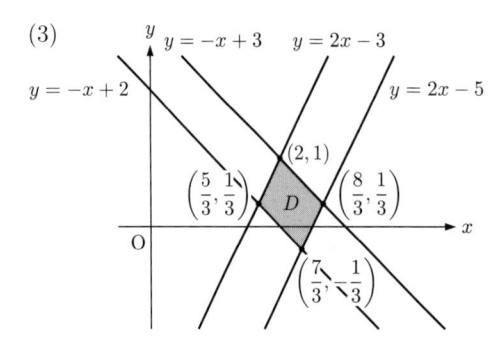

(4)

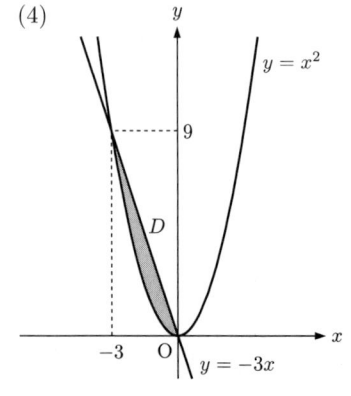

(5) グラフ: $y=\frac{1}{x}$, $x^2+y^2=4$, 領域 $D$

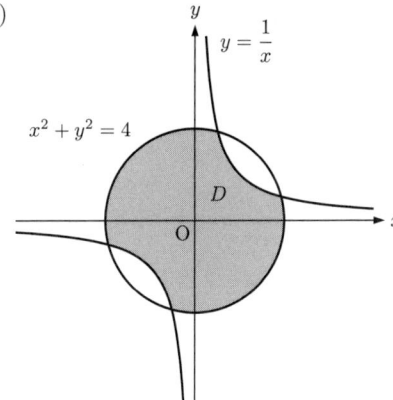

(6) グラフ: $y=\sqrt{x}$, $y=2$, 領域 $D$, $x=4$

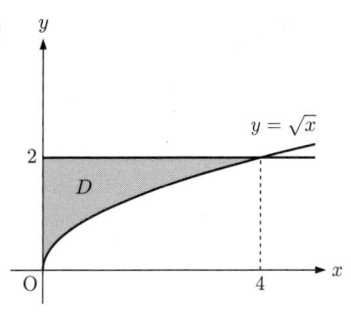

(7) グラフ: $y=x+1$, $y=-x+3$, 頂点 $(1,2)$, $(-1,0)$, $(3,0)$, 領域 $D$

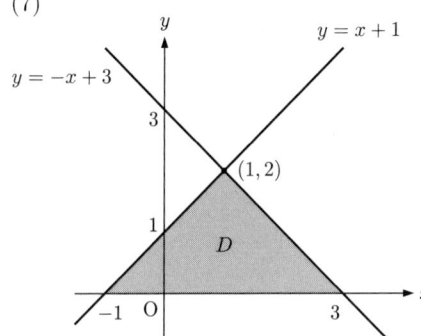

(8) グラフ: $y=x+3$, $y=-x+5$, $y=x-3$, $y=-x-1$, 頂点 $(1,4)$, $(-2,1)$, $(4,1)$, $(1,-2)$, 領域 $D$

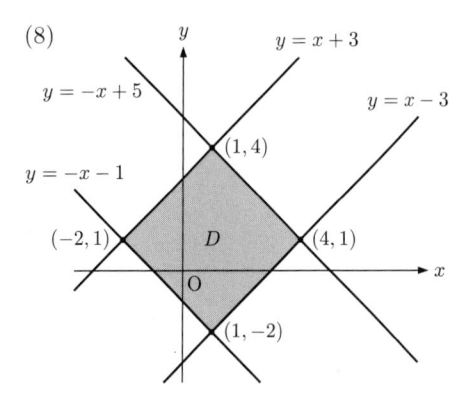

2. (1) $2\pi$ (2) $6$ (3) $\dfrac{7}{3}$ (4) $\dfrac{2}{3}\pi a^3$ (5) $\dfrac{1}{3}\pi$

3. (1) $D=\{(x,y) \mid y\leqq x\leqq 2,\ 0\leqq y\leqq 2\}$
   (2) $D=\left\{(x,y) \mid y^2\leq x\leq \sqrt{\dfrac{y}{2}},\ 0\leqq y\leqq \dfrac{1}{\sqrt[3]{2}}\right\}$

## 5.2 節　累次積分

1. (1) $5$ (2) $\dfrac{313}{4}$ (3) $\dfrac{1}{3}(e^9-e^6)-e^4+e^3$ (4) $\dfrac{\sqrt{2}}{6}$ (5) $\dfrac{\pi}{4}\log\dfrac{\pi}{2}$ (6) $-\dfrac{1}{2\pi}$

2. (1) $\dfrac{13}{3}$ (2) $36\log 2+18\log 3-25\log 5-\dfrac{5}{2}$ (3) $\dfrac{1}{24}$ (4) $8$ (5) $\dfrac{8}{3}$
   (6) $\dfrac{801}{20}$ (7) $\dfrac{\pi}{4}\log 2$

3. (1) $D=\{(x,y) \mid 1\leqq x\leqq 2,\ 0\leqq y\leqq 1\}$ $\displaystyle\int_0^1\left(\int_1^2 f(x,y)\,dx\right)dy$

   (2) $D=\{(x,y) \mid 0\leqq x\leqq 1,\ 0\leqq y\leqq x\}$ $\displaystyle\int_0^1\left(\int_y^1 f(x,y)\,dx\right)dy$

   (3) $D=\{(x,y) \mid 0\leqq x\leqq 1,\ 0\leqq y\leqq x^2\}$ $\displaystyle\int_0^1\left(\int_{\sqrt{y}}^1 f(x,y)\,dx\right)dy$

   (4) $D=\{(x,y) \mid y\leqq x\leqq \sqrt{y},0\leqq y\leqq 1\}$ $\displaystyle\int_0^1\left(\int_{x^2}^x f(x,y)\,dy\right)dx$

   (5) $D=\{(x,y) \mid y^2\leqq x\leqq \sqrt{y},0\leqq y\leqq 1\}$ $\displaystyle\int_0^1\left(\int_{x^2}^{\sqrt{x}} f(x,y)\,dy\right)dx$

4. (1) $\dfrac{\pi}{2}$ (2) $\dfrac{e^4}{2}-\dfrac{5}{2}e+2e^{\frac{1}{4}}$ (3) $\dfrac{1}{2}$

5. (1) $\int_0^1 dy \int_0^1 f(x,y)\,dx + \int_1^2 dy \int_{y-1}^1 f(x,y)\,dx = \iint_D f(x,y)\,dxdy$
   $D = \{(x,y) \mid 0 \leqq x \leqq 1,\ 0 \leqq y \leqq x+1\}$

   (2) $\int_0^{\sqrt{2}} dx \int_0^x f(x,y)\,dy + \int_{\sqrt{2}}^2 dx \int_0^{\sqrt{4-x^2}} f(x,y)\,dx = \iint_D f(x,y)\,dxdy$
   $D = \left\{(x,y) \;\middle|\; 0 \leqq y \leqq \sqrt{2},\ y \leqq x \leqq \sqrt{4-y^2}\right\}$

### 5.3 節　2 重積分の計算法

1. (1) $J(r,\theta) = 10r$　　(2) $J(x,y) = 2(x^2 - y^2)$　　(3) $J(u,v) = -\sin u \cos u \cos v$

2. (1) $\dfrac{-232}{3 \cdot 13^3}$　　(2) $\dfrac{20}{81}$　　(3) $\dfrac{\log 2}{16}\pi$

3. (1) $\dfrac{5}{2}$　　(2) $\dfrac{1377}{128}\pi$　　(3) $\dfrac{1}{2} - \dfrac{1}{4}\log\dfrac{5}{3}$　　(4) $3$　　(5) $\dfrac{1}{30}$

### 5.4 節　2 重積分の応用

1. (1) $32\pi$　　(2) $\dfrac{32}{3}\sqrt{2}$　　(3) $\dfrac{4\pi}{3}(8 - 3\sqrt{3}),\ 4\sqrt{3}\pi$

   (4) $2\pi\left(\dfrac{1}{3}\left(1 - \left(\dfrac{3-\sqrt{5}}{2}\right)^{\frac{3}{2}}\right) - \dfrac{3-\sqrt{5}}{8}\right),$

   $\dfrac{4}{3}\pi - 2\pi\left(\dfrac{1}{3}\left(1 - \left(\dfrac{3-\sqrt{5}}{2}\right)^{\frac{3}{2}}\right) - \dfrac{3-\sqrt{5}}{8}\right)$

   (5) $\dfrac{35}{32}\pi$　　(6) $\dfrac{1}{2}$

2. (1) $\dfrac{\sqrt{3}}{2}k^2$　　(2) $4\pi(2\sqrt{2} - 1)$　　(3) $2\pi\left(\dfrac{11}{12} + \dfrac{1}{12}(2\sqrt{5} - 1)^{\frac{3}{2}} \pm \sqrt{\dfrac{3-\sqrt{5}}{2}}\right)$

   (4) $\dfrac{\pi}{6}(5\sqrt{5} - 1)$　　(5) $\dfrac{16\sqrt{2}}{3}$

3. (1) $\dfrac{\pi}{2} + \log 2$　　(2) $\dfrac{\pi}{4}$　　(3) $\dfrac{\pi}{16}$

4. $f(x,y)$ について表面積 $S = \iint \sqrt{f_x^2 + f_y^2 + 1}\,dxdy$ の式が成り立つので，$x = r\cos\theta, y = r\sin\theta$ の極座標への変換をすればよい．

5. (1) 最初の等号はすぐにわかる．次の等号は，$x = r\cos^2\theta, y = r\sin^2\theta$ の変数変換をする．

   (2) $\Gamma\left(\dfrac{1}{2}\right) = \int_0^\infty e^{-x} x^{-\frac{1}{2}} dx$ について $x = t^2$ と変数変換する．

   (3) 一般に $x = \sin^2\theta, y = \cos^2\theta$ の変数変換によって
   $$\beta(p,q) = \int_0^1 x^{p-1}(1-x)^{q-1} dx = \int_0^{\frac{\pi}{2}} \sin^{2p-1}\theta \cos^{2q-1}\theta\,d\theta$$
   となることを用いる．以下で $t = 2\theta$ の変数変換をする．
   $$\dfrac{\Gamma(x)^2}{\Gamma(2x)} = \beta(x,x) = \int_0^{\frac{\pi}{2}} \sin^{2x-1}\theta \cos^{2x-1}\theta\,d\theta = \dfrac{1}{2^x}\int_0^\pi \sin^{2x-1} t\,dt$$
   $$= \dfrac{1}{2^{x-1}}\int_0^{\frac{\pi}{2}} \sin^{2x-1} t\,dt = \dfrac{1}{2^{x-1}}\beta\left(x,\dfrac{1}{2}\right) = \dfrac{1}{2^{x-1}}\dfrac{\Gamma(x)\Gamma(\frac{1}{2})}{\Gamma(x+\frac{1}{2})}$$

6. (1) 略　　(2) $\dfrac{2}{35}$

5.5節 3重積分

1. (1) $\dfrac{e-1}{6}$ (2) $\dfrac{1}{6}$ (3) $\dfrac{1}{48}$

2. $32\pi$

3. (1) $\dfrac{3\pi}{2}$ (2) $\pi$ (3) $\dfrac{3\pi\sqrt{\pi}}{16}$

# 索　引

■ あ行 ■

アーベルの定理　48
アステロイド (Asteroid)　78
アルキメデス (Archimedes) の
　　　原理　4
鞍点　106
位相的性質　4
一様収束　79
一様連続　13, 79
陰関数　101
　　　―定理　102
　　　―の微分法　103
上に凸　42
$n$ 回微分可能微分　30
$n$ 回偏微分可能　97
$n$ 次テイラー (Taylor) 展開　37
$n$ 次 (階) 導関数　30
$n$ 次 (階) 偏導関数　97
$n$ 次マクローリン (Maclaurin)
　　　展開　37

■ か行 ■

カージオイド (Cardioid)　78
開集合　81
回転　144
回転体　74
片側極限値　7
関数　6
　　　ガンマ (Gamma)―　72
　　　奇―　70
　　　逆―　13
　　　　　逆関数のグラフ　14
　　　逆三角―　25
　　　　　逆正弦関数　25
　　　　　逆正接関数　27
　　　　　逆余弦関数　26
　　　偶―　70
　　　原始―　51
　　　広義単調 (増加・減少)―
　　　　　　　13

　　　三角―　24, 146
　　　指数―　15
　　　初等―　11
　　　対数―　15
　　　単調 (増加・減少)―　13
　　　導―　18
　　　2 変数―　81
　　　　―のグラフ　83
　　　　―の連続性　9
　　　被積分―　51
　　　Beta―　73
　　　偏導―　87
　　　無理―　56
　　　有理―　11
　　　連続―　10, 84
関数に関するはさみうちの原理
　　　　　　　8
ガンマ (Gamma) 関数　72
　　　―の 2 倍角の公式　132
幾何級数　40
逆関数　13
　　　―のグラフ　14
　　　―の微分法　20
逆三角関数　25
逆正弦関数　25
逆正接関数　27
逆余弦関数　26
級数　45
　　　―の収束　46
　　　―の発散　46
境界点　81, 133
共通接線　109
極限　82
　　　逐次―　83
　　　ベクトル値関数の―　141
極限値　1, 3, 6, 82
　　　片側―　7
　　　右 (左)―　6
極限の厳密な定義　4
極座標　137

　　　―表示された図形の面積
　　　　　　　77
極小値　42, 105
曲線　139
　　　―下の面積　73
　　　―の始点　139
　　　―の終点　139
　　　―の長さ　75
　　　媒介変数表示の―　76
　　　閉―　139
　　　ジョルダン (Jordan) 閉
　　　　曲線　113, 139
　　　単純閉曲線　113, 139
　　　向き付けされた―　139
極大値　42, 105
極値　42, 105
　　　条件付き―　109
曲面
　　　―の表面積　130
区間縮小法の原理　2
区分求積法　64
グリーンの定理　139
原始関数　51
広義積分　70
広義単調 (増加・減少) 関数　13
広義単調増加 (減少)　1
広義 2 重積分　131
高次 (階) 導関数　30
合成関数
　　　―の微分法　20
勾配　142
項別積分可能　79
項別微分可能　79
コーシー・アダマール
　　　(Cauchy-Hadamard)
　　　の公式　49
コーシー (Cauchy) の平均値の
　　　定理　33
コーシーのべき根判定法　48
コーシー列　45

| | |
|---|---|
| コンパクト性 | 12 |

## ■ さ行 ■

| | |
|---|---|
| サイクロイド (Cycloid) | 76 |
| 最大値・最小値の存在 | 11, 85 |
| 三角関数 | 24, 146 |
| ——の不定積分 | 54 |
| 3 重積分 | 133 |
| 指数関数 | 15 |
| 指数法則 | 15 |
| 自然対数 | 15 |
| 自然対数の底 | 2 |
| 下に凸 | 42 |
| 実数の連続性 | 2 |
| 終域 | 6 |
| 重積分 | 113 |
| 収束 | 1, 6 |
| 　　一様—— | 79 |
| 　　級数の—— | 46 |
| 　　条件—— | 47 |
| 　　絶対—— | 46 |
| 収束半径 | 49 |
| 従属変数 | 6, 81 |
| 主値 | 25 |
| 主分岐 | 25 |
| 条件収束 | 47 |
| 商の微分法 | 19 |
| 剰余項 | 36, 99 |
| 初等関数 | 11 |
| ——の不定積分 | 53 |
| 数列 | 1 |
| スカラー場 | 142 |
| 正級数 | 48 |
| ゼータ (Zeta) 関数 | 50 |
| 積の微分法 | 19 |
| 積分 | 51, 112 |
| ——可能 | 113, 133 |
| 　　2 重積分可能 | 113 |
| 　　広義—— | 70 |
| 　　3 重—— | 133 |
| 　　重—— | 113 |
| 　　——順序の交換 | 119 |
| 　　線—— | 139 |
| 　　逐次—— | 118 |
| 　　定—— | 61, 113, 133 |
| 　　——定数 | 51 |
| 　　2 重—— | 113 |
| 　　　広義 2 重積分 | 131 |
| 　　不定—— | 51 |

| | |
|---|---|
| 三角関数の不定積分 | 54 |
| 初等関数の不定積分 | 53 |
| 無理関数の不定積分 | 56 |
| 有理関数の不定積分 | 54 |
| リーマン (Riemann)3 | |
| 　重—— | 133 |
| リーマン (Riemann)2 | |
| 　重—— | 113 |
| 累次—— | 118 |
| ルベーグ (Lebesgue)—— | 63 |
| 積分可能 | 113, 133 |
| 項別—— | 79 |
| 積分定数 | 51 |
| 積分の平均値の定理 | |
| | 65, 115, 134 |
| 積分法 | |
| 　　置換—— | 52 |
| 　　部分—— | 52 |
| 絶対収束 | 46 |
| 接平面 | 90 |
| 接ベクトル | 141 |
| 漸近線 | 44 |
| 全微分 | 22, 88 |
| 全微分可能 | 90 |
| 相乗平均と相加平均 | 70 |
| 増減表 | 42 |
| 測量の原理 | 4 |

## ■ た行 ■

| | |
|---|---|
| 対数関数 | 15 |
| ——の公式 | 16 |
| 対数微分法 | 24 |
| 体積 | 114 |
| 　断面積をもつ立体の—— | 74 |
| 　立体の—— | 128 |
| ダランベール (D'Alembert) の | |
| 　　公式 | 49 |
| ダランベール (D'Alembert) の | |
| 　　比判定法 | 48 |
| 単純閉曲線 | 113 |
| 単調増加 (減少) | 1 |
| 　　広義—— | 1 |
| 単調 (増加・減少) 関数 | 13 |
| 　　広義—— | 13 |
| 値域 | 6 |
| 置換積分法 | 52 |
| 　定積分の—— | 66 |
| 逐次極限 | 83 |
| 逐次積分 | 118 |

| | |
|---|---|
| 中間値の定理 | 11 |
| 定義域 | 6 |
| 定積分 | 61, 113, 133 |
| ——の置換積分法 | 66 |
| ——の部分積分法 | 67 |
| Taylor 展開 | |
| $n$ 次—— | 37 |
| テイラー (Taylor) 展開 | |
| | 39, 100 |
| テイラー (Taylor) の定理 | 36 |
| 2 変数関数の—— | 99 |
| デデキント (Dedekind) の切断 | |
| | 5 |
| 等位面 | 142 |
| 導関数 | 18 |
| $n$ 次 (階)—— | 30 |
| $n$ 次 (階) 偏—— | 97 |
| 2 次 (階)—— | 30 |
| 2 次 (階) 偏—— | 96 |
| ベクトル値関数の—— | 141 |
| 偏—— | 87 |
| 特異点 | 104 |
| 独立変数 | 6, 81 |
| 凸のグラフ | 42 |

## ■ な行 ■

| | |
|---|---|
| 内点 | 133 |
| 2 次 (階) 導関数 | 30 |
| 2 次 (階) 偏導関数 | 96 |
| 2 重積分 | 113 |
| 2 重積分可能 | 113 |
| 2 変数関数 | 81 |
| 2 変数関数のテイラー (Taylor) | |
| 　　の定理 | 99 |
| 2 変数関数のマクローリン | |
| 　　(Maclaurin) の定理 | |
| | 100 |
| ニュートン (Newton) の二項定 | |
| 　　理 | 40 |

## ■ は行 ■

| | |
|---|---|
| 媒介変数表示 | 21 |
| ——の曲線の長さ | 76 |
| はさみうちの原理 | 3, 84 |
| 　関数に関する—— | 8 |
| 発散 | 1, 143 |
| 　級数の—— | 46 |
| 波動方程式 | 105 |
| パラメータ表示 | 21 |

| | |
|---|---|
| ——の微分法 | 21 |
| 判別式 | 106 |
| 被積分関数 | 51 |
| 左極限値 | 6 |
| 微分 | 17 |
| ——演算子 | 142 |
| ——可能 | 17 |
| $n$ 回微分可能 | 30 |
| 全微分可能 | 90 |
| 偏微分可能 | 87 |
| 無限回微分可能 | 30 |
| 全—— | 88 |
| ——の線形性 | 19 |
| 微分可能 | 17 |
| $n$ 回偏—— | 97 |
| 項別—— | 79 |
| 全—— | 90 |
| 偏—— | 87 |
| 無限回偏—— | 97 |
| 微分係数 | 17 |
| ベクトル値関数の—— | 141 |
| 偏—— | 87 |
| 微分積分学の基本定理 | 66 |
| 微分の線形性 | 19 |
| 微分法 | |
| 逆関数の—— | 20 |
| 合成関数の—— | 20 |
| 商の—— | 19 |
| 積の—— | 19 |
| 対数—— | 24 |
| パラメータ表示の—— | 21 |
| 和の—— | 19 |
| 不定積分 | 51 |
| 部分積分法 | 52 |
| 部分積分法 | |
| 定積分の—— | 67 |
| 部分分数 | 54 |
| 部分列 | 5 |
| 部分和 | 46 |
| 平均値の定理 | |
| Cauchy の—— | 33 |
| 積分の—— | 65, 115, 134 |
| Lagrange の—— | 32 |
| 閉領域 | 81, 133 |
| Beta 関数 | 73 |
| べき級数 | 48 |
| ベクトル解析 | 140 |
| ベクトル値関数 | 141 |
| ベクトル場 | 142 |
| 変曲点 | 42 |
| 変数 | |
| 従属—— | 81 |
| 独立—— | 81 |
| 偏導関数 | 87 |
| $n$ 次 (階)—— | 97 |
| 2 次 (階)—— | 96 |
| 偏微分可能 | 87 |
| $n$ 回—— | 97 |
| 無限回—— | 97 |
| 偏微分係数 | 87 |

□■ ま行 □■

| | |
|---|---|
| マクローリン (Maclaurin) 展開 | 39, 100 |
| $n$ 次—— | 37 |
| マクローリン (Maclaurin) の定理 | 37 |
| 2 変数関数の—— | 100 |
| 右極限値 | 6 |
| 未定係数法 | 56 |
| 無限回微分可能 | 30 |
| 無限回偏微分可能 | 97 |
| 無理関数 | 56 |
| ——の不定積分 | 56 |
| 面積 | 65 |
| 極座標表示された図形の—— | 77 |
| 曲線下の—— | 73 |
| 曲面の表—— | 130 |

□■ や行 □■

| | |
|---|---|
| ヤコビアン (Jacobian) | 125, 137 |
| 有界 | 1, 133 |
| 有理関数 | 11 |

| | |
|---|---|
| 有理関数 | |
| ——の不定積分 | 54 |

□■ ら行 □■

| | |
|---|---|
| ラグランジュ (Lagrange) の剰余項 | 36 |
| ラグランジュ (Lagrange) の平均値の定理 | 32 |
| ラグランジュ (Lagrange) の未定乗数 | 108 |
| ——法 | 109 |
| ラジアン (radian) | 146 |
| ラプラシアン (Laplacian) | 104 |
| リーマン (Riemann) 3 重積分 | 133 |
| リーマン・ダルブー (Riemann-Darboux) の有限和 | 61 |
| リーマン (Riemann) 2 重積分 | 113 |
| 領域 | 81, 133 |
| 閉—— | 81 |
| 累次積分 | 118 |
| ルベーグ (Lebesgue) 積分 | 63 |
| 連結 | 81 |
| 連続 | |
| 一様—— | 13, 79 |
| 関数の——性 | 9 |
| ベクトル値関数の—— | 141 |
| 連続関数 | 10, 84 |
| ——の一様連続性 | 13 |
| ベクトル値関数の—— | 141 |
| ロピタル (De L'Hospital) の定理 | 34 |
| ——の拡張 | 39 |
| ロル (Rolle) の定理 | 32 |
| ——の拡張 | 35 |

□■ わ行 □■

| | |
|---|---|
| ワイエルシュトラス (Weierstrass) の優級数定理 | 47 |
| 和と差の微分法 | 19 |

## 編集責任者

佐藤　眞久 (理学博士)
(さとうまさひさ)

| | |
|---|---|
| 1977 年 | 東京教育大学修士課程数学専攻修了 |
| 1980 年 | 筑波大学博士課程数学研究科満期退学 |
| 1980 年 | 日本学術振興会奨励研究員 |
| 1980 年 | 山梨大学教育学部講師 |
| 1998 年 | 山梨大学工学部教授 |
| 現在 | 山梨大学名誉教授 |

---

理工系学部のための微分積分学テキスト
(りこうけいがくぶ)　　(びぶんせきぶんがく)

| | |
|---|---|
| 2013 年 3 月 20 日 | 第 1 版　第 1 刷　発行 |
| 2020 年 12 月 10 日 | 第 1 版　第 5 刷　発行 |

編　者　　山梨大学工学部基礎教育センター
　　　　　(やまなしだいがくこうがくぶきそきょういく)
発行者　　発田　和子
発行所　　株式会社　学術図書出版社
〒113-0033　東京都文京区本郷 5 丁目 4 の 6
TEL 03-3811-0889　振替 00110-4-28454
印刷　三和印刷（株）

定価はカバーに表示してあります．

本書の一部または全部を無断で複写 (コピー)・複製・転載することは，著作権法でみとめられた場合を除き，著作者および出版社の権利の侵害となります．あらかじめ，小社に許諾を求めて下さい．

Ⓒ山梨大学工学部基礎教育センター　2013
Printed in Japan